全国矿产资源潜力评价成果系列

全国自然重砂资料应用实例

李景朝	董国臣	文　辉	王季顺	冯济舟
张　雄	孙转荣	隋真龙	张银龙	张大可
薛平山	马　腾	冯丽娟	杨复顶	陈伯扬
陈志慧	李任时	丁宇雪	张应德	杨用彪
王卫星	邓午忠	张固成	张　娟	贺　洋
邹　霞	郑玉洁	王美芳	童晓华	董亮琼
代友旭	景国庆	韦少港	张恒星	张　翔
潘彦宁	董美玲			

编著

地质出版社

·北　京·

内 容 提 要

本书是在全国矿产资源潜力评价工作过程中，全国各省（市、区）应用自然重砂资料的经验总结，反映我国自然重砂资料应用的最新成果和水平。针对金、银、铜、锰、钼、铅锌、钨、铁、汞、锑、铬铁矿和萤石等矿产，以其主成矿自然重砂矿物及异常作为直接标志，探索矿区或者成矿区带内成矿作用以及矿床成因等，体现其明显的找矿指导意义。

本书适合于从事矿物学、矿床学科研人员，以及找矿勘查工作者、高等院校的师生阅读。

图书在版编目（CIP）数据

全国自然重砂资料应用实例 / 李景朝等编著.
—北京：地质出版社，2015.10
ISBN 978-7-116-09429-1

Ⅰ. ①全⋯ Ⅱ. ①李⋯ Ⅲ. ①重矿物－矿床评价－中国
Ⅳ. ①P578

中国版本图书馆 CIP 数据核字（2015）第 222102 号

Quanguo Ziran Zhongsha Ziliao Yingyong Shili

责任编辑：刘亚军　邱殿明
责任校对：张　冬
出版发行：地质出版社
社址邮编：北京海淀区学院路 31 号，100083
电　　话：(010) 66554528（邮购部）；(010) 66554622（编辑部）
网　　址：http://www.gph.com.cn
传　　真：(010) 66554622
印　　刷：北京地大天成印务有限公司
开　　本：889mm×1194mm　$^1/_{16}$
印　　张：12.25
字　　数：400 千字
版　　次：2015 年 10 月北京第 1 版
印　　次：2015 年 10 月北京第 1 版印刷
定　　价：98.00 元
书　　号：ISBN 978-7-116-09429-1

前　言

自然重砂数据蕴涵着丰富的地学信息，对这些信息的深层次挖掘与应用，可为地质找矿及矿床研究提供线索和信息。随着全国矿产资源潜力评价工作的开展，自然重砂资料在全国各省（市、区）得到了广泛的应用。各省（市、区）自然重砂专业技术人员在完成本省（市、区）自然重砂资料开发应用工作的基础上，对自然重砂资料的应用情况进行系统总结，积极探索自然重砂资料应用的经验，总结自然重砂资料在不同矿种和成因类型的矿产找矿工作中的成功案例。实践证明，自然重砂矿物具有明显的找矿指示作用，如金、铬、钨、锡、汞等部分金属矿产以及金刚石、重晶石、萤石等部分非金属矿产，可以用这些矿产的主成矿矿物的自然重砂信息作为直接的找矿标志预测相应矿产；还有部分矿产如铜、铅、锌、钼、锂、铍、铌、钽、锆、铈、钇、电气石以及金红石等，可以用这些矿产的多种成矿矿物的自然重砂信息预测相应矿产，体现出明显的找矿指导意义。

本书是在全国矿产资源潜力评价自然重砂应用研究工作的基础上，针对金、银、铜、锰、钼、铅锌、钨、铁、汞、锑、铬铁矿、重晶石和萤石等矿产在不同地区的应用效果而撰写的应用实例，进而探讨自然重砂矿物在矿产勘查和矿床成因等方面的应用意义，探讨了自然重砂资料在地质找矿中的应用。

本书由李景朝、董国臣、王季顺、冯济舟、文辉、张雄、张银龙、张大可、薛平山、马腾、冯丽娟、杨复顶、陈伯扬、陈志慧、李任时、丁宇雪、张应德、杨用彪、王卫星、邓午忠、张固成、张娟、贺洋、邹霞、郑玉洁、王美芳、童晓华、孙转荣、隋真龙、董亮琼、代友旭、景国庆、韦少港、张恒星、张翔、潘彦宁、董美玲等共同完成。其中，陕西部分由张银龙完成，河北部分由张大可完成，山西部分由薛升生完成，云南部分由马腾完成，辽宁部分由冯丽娟完成，吉林部分由杨复顶和李任时完成，福建部分由陈伯扬完成，河南部分由陈志慧完成，黑龙江部分由丁宇雪完成，山东部分由张应德完成，江苏部分由杨用彪完成，天津部分由王卫星完成，西藏部分由邓午忠完成，海南部分由张固成完成，江西部分由张娟完成，四川部分由贺洋完成，浙江部分由邹霞完成，新疆部分由郑玉洁完成，宁夏部分由王美芳完成，甘肃部分由童晓华完成。李景朝、董国臣、文辉、王季顺、冯济舟、张瑞林、张大可和张雄进行了统编和审阅，最后由李景朝和董国臣定稿，孙转荣、隋真龙、董亮琼、代友旭、景国庆、韦少港、张恒星、张翔、潘彦宁、董美玲等进行了书稿整理校稿以及图件清绘。

书稿编著过程中得到了很多专家的关心和帮助。西安地质调查中心张瑞林研究员对文字和图面提出了修改意见，还得到全国矿产资源潜力评价项目办公室、全国矿产资源潜力评价专家组陈毓川院士、叶天竺教授级高级工程师、王保良研究员、王全明研究员及王登红研究员等专家的热情指导和大力支持。借此机会向为本书编制和出版做出贡献的所有单位、领导和专家们表示衷心的感谢！

本书主要利用自然重砂矿物资料进行地质找矿研究，具有很强的探索性。由于自然重砂数据的复杂性、矿物组合含义的多解性，难免存在一些不足，欢迎各界批评指正。

编者

2015 年 5 月

目　　录

第一章　金、银矿床 ………………………………………………………………………………………（1）

　第一节　山西塔儿山地区金矿及其自然重砂响应 ………………………………………………（1）

　第二节　宁夏牛头沟金矿及其自然重砂异常特征 ………………………………………………（4）

　第三节　福建泰宁何宝山金矿及其自然重砂矿物异常响应 ……………………………………（7）

　第四节　河南洛宁上宫金矿田地质特征及自然重砂异常响应 …………………………………（9）

　第五节　陕西小秦岭桐峪式石英脉型金矿及其自然重砂异常特征 ……………………………（14）

　第六节　吉林夹皮沟金矿带自然重砂异常特征及其找矿意义 …………………………………（16）

　第七节　河南小秦岭文峪金矿及自然重砂异常特征 ……………………………………………（23）

　第八节　新疆伊宁阿希金矿及其自然重砂异常特征 ……………………………………………（30）

　第九节　北京市黄松峪金矿自然重砂异常及其找矿意义 ………………………………………（33）

　第十节　安徽东溪金矿及其自然重砂异常响应 …………………………………………………（38）

　第十一节　云南祥云马厂箐金多金属矿及其自然重砂矿物响应 ………………………………（43）

　第十二节　江苏汤山卡林型金矿及其自然重砂找矿模型 ………………………………………（46）

　第十三节　陕西太白双王金矿及其重砂异常特征 ………………………………………………（50）

　第十四节　陕西镇安云盖寺金矿及其自然重砂异常响应 ………………………………………（52）

　第十五节　山东省焦家金矿自然重砂异常及其成矿作用信息 …………………………………（54）

　第十六节　山东平邑归来庄金矿自然重砂矿物异常及其成矿意义 ……………………………（64）

　第十七节　黑龙江大安河岩金矿及其自然重砂矿物异常响应 …………………………………（69）

　第十八节　黑龙江梧桐河砂金矿及其自然重砂异常响应 ………………………………………（74）

　第十九节　河北满汉土-小扣花营银矿床及其自然重砂异常特征 ……………………………（79）

第二章　铁硼、锰硼矿床 …………………………………………………………………………………（84）

　第一节　辽宁翁泉沟铁硼矿及其自然重砂异常响应 ……………………………………………（84）

　第二节　天津蓟县锰硼矿自然重砂与地球化学区域找矿效果 …………………………………（88）

第三章　铜矿床 ……………………………………………………………………………………………（95）

　第一节　甘肃白银厂铜多金属矿床及其自然重砂异常特征 ……………………………………（95）

　第二节　河北寿王坟铜矿及其周边自然重砂矿物异常响应 ……………………………………（97）

　第三节　山西刁泉银铜矿自然重砂特征及其成矿意义 …………………………………………（103）

　第四节　西藏甲玛铜多金属矿及其自然重砂异常响应 …………………………………………（107）

　第五节　云南中甸红山铜多金属矿及其自然重砂异常响应 ……………………………………（113）

第四章　铬铁矿床 …………………………………………………………………………………………（117）

　第一节　陕西商南松树沟铬矿及其自然重砂异常特征 …………………………………………（117）

　第二节　新疆托里萨尔托海铬铁矿及其自然重砂异常特征 ……………………………………（119）

　第三节　甘肃大道尔吉铬铁矿及其自然重砂特征 ………………………………………………（122）

第五章　钼矿床 ……………………………………………………………………………………………（125）

　第一节　陕西金堆城地区斑岩型钼矿及其自然重砂异常特征 …………………………………（125）

　第二节　陕西洛南大石沟式钼矿及其自然重砂异常特征 ………………………………………（127）

第三节 陕西桂林沟式热液脉型钼矿及其自然重砂异常特征 …………………………………… (130)

第四节 海南红门钼钨矿及其自然重砂矿物异常响应 ……………………………………………… (132)

第六章 铅锌矿床 ………………………………………………………………………………………… (136)

第一节 陕西凤太铅锌矿及其自然重砂异常特征 …………………………………………………… (136)

第二节 陕西旬阳蜀河铅锌矿自然重砂异常及其找矿意义 ……………………………………… (138)

第三节 甘肃花牛山铅锌矿床及其自然重砂异常 …………………………………………………… (140)

第七章 锡矿床 …………………………………………………………………………………………… (142)

第一节 云南腾冲小龙河锡矿自然重砂矿物异常响应 …………………………………………… (142)

第二节 江西会昌岩背锡矿及其自然重砂异常特征 ……………………………………………… (145)

第三节 云南云龙铁厂锡矿及其自然重砂矿物异常响应 ………………………………………… (150)

第八章 铁、钨、钼矿床 ………………………………………………………………………………… (154)

第一节 四川攀西地区钒钛磁铁矿特征及其自然重砂异常响应 ………………………………… (154)

第二节 江西大湖塘钨锡钼矿及其自然重砂异常特征 …………………………………………… (159)

第三节 福建宁化行洛坑钨钼矿及其自然重砂异常响应 ………………………………………… (162)

第四节 湖南平滩钨矿及其自然重砂矿物异常响应 ……………………………………………… (165)

第五节 甘肃肃南小柳沟式矽卡岩-石英脉型钨矿床及其自然重砂异常特征 ………………… (170)

第九章 汞、汞锑矿床 …………………………………………………………………………………… (173)

第一节 青海苦海汞矿床自然重砂异常特征 ………………………………………………………… (173)

第二节 陕西青铜沟汞锑矿床自然重砂异常特征 …………………………………………………… (176)

第十章 萤石矿床 ………………………………………………………………………………………… (180)

第一节 浙江诸暨西山萤石矿及其自然重砂异常响应 …………………………………………… (180)

第二节 甘肃高台七坝泉式热液充填型萤石矿床及其自然重砂异常特征 …………………… (185)

参考文献 …… (187)

第一章 金、银矿床

第一节 山西塔儿山地区金矿及其自然重砂响应

一、区域地质特征

（一）区域地质背景

山西省临汾市塔儿山矿集区，属中条山三叉裂谷最北端，位于华北叠加造山裂谷带—吕梁山造山隆起带—汾河构造岩浆活动带，矿集区内出露的矿床主要有东峰顶、山顶上、圪塔岭等金矿。区内断裂构造发育，岩浆活动频繁，由岩体上拱形成断裂和褶皱构造。

（二）矿区地质特征

东峰顶金矿是塔儿山地区破碎蚀变岩型金矿的典型代表。

1. 地层特征

区内出露地层为中奥陶统和石炭系—二叠系。中奥陶统为马家沟组和峰峰组，由石灰岩、白云质灰岩、泥灰岩和石膏组成。石炭系—二叠系包括本溪组、太原组、山西组、下石盒子组和部分上石盒子组，由砂岩、泥岩、页岩、砂质泥岩和少量石灰岩及煤线组成。二叠系砂泥岩地层分布面积广，是本区金矿脉的主要围岩，受岩浆活动影响，已不同程度的角岩化。在东峰顶矿田范围内，地表出露的全为石炭系—二叠系（图 1-1），马家沟组隐伏于地下，为深部钻孔所揭露。

2. 构造特征

区内构造以断裂为主，按其产状可分为东西向构造、北西向构造、南北向构造、北东向构造 4 组。东西向构造是区域构造的基础，控制了塔儿山断隆的形成和岩浆杂岩带的展布。北西向构造控制了霓辉正长岩的产出和东峰顶金矿田的分布。南北向构造控制了金矿脉的生成。北东向构造对金矿脉既有一定的控制作用，也有切割金矿脉的现象。东西向断裂后期仍在活动，它错断南北向和北东向矿脉，但断距不大（曾键年等，1995；贾景斌等，1998；王启亮等，2009）。

3. 岩浆岩特征

区内岩浆活动强烈，岩石种类繁多，岩性变化很大。主要为燕山晚期斑状正长岩、巨斑霓辉正长岩和二长闪长岩等（贾景斌等，1998），脉岩类有正长斑岩脉等，它们密切共生，相互穿插构成了统一岩浆岩。东峰顶金矿控矿岩体为燕山晚期正长岩类、巨斑霓辉正长岩和石英正长岩脉。

二、矿床特征

1. 矿体特征

矿体主要产于破碎带中，局部延伸至旁侧围岩，形态简单，多呈脉状，成群平行分布，与围岩界线清楚。矿脉具膨缩和尖灭再现、分支复合现象，个别矿脉形态较复杂。产状以南北走向为主，少数呈北东向，个别矿脉为北西走向。其倾角一般较陡，甚至接近直立，沿走向或倾向均呈舒缓波状。矿

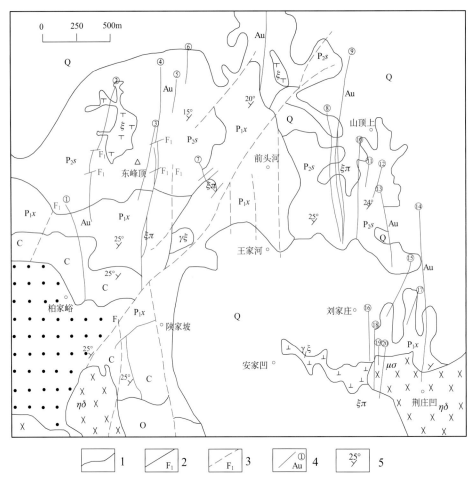

图 1-1　东峰顶矿区地质图

(据山西省地勘局 213 地质队，1993 修改)

Q—第四系；P_2s—上二叠统上石盒子组；P_1x—下二叠统下石盒子组；C—石炭系；O—奥陶系；ξ—斑状正长岩；$\gamma\xi$—巨斑霓辉正长岩；$\eta\delta$—二长闪长岩；$\xi\pi$—正长斑岩脉。1—地质界线；2—断层；3—推断断层；4—金矿脉编号；5—地层产状

化不均匀，品位变化大，分段富集现象明显，局部形成富矿囊。矿脉厚度不大，一般在 0.6～1.5m 之间变化，最厚者达 7.1m。走向延伸较长，在 42 条矿脉中长度大于 1000m 的有 3 条，单矿脉长度最大达 1300m。矿脉多受后期构造活动影响明显，矿体内部节理发育，含金矿体被错断、错碎现象明显（贾景斌等，1998；侯建斌等，2000）。

2. 矿石特征

根据矿石的矿物组成和矿石构造特征可大致划分为 5 种矿石类型：硫化物（黄铁矿）-石英脉金矿石、褐铁矿-石英脉金矿石、褐铁矿金矿石、褐铁矿-重晶石矿石、褐铁矿石英-重晶石矿石。

矿石中金属矿物主要有自然金、银金矿、黄铁矿、黄铜矿、铜蓝、蓝辉铜矿、菱铁矿、赤铁矿、磁黄铁矿、硬锰矿和微量的白铁矿、磁铁矿、方铅矿、自然银、自然铅等。氧化矿物有孔雀石、蓝铜矿、白铅矿、氧化锰、黄铁钾矾、针铁矿、纤铁矿等。脉石矿物以石英、蛋白石、重晶石为主，萤石、白云石、方解石、绿帘石、绢云母、钠长石、高岭石、伊利石次之，硅灰石、石榴子石、锆石、金红石、磷灰石微量。

矿体顶底板蚀变以泥化为主，其次有硅化、褐铁矿化、赤铁矿化、黄钾铁矾化、重晶石化、碳酸盐化等中低温蚀变，并叠加有氧化带中的次生蚀变。

常见的矿石结构有自形—半自形结构、他形结构、填隙结构、交代结构、交代残余结构、骸晶结构、假象结构以及斑状压碎结构。矿石构造主要有脉状-网脉状构造、角砾状构造、晶簇构造、似条带状构造、蜂窝状构造、胶状构造以及葡萄状构造。

三、区域自然重砂矿物及其（组合）异常特征

（一）区域自然重砂矿物

塔儿山地区金矿矿体在地表出露较好，在矿区及周边区域利用自然重砂管理系统，自然重砂样品中检出的矿物有白铅矿、自然金、重晶石、萤石、透闪石、透辉石、石榴子石、钼铅矿、绿帘石、蓝铜矿、孔雀石、角闪石、黄铜矿、黄铁矿、褐铁矿、方铅矿、磁铁矿、赤铁矿、白云母等28种矿物。根据对破碎蚀变岩型金矿的研究，破碎蚀变岩型矿床周围发育有赤铁矿＋黄铁矿＋黄铜矿＋铅矿物＋萤石＋重晶石＋自然金的重砂矿物组合（山西省自然重砂研究报告）；而在塔儿山范围内检出的重砂矿物中，除了上述破碎蚀变岩型金矿的重砂矿物组合外，还发育有石榴子石、透辉石、透闪石、绿帘石等矽卡岩矿物组合，这也与塔儿山地区广泛发育的矽卡岩型铁矿床相吻合。

（二）塔儿山地区自然重砂矿物异常

根据1∶20万重砂测量数据所圈定的异常（薛生升等，2013），在塔儿山矿床周边主要发育3个（组合）矿物异常，分别为金矿物异常、铜族矿物异常以及萤石矿物异常（图1-2）。重砂矿物异常套合明显，异常范围内金矿床和矿点发育。

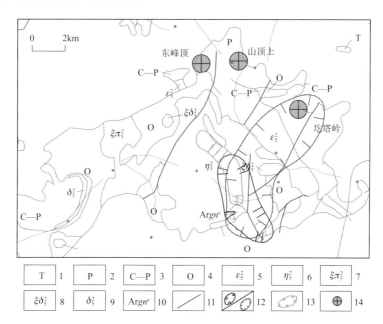

图1-2 山西省破碎-蚀变岩型金矿重砂矿物异常特征

1—三叠系；2—二叠系；3—石炭系—二叠系；4—奥陶系；5—正长（斑）岩、粗面岩；6—二长（斑）岩；7—正长斑岩；
8—正长闪长岩；9—闪长（玢）岩；10—片麻（杂）岩；11—实测断裂；12—铜/金族矿物异常；13—萤石族矿物异常；
14—金矿床

1. 金矿物异常

金矿物异常发育面积最大，呈椭球状分布，面积大约为23.5km²；该异常有2个异常点，其中有1个2级异常点，1个1级异常点。该异常区级别较高，异常区内见有矿点或矿化点。

2. 铜族矿物异常

铜族矿物异常呈北北西向展布，椭圆状，面积大约为8.9km²。该异常有5个异常点，3级异常点有3个，1级异常点为2个。该异常的矿物为孔雀石、蓝铜矿、黄铜矿。该异常中异常点呈线型分布。

3. 萤石矿物异常

萤石异常形态为带状，面积大约为3.8km²。该异常有3个异常点，其中3级异常点有1个，2

级异常点有 1 个, 1 级异常点有 1 个。

这 3 种矿物异常范围套合很好, 在异常范围内出露的地层为太古宇太岳山群, 为深变质岩石, 奥陶系为马家沟白云岩、白云质灰岩、厚层白云岩和石炭系、二叠系为粗碎屑岩。侵入岩为燕山期小岩体, 岩性主要以正长岩、花岗闪长岩、花岗正长岩、二长斑岩等为主; 重砂矿物异常整体以北北东向和北西向为主, 与区内发育的断裂构造走向等吻合很好, 受断裂控制明显。

四、塔儿山地区自然重砂异常意义

塔儿山地区自然重砂分布与燕山期岩体以及断裂关系密切, 反映出与燕山期岩体及断裂良好的时空分布规律和密切的成生关系。

(一) 自然重砂的空间分布与断裂关系

本次工作圈定的重砂异常范围内北东向断裂贯穿, 北东向断裂继而被南北向断裂切断, 显示了断裂构造的活动性和复杂性。根据对塔儿山地区金矿床的研究发现, 该区金矿脉主要受近南北向构造控制 (曾键年, 1991; 曾键年等, 1995; 鄢志武等, 1996; 贾景斌等, 1998; 侯建斌等, 2000; 王启亮等, 2009), 北西向断裂为区内的导矿构造 (曾键年等, 1995; 鄢志武等, 1996)。在本次工作所圈定的异常最有可能由范围内南北向断裂或其附近赋存的金矿脉引起, 因此, 应当对异常进行查证工作。

(二) 自然重砂矿物与岩体关系

本次重砂异常范围内发育大面积的燕山期正长岩、正长闪长岩以及二长岩, 异常展布受汇水盆地和燕山期岩体控制。异常范围内发育有破碎蚀变岩型重砂矿物组合和矽卡岩型重砂矿物组合, 并且其检出率都比较高。对本区岩浆岩研究发现, 其存在从闪长岩到正长岩的演化过程 (何文武等, 1995), 在岩浆演化过程中, 大量挥发分在残余熔浆中富集, 这些挥发分与成矿物质形成配合物沿早期断裂上侵、沉淀、富集 (曾键年, 1991), 并在岩体内部以及接触带分别形成了破碎蚀变岩型金矿体和矽卡岩型铁矿体 (曾键年等, 1997), 因此在地表形成了两种矿床类型的重砂矿物组合。

(三) 自然重砂异常特征体现出成矿潜力信息

塔儿山地区发育有 20 余处金矿床 (点), 本次异常圈定的范围属山顶上、东峰顶等矿床的南侧位置, 区内仅发育有圪塔岭等矿床, 异常范围大, 矿床 (点) 少。根据对区内遥感解译发现, 本区已发现金矿床多产出在北北西向和北东向两组断裂的交会处 (鄢志武等, 1996), 在本次重砂异常范围内还发育有西沟、四家湾、安坡等岩体且均位于上述两组断裂交会位置。因此, 认为其成矿可能性较大, 应该对这 3 个重砂矿物异常特别是异常套合处进行工作。

第二节 宁夏牛头沟金矿及其自然重砂异常特征

宁夏矿产资源以燃料矿产和非金属矿产为主, 金属矿产所占比例很小。宁夏牛头沟金矿是近年来在贺兰山地区新发现的一个矿产地, 其成因类型属于蚀变岩型金矿, 并具有较为对应一致的自然重砂异常, 预示出一定资源前景。

一、区域地质特征

宁夏石嘴山市牛头沟金矿位于贺兰山北段, 属宁夏石嘴山市惠农区管辖, 地理坐标: 东经 106°31′30″—106°32′45″, 北纬 39°16′30″—39°17′30″, 面积 3.99km²。

牛头沟金矿地处阴山-狼山构造带与贺兰山-龙门山-安宁河南北向断裂带（鄂尔多斯西缘坳陷带）的交会部位，大地构造位置为华北陆块鄂尔多斯地块西缘贺兰山裂陷北段之基底杂岩带。

区域内出露有一套古元古代变质岩系，前人曾命名为贺兰山群、千里山群、赵池沟群，以及新太古代宗别立群。这套变质岩主要由矽线石榴黑云二长片麻岩、黑云斜长片麻岩、黑云斜长变粒岩、混合岩及混合花岗岩组成，以角闪岩相—角闪麻粒岩相为主，属深变质岩系。其原岩以富铝的半黏土质-粉砂质-硬砂质沉积岩和中酸性侵入岩为主，局部为中酸性火山碎屑岩。

区域范围内经历了多期构造运动，见多期次构造变形、褶皱、韧性剪切带及各种断裂构造。褶皱构造轴向为北东向或近南北向，大多数保留完整，部分受后期断裂破坏不易辨认，一般由古生代、中生代地层构成。主要区域深大断裂有贺兰山西麓深大断裂、贺兰山东麓大断裂和正谊关大断裂，这些断裂具有多期活动的特征。其中正谊关大断裂的次一级断裂为牛头沟金矿（体）的控矿和容矿构造。

区内岩浆岩以中—酸性岩为主，基性—超基性岩少量，个别见火山熔岩。其中以古元古代混合花岗岩最为发育，原岩为侵入的花岗岩类。石英脉在区内广泛分布，成群呈带状集中分布，脉体多为乳白色，具不同程度的黄铜矿化、褐铁矿化及金矿化。

二、矿床特征

2010年宁夏有色金属地质勘查院开展了牛头沟金矿普查工作，随后又进行了详查工作，提交金矿资源量2.45t，但矿体沿走向和倾向均未完全控制，由此可以认为牛头沟金矿的资源量还是有一定扩大前景的。

牛头沟金矿，产于古元古代—新元古代的贺兰山群黑云变粒岩、黑云斜长片麻岩、混合岩或混合花岗岩的构造破碎带及石英脉中，属破碎蚀变岩-石英脉型金矿，控矿地质条件主要是南北向断裂构造，其次是古元古代老变质岩地层或古老的侵入岩体。

该矿床共圈出4个金矿体，多数集中产于断裂带中。围岩蚀变有褐铁矿化、硅化、绢云母化、绿帘石化、绿泥石化，局部见孔雀石化、黄铜矿化。地表强烈的褐铁矿化使得金矿化层呈现为褐红色，所以破碎带中出现的"红化"层位是较有利的找矿标志。

矿体形态不规则，一般呈似层状、透镜状，倾向西，倾角45°～65°，走向近南北向。矿石类型主要有褐铁矿化、绢云母化长英质碎裂岩型矿石，碳酸盐化、绢云母化碎裂石英岩型矿石及褐铁矿化碎裂石英脉型矿石等，矿物组合为自然金、银、褐铁矿、黄铁矿、磁黄铁矿、方铅矿，偶见黄铜矿；脉石矿物有石英、绢云母、长石、绿泥石等。

牛头沟金矿床形成表现为多阶段、多期次的特点，早期主要表现为强烈的硅化，之后在华力西—印支期褶皱-逆冲断层阶段，由于热液作用，在压性断裂和韧性剪切带的破碎带中形成了破碎蚀变岩型金矿。这是一种由于岩浆热液、地下热水溶液或热液、构造等的综合作用，使先期形成的矿床受强烈改造而形成多因复合型金矿。成矿组合以Au、As-Co、Ag为特征，是本区主要的成矿作用因子，形成以Au矿为主，伴生Ag的形成，矿床成因类型为中低温、中低盐度和中浅深度的热液型金矿。

三、矿区及周边自然重砂异常特征

该区重砂异常主要为金、白钨矿、铅族矿物，其次有磷灰石、铬尖晶石等。金重砂异常为跑马崖Ⅱ级异常（Au-1）和正谊关沟Ⅲ级异常（Au-2）；白钨矿重砂异常为W-1、2、3、4、5五个异常；铅族矿物有石炭井Ⅱ级异常（Pb-1）、陶思沟北山Ⅱ级异常（Pb-2）；铬尖晶石有贺兰山北段Ⅰ级异常（铬-1）；磷灰石有贺兰山北段Ⅲ级异常（P-1）；铁族矿物有北岔沟Ⅲ级异常（Fe-1）、黑白岭Ⅲ级异常（Fe-2）、塔塔沟Ⅲ级异常（Fe-3）。与牛头沟金矿关系密切的为正谊关沟Ⅲ级金矿物自然重砂异常（图1-3）。

该异常为宁夏 1：35 万自然重砂总结中根据《宁夏石嘴山跑马崖一带砂金矿普查找矿报告》、《贺兰山北段金矿普查报告》的重砂资料所圈定，异常点 17 个，最高含量 67 粒，面积 58.03km²。位于石嘴山市沙巴台正谊关沟一带，异常区内出露地层为新太古界宗别立群黑云斜长片麻岩及石炭系—二叠系，断裂构造较为发育，有 1 个金矿点和 1 个铁矿点，异常范围大，异常点多，但含量略低，可为寻找砂金矿床提供线索。该异常上游为牛头沟金矿及梁根金矿点。

该异常与其水系流域的老变质岩系中的金矿化点、金矿化体有关，异常为贺兰山北段老变质岩系中寻找金矿床提供了线索，研究认为该异常为牛头沟金矿的直接矿致异常。

以区内各单矿物重砂异常为基础，圈定了 2 个综合异常，并做剖析图（图 1-4）。

图 1-3 贺兰山北段金矿物自然重砂异常示意图

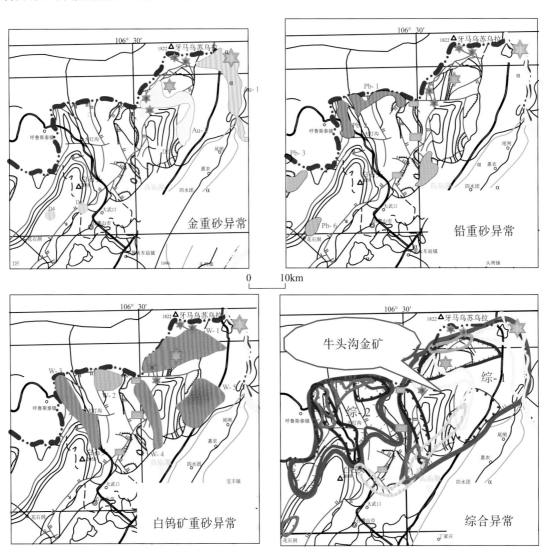

图 1-4 贺兰山北段牛头沟金矿自然重砂异常剖析示意图

贺兰山北段东部Ⅰ级综合异常（异常编号为综-1），位于贺兰山北段跑马崖一带，异常呈北东向椭圆状展布，面积548.08km²，主要由2个金重砂异常、3个白钨矿重砂异常、1个铅矿重砂异常和1个磷灰石重砂异常组成。区内出露地层主要为新太古代的中—深变质程度的变质岩，普遍经受混合岩化，形成各类混合岩及混合花岗岩，其间发育石英脉、辉绿岩脉、伟晶岩脉、辉石岩脉，褶皱断裂构造复杂，韧性剪切带、糜棱岩带、破碎带发育，形成石英脉型和蚀变岩型金矿化。该区重砂异常以金、白钨矿为主，可作为寻找岩金远景区，牛头沟金矿即位于该异常区内。

贺兰山北段西部Ⅲ级综合异常（异常编号为综-2），位于贺兰山北段石炭井一带，异常呈不规则状北东向展布，面积276.33km²。其北部出露地层为新太古代的中—深变质程度的变质岩，普遍经受混合岩化，形成各类混合岩或混合花岗岩，其中发育辉绿岩脉、伟晶岩脉、石英脉，褶皱断裂构造复杂，具伟晶岩型白云母矿床；其南部出露地层主要为石炭系—二叠系的海陆交互相或陆相含煤建造。该区重砂异常主要有白钨矿、铅矿物等，可作为综合找矿依据。

从图1-4可以看出，牛头沟金矿与金等重砂异常位置对应良好，与该区金、白钨矿和铅矿物重砂异常关系密切，其次为黄铁矿、褐铁矿重砂异常。因此，可以认为金-白钨矿-自然铅重砂异常组合可以作为牛头沟式破碎蚀变岩-石英脉型金矿的找矿指示。

第三节　福建泰宁何宝山金矿及其自然重砂矿物异常响应

1985年5月，闽北地质大队三分队普查泰宁县何宝山地区金矿资源，通过残坡积重砂、金土壤地球化学测量、地质填图等工作，发现何宝山、梅桥、长兴、五里亭等金矿，其中何宝山矿段位于矿区中部，面积2km²。

一、区域地质背景及矿床特征

（一）区域地质背景

何宝山地区位于华南加里东褶皱带陈蔡-武夷中间地块的西南缘，闽西北浦城-洋源隆起与邵武-建宁坳陷的过渡地带。何宝山金矿矿床类型属构造蚀变岩型。

（二）矿床地质特征

1. 地层与岩浆岩

矿区主要出露前寒武系黑云变粒岩组合段地层，岩性主要为黑云二长变粒岩、黑云斜长变粒岩，其次是黑云片岩、云母石英片岩等。位于矿区东北端的长兴岩体，其岩性为二长花岗岩。矿区南部出露泰宁岩体，其岩性为黑云石英闪长岩。何宝山金矿床的空间位置恰恰处在岩体的外接触带，矿区的岩浆活动具有外接触带的特征，表现为混合岩化和脉岩类岩石比较发育。矿区内常见有闪长玢岩脉，在空间和时间上与金矿化有着密切的联系，已发现成矿前和成矿后的两组脉体（图1-5）。

2. 构造控矿特征

何宝山金矿床处于武夷山市-石城断裂带中段，NE向断裂系中南溪-坳上断裂上盘，南坑-三湖断裂与南坑尾-八里桥逆断层构成的对冲构造的共同下盘，何宝山-大马絮倒转背斜的核部。矿区断裂构造发育，主要有近SN、NE、NW向3组，NE向的断裂构造为导矿构造，SN向断裂为控矿构造。控矿断裂构造为两组近南北向的断裂裂隙群，控矿断裂构造带具有明显的剪性特征，虽然规模不大，但它们控制了金矿化蚀变带及金矿体的空间展布。近EW向断裂构造为成矿后期的，对SN向的控矿断裂构造具有破坏作用（图1-5）。

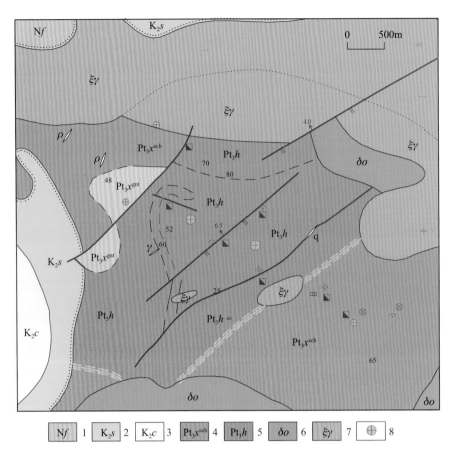

图 1-5 何宝山金矿区地质图

1—新近系佛昙组；2—上白垩统沙县组；3—上白垩统崇安组；4—新元古界下峰（岩）组；5—新元古界黄潭（岩）组；
6—石英闪长岩；7—二云母正长花岗岩；8—金矿

3. 围岩蚀变

何宝山金矿区主要的蚀变类型为黄铁矿化、绢云母化，黄铜矿化、碳酸盐化和绿泥石化。黄铁矿化是矿区构造蚀变破碎带中普遍的围岩蚀变类型，它与金矿化关系密切。黄铁矿化是矿区寻找金矿富矿体的明显标志，与金矿关系极为密切，金品位高处均可见到黄铁矿化。

4. 矿床类型

何宝山金矿床具有构造破碎带蚀变岩型金矿床的重要特征。

构造蚀变带对金矿体具有严格的控制作用，金矿体的形态多呈脉状或透镜状，矿体在构造破碎带蚀变体中，无论是走向还是倾斜方向上都出现不连续性，常表现为豆荚状（图 1-6）。在构造空间中矿体都由蚀变矿化体或脉状矿体连接，形同豆荚，而每个矿体犹如豆荚中的一颗豆子。因此将何宝山金矿床归属于构造破碎带蚀变岩类型，可以与国内著名的广东河台金矿床进行对比。

原生矿石矿物成分较简单，以黄铁矿、黄铜矿为主，次为磁铁矿、闪锌矿、方铅矿、斑铜矿、磁黄铁矿，偶见银金矿、自然金。非金属矿物原生矿物有钾长石、斜长石、黑云母、白云母及原生石英，次生矿物有次生石英、绢云母、方解石、绿泥石；矿石有用组分为 Au。

二、区域自然重砂矿物及其组合异常特征

（一）区域自然重砂矿物

处于武夷山市-宁化自然金重砂异常带。自然金异常主要分布在泰宁何宝山及周围和建宁以西地区，建宁以西地区还有大范围的磷钇矿异常，同时伴有黑钨矿、白钨矿、磷钇矿，此外，还有辰砂、

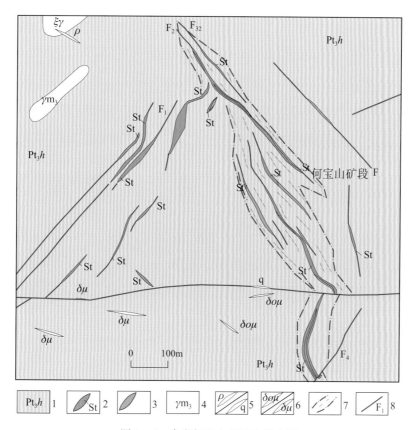

图 1-6　泰宁何宝山矿区地质略图

1—新元古界黄潭组（块状变粒岩）；2—蚀变体；3—金矿体；4—混合花岗岩；5—伟晶岩/石英脉；

6—石英闪长玢岩/闪长玢岩；7—韧性剪切带；8—断层及编号

雄黄、铋族矿物、锡石、辉钼矿、钍石、铌钽铁矿、独居石、自然铅等重砂矿物异常。

（二）自然重砂矿物的一般特征

自然金在重砂矿物中呈片状、树枝状，$d=0.02\sim0.15$mm，近矿处一般$d<0.1$mm，下游几千米处一般$d>0.1$mm；辰砂$d=0.1\sim0.2$mm。

（三）何宝山地区自然重砂矿物异常

异常以自然金为主，与金矿具有良好的吻合度，重砂异常规模大（图1-7），含量最高达25颗。偶见辰砂，含量3～5颗，个别雄黄、自然铅等矿物出现。

三、何宝山金矿自然重砂异常响应

异常以自然金为主，偶见辰砂、雄黄、白钨矿。区内自然金异常矿物含量不很高，但颗粒较粗，自然金重砂异常是直接的重砂找矿标志。

第四节　河南洛宁上宫金矿田地质特征及自然重砂异常响应

一、矿床的发现

上宫金矿床位于洛宁县西山底乡虎头村，是以重砂异常为线索，应用地质-地球化学综合手段，

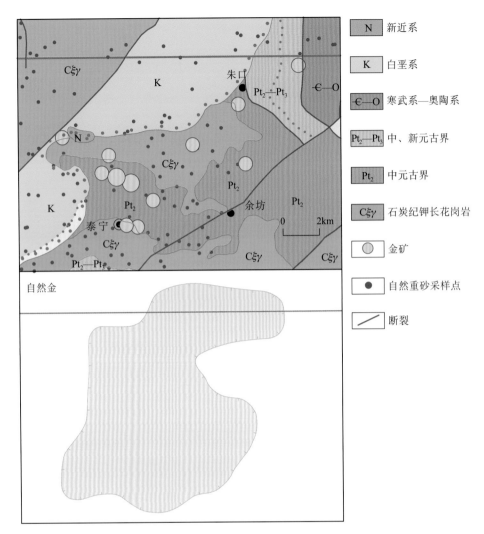

图例：
- N 新近系
- K 白垩系
- $\in$—O 寒武系—奥陶系
- Pt_2—Pt_3 中、新元古界
- Pt_2 中元古界
- $C\xi\gamma$ 石炭纪钾长花岗岩
- 金矿
- 自然重砂采样点
- 断裂

图1-7　泰宁何宝山金矿重砂异常剖析图

在熊耳山地区首次发现并探明提交的第一个大型构造蚀变岩型金矿床。1956—1957年，地质部秦岭区测队在该区进行1∶20万区域地质测量，在上宫至西山底一带圈定有以金为主的重砂异常，1969—1973年，河南省地质局豫01队在该区进行综合普查找矿，在上宫一带再次圈出金的重砂异常。后经多轮地质工作在该区先后发现了上宫、干树凹、虎沟、草沟、枫树疙瘩等金矿床（点），构成了上宫金矿田，其中，上宫金矿于1988年完成了矿区勘探工作，矿床规模为大型。

二、区域地质背景及矿床特征

（一）区域地质背景

上宫金矿田位于华北陆块南缘华熊地块龙脖-花山背斜南翼（图1-8）。

区域上，龙脖-花山背斜北侧为熊耳山前断裂带，南侧为马超营断裂带，其间出露地层受背斜构造控制，核部为新太古界太华岩群变质岩系，其南北两侧出露中元古宇熊耳群火山岩系。燕山期花山花岗岩体呈岩基状侵入于背斜核部东段。龙脖-花山背斜轴向近东西，两翼产状北陡而南缓，南翼地层总体倾向185°，倾角25°～42°。其上断裂构造十分发育，以北东向为主，近南北向和近东西向次之，多为脆性断裂。北东向的七里坪-星星阴断裂带（康山-上宫断裂带）规模最大，它东起七里坪，向南西经金洞沟、庙沟、干树凹、罗圈岩、西羊道沟垴、白石榴沟、草庙河大路沟口至星星阴，全长约35km，上宫金矿田即位于该断裂带北段。

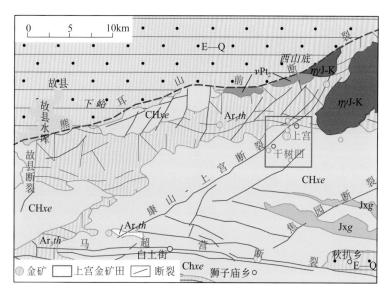

图 1-8 上宫地区地质矿产略图

E—Q—新生界；Jxg—中元古界蓟县系高山河组；ChXe—中元古界长城系熊耳群；$Ar_3Th.$—新太古界太华岩群；
νPt_2—中元古代辉长岩；$\eta\gamma J—K$—侏罗纪—早白垩世二长花岗岩

上宫金矿田分布于龙脖-花山背斜南翼太华岩群和熊耳群角度不整合接触带及其两侧，北部出露太华岩群角闪斜长片麻岩、条带状混合岩、浅粒岩夹斜长角闪岩，南部出露熊耳群许山组安山岩夹玄武安山岩、英安质流纹岩及凝灰岩。

上宫金矿田受控于七里坪-星星阴断裂带及其次级断裂。其中，上宫金矿规模最大，赋存于主断裂的金洞沟至庙沟段，干树凹金矿床赋存于该断裂的干树凹段，虎沟一带的虎沟、草沟、枫树疙瘩等金矿受次一级的密集分布的北北东—北东向断裂带控制，分布于北侧的太华岩群中。

矿田范围内未见岩基状侵入体，见有次石英正长辉长辉绿岩、次辉长辉绿岩、次玄武安山岩、石英二长岩、霏细岩等呈岩脉状分别侵入于北东向、近东西向、近南北向断裂中。

（二）矿床特征

上宫金矿田矿体受断裂及其蚀变构造带控制，其分布、形态、产状、规模均与断裂密切相关，以上宫大型金矿区为例：

上宫矿区发育大小断裂共 36 条，长度大于 100m 者 24 条，最长达 2700m。走向主要为北东向，次为近东西向和近南北向。主要控矿构造为数条大致平行断裂组成的断裂密集带，在平面上呈向西收敛的帚状，沿走向分支复合。沿该断裂带发育有 6 个主要含金蚀变构造带，分为上、下两个矿带：下矿带矿体厚度变化小，矿体完整性和矿化连续性也较好；上矿带矿体厚度变化大，往往出现较大的透镜体，并沿走向和倾向急剧变薄以至尖灭。在 512m 标高以上共圈出 73 个金矿体，矿体形态与含金蚀变构造带的形态基本相似，一般为薄板状、透镜状、豆荚状、脉状。

矿石有含金蚀变岩和含金硫化物石英团块两种。金属矿物主要有黄铁矿、褐铁矿，次有方铅矿、菱铁矿，以及少量白铅矿、磁铁矿、闪锌矿、自然铜、自然金、自然银、碲金矿、碲镍矿等；非金属矿物主要有石英、绢云母、绿泥石、重晶石、萤石、白云石及少量的方解石、角闪石、高岭石、蒙脱石、长石等。

金在矿石中以自然金、银金矿和碲金矿等独立矿物形式存在，赋存于黄铁矿、石英、褐铁矿、碲镍矿等矿物颗粒间或裂隙中，也有呈包裹体存在于矿物中。

与含矿热液有关的围岩热液蚀变主要有铁白云石化、绢云母化、硅化、绿泥石化以及局部的高岭石化、萤石化、方解石化、重晶石化等，其中硅化与矿化关系最密切。

矿床成因为构造蚀变岩型金矿床。

三、区域自然重砂矿物及其组合异常特征

(一) 区域自然重砂矿物特征

上宫金矿田及周边区域内，采集87件自然重砂样品，从中检出了数十种矿物，主要自然重砂矿物特征如下：

自然金主要为不规则粒状，次有片状、树枝状、板状、结核状，颗粒细小，直径在0.05～1mm之间，可见率40.74%，含量范围为1～22粒，平均值7粒。黄铁矿为浅铜黄色，半自形—他形粒状、立方体状，粒径0.1～1.0mm，可见率39.08%，含量范围为2～240粒，平均值36粒。铅族矿物主要为方铅矿，颜色铅灰色、灰黑色，金属光泽，多呈大小不等的阶梯状立方体，粒度0.1～1mm。白铅矿也较为多见，直径0.1～0.7mm，多为白色、灰白色粒状和碎块状，偶见白色粒状钼铅矿和铅矾，可见率29.89%，含量范围1～3936粒，平均值252粒。白钨矿多见，粒度0.05～0.7mm，多为白色，偶见天蓝色，呈粒状或碎片状，可见率80.46%，含量范围2～2352粒，平均值188粒。锌族矿物主要为菱锌矿，直径0.5～0.7mm，白色、淡黄色，扁平豆状、肾状及球状，可见率12.64%，含量范围1～480粒，平均值65粒。铜族矿物为孔雀石和铜蓝，直径约0.6mm，可见率11.49%，含量范围1～16粒，平均值4.5粒。辰砂多为朱红色不规则圆角状颗粒，直径为0.1～0.2mm，大者0.1～1mm，可见率10.34%，含量范围1～20粒，平均值5粒。雄黄为鲜红色，粒状，直径0.1～0.2mm，可见率1.15%，含量5粒。磁铁矿多为黑色粒状和八面体、偶有滚圆状和碎片状。萤石为紫色、淡紫色，可见率4.6%，含量范围6～120粒，平均值44粒。重晶石呈白色，可见率6.9%，含量范围7～211粒，平均值65粒。泡铋矿为绿色柱状，粒度0.2～0.6mm，可见率2.3%，含量分别为2粒和6粒。钼族矿物有钼铅矿和辉钼矿，辉钼矿颜色铅灰，片状，可见率4.6%，含量范围2～20粒，平均值9粒。

(二) 区域自然重砂矿物异常特征

上宫金矿田及其周边圈出了一个大规模的自然重砂矿物组合异常，由1个自然金、2个铅族矿物、1个锌族矿物、1个辰砂、1个透辉石等矿物异常构成（图1-9、图1-10），总面积140.33km²。上宫金矿田即位于该异常汇水盆地上游（南部）地段。

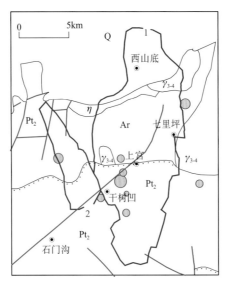

图1-9　上宫金矿田及其周边重砂异常分布图

1—自然金、铅族、锌族、辰砂、透辉石自然重砂组合异常；2—辉钼矿、磁铁矿自然重砂组合异常

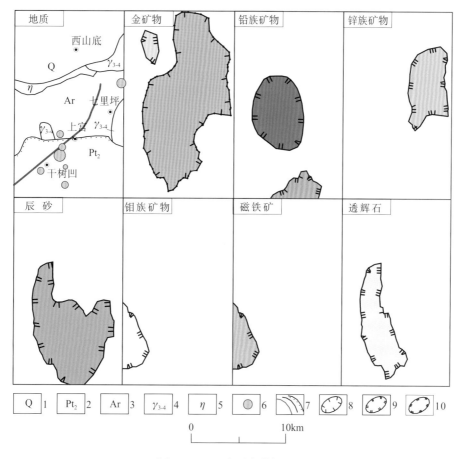

图 1-10　上宫异常带剖析图

1—第四系；2—中元古界；3—太古宇；4—加里东期—华力西期花岗岩；5—二长花岗岩；6—金矿；

7—断层/地质界线/角度不整合；8—Ⅰ级自然重砂异常；9—Ⅱ级自然重砂异常；10—Ⅲ级自然重砂异常

自然金异常：为Ⅰ级异常，位于西山底至上宫、干树凹一带，呈不规则肾状，长轴近南北向，异常面积 102.14km²。

铅族矿物异常：分别为Ⅱ级和Ⅲ级异常，Ⅱ级异常呈似椭圆状，分布于自然金异常的中西部，面积 33.45km²；Ⅲ级异常呈不规则多边形，分布于自然金异常的南部，面积 23.12km²。

辰砂异常：为Ⅱ级异常，呈心形分布于自然金异常中南部及其周围，面积 63.40km²。

锌族矿物异常：为Ⅲ级异常，似刀形，大致套合于自然金异常的东部，面积 27.17km²。

透辉石异常：为Ⅲ级异常，最高含量 1028 粒，按异常下限 300 粒圈定异常面积 29.99km²，呈半月牙状，套合于自然金异常的西部。

四、自然重砂异常与金矿的耦合关系

（一）区域自然重砂组合异常与金矿的空间关系

上宫金矿田位于自然金、铅、锌、辰砂、透辉石自然重砂组合异常汇水盆地南部的上游区域（见图 1-9）。从区域上看，上宫金矿田西侧为辉钼矿、磁铁矿组合异常，显示其应为与中酸性岩浆关系密切高温热液作用的产物；上宫金矿田所处的自然重砂组合异常的矿物组合则是中低温热液成矿作用的产物，其中的透辉石异常处于该组合异常西部，与辉钼矿、磁铁矿组合异常相邻，其重砂样品中除含有磁铁矿和重晶石等高温、中低温矿物之外，普遍含有绿帘石、透闪石、阳起石等，显示熊耳群绿色火山岩青磐岩化矿物组合特点。因此，区域重砂组合异常显示由西向东从高温向中低温矿物组合演

13

变的特点，这也印证了东侧燕山期花山岩体与本区金矿无关的观点，本区金矿化很可能受控于形成西侧高温矿物组合的岩浆活动，

虽无相应岩体出露于地表，但很可能隐伏于深部。地表由自然重砂反映的这种矿物组合水平分带在垂向上也会有明显反映。金矿主要形成于青磐岩化带及其以外的中低温矿物自然重砂组合异常带中。

（二）自然重砂对金矿化作用的矿物学响应

由于地表氧化作用，也由于已有重砂矿物鉴定的精确程度不够，上宫金矿田矿化作用或原生矿石的很多矿物学特点在自然重砂中已难觅其踪，如：上宫金矿石中广泛出现的黄铁矿未圈出异常、碲化物在重砂中未曾发现，围岩蚀变中广泛发育的铁白云石化在重砂中未发现相应的铁白云石矿物等。但重砂样品中仍保存的原生矿石矿物的某些特征也反映了上宫金矿田矿化的一些特征：透辉石、白钨矿相伴说明接触交代作用或高温热液作用的存在，萤石的广泛存在则是该区熊耳群火山岩系热液蚀变的结果，大规模辰砂异常及其样品中出现的雄黄、重晶石等则形成于低温热液作用，它们是金矿化晚期阶段低温热液阶段的产物。

第五节　陕西小秦岭桐峪式石英脉型金矿及其自然重砂异常特征

一、地质背景

该区出露地层主要为太古宇太华岩群及中元古宇高山河群、蓟县系。太古宇太华岩群岩性主要为黑云角闪斜长片麻岩、角闪斜长片麻岩，次为黑云斜长片麻岩、斜长角闪岩，以及混合岩化片麻岩类、混合岩类、混合花岗岩。变质相为角闪岩相。中元古宇高山河群岩性为含砾石英砂岩、石英砂岩夹红色页岩，中部夹含叠层石白云岩，有时底夹一层安山岩，顶部常见数米厚的赤铁矿或铁质石英砂岩。下与太古宇太华岩群岩呈不整合接触，上与蓟县系龙家园组整合或平行不整合接触（图1-11）。

图1-11　陕西省小秦岭地区区域地质图

区内断裂构造发育，其空间展布可分为 3 组：即东西向、北东—北东东向和北西向断裂。以北东—北东东向最为发育，属矿床的控矿和容矿构造。区域大断裂有华阴-潼关山前大断裂、蓝田-潼关北东向大断裂。

区内岩浆岩发育，南部有一近东西向长达 90km，宽 1～4km 的中元古代二长花岗岩岩脉。中部有沿北东向展布的古元古代花岗伟晶岩小岩体群及地层中顺层的多方向断裂贯入的岩浆岩细脉。北部有白垩纪二长花岗岩（华山花岗岩）岩体及中元古代的二长花岗岩小岩体。

区内共有金矿产地 60 余处，其中大型金矿床 3 个，中型矿床 7 个，小型矿床 53 个，成矿类型多为石英脉型和构造蚀变岩型，其中石英脉型 47 个，成矿时代为燕山期。

潼关地区金矿基本分布于太华变质核杂岩区，明显受控于脆-脆韧性剪切带，反映矿化与区域构造变形、变质作用密切相关。

矿带沿断裂构造带分布，矿体严格受次级脆-韧脆性剪切带控制。韧脆性剪切带平面上呈东西向、北西向集中成带分布，宽 2～15m，由糜棱岩化蚀变片麻岩、构造片岩、碎裂岩化蚀变岩构成。脆性剪切带一般规模较小，平面上呈东西向、北西向分布，以剪切断层、构造破碎带为主。其中东西向剪切带规模相对较大，宽 0.5～4m，延长数十至数千米。由构造蚀变岩、破裂岩化蚀变岩、石英脉、构造角砾岩构成。

石英脉型金矿床矿石矿物以黄铁矿为主，方铅矿、黄铜矿、磁铁矿、闪锌矿、辉锑矿、辉铋矿及自然金次之；脉石矿物以石英为主，绢云母、菱铁矿、白云石、绿泥石等次之。矿石类型以金-多金属硫化物-脉石英型及金-黄铁矿-脉石英型为主，金-黄铁矿-构造蚀变岩型次之。矿石结构主要为自形粒状、他形粒状结构及交代熔蚀、镶嵌结构。矿石构造主要为块状构造、条带状构造、细脉状构造。金粒径以 0.074～0.01mm 为主，0.3～0.074mm 次之。金以裂隙金、粒间金、包裹体金形式产出，金成色为 93%。

二、区域自然重砂矿物及其组合异常特征

选择了金矿物、铅矿物和铜矿物完成了该地区剖析图（图 1-12）。从剖析图中可以发现，金矿分布区皆有自然金矿物异常出现，部分金矿有铅矿物异常出现，部分金矿与铜矿物套合较好，锌矿物异常仅零星出现。

三、区域自然重砂异常解释

在小秦岭北坡，形成一个大范围的异常密集区，以金为主，其次有铅矿物、铜矿物、黄铁矿异常。

金矿物异常：全区共圈定 13 个异常，金异常主要分布在热液活动强烈、断裂构造发育的高级变质的太华岩群中，异常呈东西向带状分布。其中金 14 面积最大。出露地层为太古宇太华岩群，断裂构造及岩浆岩较为发育。大、中、小型石英脉型金矿密集分布。以不规则的形态东西向绵延约 80km，展布方向与南部出露的中元古代二长花岗岩岩脉走向一致，延伸一致。异常面积 101km²，异常点 141 个，平均含量 2.18 粒，最高 18 粒。

铅矿物异常：共圈定 9 个异常，呈弧形带状展布于太古宙片麻岩中，异常含量不高，面积较小。

铜矿物异常：区内共分布有 16 个铜矿物异常，异常规模小，呈弧形带状分布，分别为铜 10、铜 11、铜 12、铜 13、铜 14、铜 15、铜 16、铜 17、铜 18、铜 19、铜 20、铜 21、铜 23、铜 24、铜 25、铜 26。所有铜矿物异常皆分布于太古宙片麻岩之中。除铜 23、铜 24、铜 25 外，其余异常与古元古代花岗伟晶岩分布方向一致。

与金 14 有关的套合异常：金 14 与铅 9、铅 10、铅 12、铅 8、铅 15、铅 17、铅 18、铜 18、铜 17、铜 15、铜 14、铜 16、铜 13、铜 21、铜 12、铜 19、铜 24、铜 25、铜 23 异常套合叠加，分布于

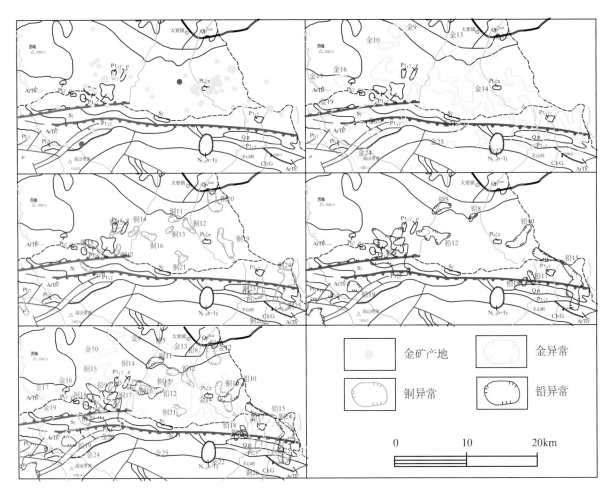

图 1-12　陕西省小秦岭地区自然重砂异常剖析图

小秦岭北坡及大梁一带，出露地层为深度变质的太古宇太华岩群，断裂十分发育，伴有多期岩株、岩脉岩浆活动，已发现 50 多个大、中、小型金矿床。

该区重砂异常规模大，含量高，找矿潜力很大，是寻找原生复合内生型金矿床的重要区域。

第六节　吉林夹皮沟金矿带自然重砂异常特征及其找矿意义

夹皮沟早在 1821 年（道光元年）开始采砂金。矿田内现已探明的大中型金矿床 10 余处，累计探明黄金储量约 150t，是全国重要的金矿成矿区域和黄金产地之一。矿田内重砂矿物发育，其异常特征与物探、化探异常遥相呼应，是同样重要的找矿标志。

一、区域地质及矿床特征

（一）区域地质特征

1. 地层

矿田出露的主要地层为新太古代三道沟岩组，主要岩石类型有斜长角闪岩、浅粒岩、绢云石英片岩、绢云绿泥片岩、磁铁石英岩等。具有中低级区域变质特征，变质相为绿片岩相，局部可达角闪岩相。原岩为火山岩-正长碎屑沉积岩，含硅铁质沉积岩。普遍叠加有动力变质作用和绿片岩相退变质作用，形成不同类型的片岩夹磁铁石英岩。磁铁石英岩构成夹皮沟地块丰富的铁矿资源，形成中-大型的铁矿床，三道沟岩组是吉林省重要的含金铁层位（图1-13）。下部层序原岩为镁铁质火山岩夹超镁铁质岩，该层底部被元古宙的板庙岭钾质花岗岩侵入；主要变质岩为斜长角闪岩，底部夹少量超镁铁质变质岩，顶部夹黑云变粒岩和条带状磁铁石英岩，金矿床赋存于镁铁质火山岩之中。上部为镁铁质-长英质火山岩及火山碎屑岩-沉积岩；岩性主要有黑云变粒岩、黑云片岩，磁铁石英岩、斜长角闪岩等；上部为含铁层位，老牛沟铁矿即赋存其中。

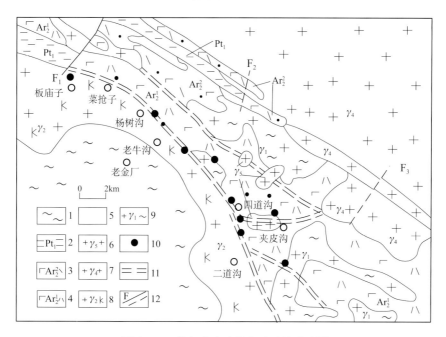

图1-13 桦甸市夹皮沟金矿田地质略图

1—侏罗系；2—色洛河群；3—三道沟组上部层位；4—三道沟组下部层位；5—太古宙高级区；6—燕山期花岗岩；7—华力西期花岗岩；8—五台-中条期钾质花岗岩；9—阜平期英云闪长岩-奥长花岗岩；10—金矿床；11—韧性剪切带；12—断层及推断断层

2. 构造

构造复杂，主要以阜平期的褶皱构造和韧性剪切带为基础，其褶皱轴及韧性剪切带展布方向总体上都为北西向，在韧性剪切带中有多次脆性构造叠加，形成了多条挤压破碎带。大部分金矿床位于褶皱构造轴部、陡翼或倾没端，并与韧性剪切带空间一致。

韧性剪切带是在褶皱变形过程形成的，矿田内主要有老牛沟和腰仓子两条韧性剪切带，走向北西。矿田内所有金矿床都产在韧性剪切带中。

矿田脆性构造从古元古代至中生代均有发育，古洞河超岩石圈断裂呈北西向展布，后期构造使其继续活动，并伴有多条新的脆性构造产生。这些脆性构造是本区容矿构造，按含矿断裂产状展布方向可划分两类：矿体走向与韧性剪切带走向大致平行，但倾向上有较小交角，或倾向相反；矿体走向与韧性剪切带走向斜交或垂直。一般说来，平行韧性剪切带这组矿脉规模大，为各矿床主要矿体。

3. 岩浆岩

区内岩浆活动频繁，以阜平期、中条期和华力西期最为剧烈，燕山期次之。阜平期英云闪长岩-奥长花岗岩分布在矿区东南环绕并侵入了绿岩带；中条期钾质花岗岩和华力西期花岗岩分别出露于矿区的西南和北东部；燕山期钾长花岗岩仅在矿层中部呈岩株状产出；另外，燕山期及华力西期的脉岩广布，与金矿关系密切，主要表现在含金石英脉赋存于岩脉裂隙之中或其上下盘，含金石英脉与岩脉相互穿插、甚至岩脉本身构成矿体，表明二者形成时间相近。

（二）矿床特征

1. 矿体

夹皮沟金矿田，矿体以含金石英脉为主，其次为含金破碎蚀变岩。含金石英脉多呈脉状，似脉状及透镜状、串珠状。沿走向及倾向变化复杂，分支复合、尖灭再现明显。矿脉产状变化较大，而倾向则由 SE 变为 SW 向。倾向与围岩剪切理有一定交角，走向与韧性剪切带基本一致。自南向北走向由 NE→NEE→NNW→NW→NNE→EW，倾角由 $20°\sim45°$ 逐渐变为 $75°\sim85°$。

含金石英脉的厚度变化较大，最薄 0.1m，最厚达 22m，一般 $0.5\sim1.5m$，长度一般为 $50\sim200m$，最长为 770m，延深往往大于延长，一般为 $100\sim300m$，最大可达 670m。

近矿围岩为斜长角闪岩、绿泥片岩、角闪斜长片麻岩。控矿构造为北西向韧性剪切带外缘，夹皮沟向斜陡翼。

2. 矿石

（1）含金矿物及微量元素

有自然金、银金矿、针碲金矿，自然金主要为包裹体金，次为裂隙金。少数为晶隙金形式赋存于石英、黄铁矿、黄铜矿、方铅矿、磁铁矿、赤铁矿中，有时见与黄铜矿银金矿连生。矿石金品位为 $(4.0\sim5.0)\times10^{-6}$，伴生 Ag、Pb、Cu 等，Ag、Pb、Cu、Bi 与 Au 呈正消长关系，主要成矿元素、伴生元素及微量元素从矿体到近矿围岩，Au、Ag、Cu、Pb、Zn 等递减，V、Ti、Ba、Sr 递增。特征元素矿体上部为 Au、Ag、Pb，矿体本身为 Au、Cu、Mn、Co，矿体下部 Au、Mo、Ag、Pb、V、Ti、Co、Mn、Cu、W、Ba、Sr 逐渐增高。其中 Cu、Co 在含金石英脉中部富集，Mo、Ba、Sr 在其下部富集。

（2）矿石矿物组合

矿石矿物成分较复杂，主要金属矿物为黄铁矿、黄铜矿、方铅矿，次为磁黄铁矿、闪锌矿、磁铁矿、白铁矿、白钨矿、黑钨矿、辉铋矿、辉银矿、铜银铅铋矿、菱铁矿、孔雀石和蓝铜矿；金矿物有自然金、银金矿、针碲金矿、碲金矿；脉石矿物有石英、绿泥石。

3. 矿床成因

中太古代末-新太古代早期，原始古陆块之下异常地幔的活动导致了上覆地壳的裂陷作用（类似于现代大陆边缘裂谷或弧后盆地），大量拉斑玄武岩及安山质长英质火山岩、火山碎屑岩、BIF 和沉积岩的堆积，形成了原始绿岩建造，并携带了地球深部的金进入地壳。

新太古代晚期，古老微板块聚合，伴随裂谷或弧后盆地的闭合，导致了绿岩建造的深埋和变质变形，深部的镁铁质火山岩的部分熔融，产生了同构造的奥长花岗岩-英云闪长岩-花岗闪长岩的底辟侵入，形成了花岗岩-绿岩带。并在 $2500\sim2600Ma$ 和 $2000Ma$ 左右遭受了两次低角闪岩相和绿片岩相的区域变质及退变质作用。

新太古代晚期，沿龙岗古陆块边缘发育多期次的大型韧性剪切滑动，伴随低角闪岩相的区域变质和绿片岩相的退变质作用，岩石发生脱挥发分作用，释放出 Si、CO_2、H_2O 和 Au 等成矿物质，形成大量的变质含矿热液，并有同期可能的岩浆流体和深源（下地壳-地幔）含矿流体的混合，在深部形成低盐、偏碱、还原性的 CO_2-H_2O 含矿热流体。受温压梯度的影响，沿韧性剪切带向上运移，同时受到部分下渗循环天水或海水的加入，于是对围岩产生退变质作用，进一步获取成矿物质。当含矿热流体聚集到有利的构造扩容部位，由于温度的下降、溶解度降低，硫和铁及其他多金属元素组合，形成黄铁矿及其他多金属硫化物，同时金离子被还原沉淀在早期形成的矿物裂隙和晶隙间而形成金矿床。

华力西期-燕山期，在中生代受太平洋板块俯冲作用影响，产生了强烈的构造-岩浆作用。深部地壳的重熔形成了沿古陆边缘分布的大片花岗质侵入体和部分幔源、深源煌斑岩、辉绿岩等，对早期形成的金矿局部叠加、改造。

二、自然重砂矿物及其异常特征

（一）自然重砂矿物

数据源于 1:20 万区域自然重砂数据库，应用标准化处理分析，根据《自然重砂资料应用技术要求》以及 ZSAPS2.0 操作系统，共检出自然金、铜族矿物（黄铜矿、孔雀石、辉铜矿、蓝铜矿、赤铜矿、自然铜）、铅族矿物（白铅矿、方铅矿、铅矾、自然铅）、白钨矿、黄铁矿、独居石、磁铁矿、磷灰石等 20 余种重砂矿物（表 1-1）。

表 1-1　夹皮沟成矿带主要自然重砂矿物含量分级

序号	矿物名称	I	II	III	IV	V
1	自然金	1~3 粒	3~5 粒	5~8 粒	8~13 粒	＞13 粒
2	铜族矿物	1~2 粒	＞2 粒			
3	铅族矿物	1~5 粒	＞5 粒			
4	白钨矿	1~7 粒	7~14 粒	14~23 粒	23~50 粒	＞50 粒
5	黄铁矿	1~4 粒	4~13 粒	13~20 粒	20~35 粒	＞100 粒
6	独居石	1~25 粒	25~90 粒	90~225 粒	225~483 粒	＞483 粒

（二）单矿物自然重砂矿物异常特征

1. 金自然重砂异常

矿田内圈出 10 处自然金自然重砂异常。规模大，含量分级高（Ⅳ—Ⅴ级）。异常总体走向为北西向，与区域控矿地质体和构造线走向基本一致。其中 1 号、2 号 3 号、4 号和 10 号异常与已知矿床吻合，5 号、6 号、7 号、8 号、9 号尚未发现规模性矿床。在夹皮沟的周围矿床分布密集区无自然金自然重砂异常，其可能与地表矿化弱或发现的多为深部隐伏矿有关（图 1-14）。

2. 铜族自然重砂异常

矿田内圈出两处铜族自然重砂异常。异常规模相对较小，含量分级较低（Ⅰ—Ⅱ），其与铜族矿物含量低且不耐长距离搬运、易风化有关，多形成 Cu^{2+} 与水系迁移。异常区内尚未发现规模性矿床（图 1-14）。

3. 铅族自然重砂异常

矿田内圈出 4 处铅族自然重砂异常。异常规模相对较小，含量分级较低（Ⅰ—Ⅱ），其与铅族矿物含量低且不耐长距离搬运、易风化有关，多形成 Pb^{2+} 与水系迁移。其中 1 号异常与已知金矿床吻合，2 号、3 号和 4 号尚未发现规模性矿床（图 1-14）。

4. 白钨矿自然重砂异常

矿田内圈出 7 处白钨矿自然重砂异常。规模较大，含量分级高（Ⅳ—Ⅴ级）。异常总体走向为北西向，与区域控矿地质体和构造线走向基本一致。其中 1 号和 7 号异常与已知矿床吻合，2 号、3 号、4 号、5 号、6 号尚未发现规模性矿床。在夹皮沟的周围矿床分布密集区无白钨矿自然重砂异常，其可能深部岩浆热液活动与成矿有关（图 1-14）。

5. 黄铁矿自然重砂异常

矿田内圈出 7 处黄铁矿自然重砂异常。规模大，含量分级高（Ⅳ—Ⅴ级）。其中 1 号、3 号和 7 号异常与已知矿床吻合，2 号、4 号、5 号和 6 号尚未发现规模性矿床。2 号、4 号、5 号和 6 号异常在矿田的北东部呈北西向串珠状分布在北西向韧性剪切带中（图 1-14）。

6. 独居石自然重砂异常

矿田内圈出 3 处独居石自然重砂异常。规模大，含量分级高（Ⅳ—Ⅴ级）。异常总体走向为北西向，与区域控矿地质体和构造线走向基本一致。1 号异常位于已知矿床水系的下游，与独居石耐风化和长距离搬运有关。2 号和 3 号尚未发现规模性矿床，3 号异常分布在矿田东部北西向韧性剪切带上（图 1-14）。

（三）综合异常特征

1. Z-1 自然金-铅族-白钨矿-黄铁矿综合异常

异常呈近北东东向展布，与水系流向一致，异常区面积为 157km²。自然重砂异常矿物为自然金、

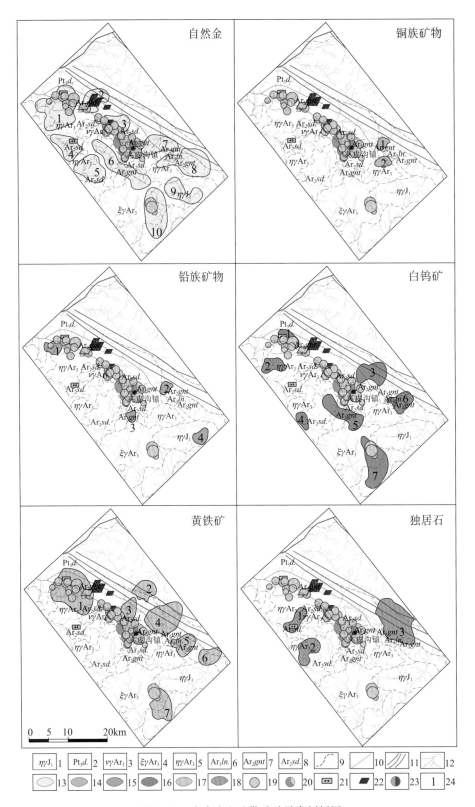

图 1-14 夹皮沟金矿带重砂异常剖析图

1—早侏罗世；2—达连沟岩组；3—紫苏花岗岩；4—变质钾长花岗岩；5—变质二长花岗岩；6—老牛沟岩组；7—英云闪长质片麻岩；8—四道砬子河岩组；9—岩石组合界线；10—实测断层；11—韧性剪切带；12—汇水盆地水系；13—金异常；14—铜异常；15—铅异常；16—白钨矿异常；17—黄铁矿异常；18—独居石异常；19—金矿；20—铜金矿；21—砂金矿；22—铜金矿；23—铅锌矿；24—异常编号

白铅矿、方铅矿、铅矾、自然铅、白钨矿、黄铁矿等。异常区内分布有 10 余处金矿床（点）（图 1-15）。

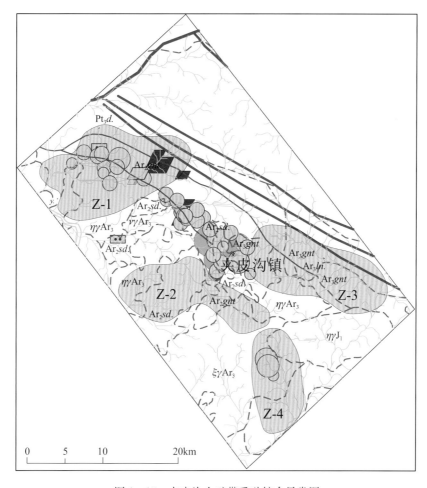

图 1-15　夹皮沟金矿带重砂综合异常图

2. Z-2 自然金-铅族-白钨矿-黄铁矿-独居石综合异常

异常呈近北西向状展布，与水系流向一致，与区域控矿地质体和构造线走向基本一致。异常区面积为 106km²。自然重砂异常矿物为自然金、白铅矿、方铅矿、铅矾、自然铅、白钨矿、黄铁矿、独居石等。综合异常由两条水系控制：东部水系控制异常区上游存在已知矿床（点），西部水系控制异常区尚未发现规模性矿床（图 1-15）。

3. Z-3 自然金-铜族-铅族-白钨矿-黄铁矿-独居石综合异常

异常呈近北西向展布，与水系流向一致，与区域控矿地质体和构造线走向基本一致。异常区面积为 134km²。自然重砂异常矿物为自然金、黄铜矿、孔雀石、辉铜矿、蓝铜矿、赤铜矿、自然铜、白铅矿、方铅矿、铅矾、自然铅、白钨矿、黄铁矿、独居石等。异常区北西侧隔分水岭分布有密集的已知矿床（点）（图 1-15）。

4. Z-4 自然金-白钨矿-黄铁矿综合异常

呈近南北向椭圆形展布，与水系流向一致，与区域控矿地质体和构造线走向基本一致。异常区面积为 75km²。自然重砂异常矿物为自然金、白钨矿、黄铁矿等。异常区与已知矿床（点）吻合（图 1-15）。

三、找矿意义

（一）与已知矿床对比

夹皮沟金矿田内各矿床（点）金的赋存状态为自然金、银金矿、针碲金矿。自然金主要为包裹体金，次为裂隙金，少数为晶隙金形式赋存于石英、黄铁矿、黄铜矿、方铅矿、磁铁矿、赤铁矿中。其中自然金、黄铁矿、黄铜矿、方铅矿、磁铁矿均有重砂异常，说明上述矿物的单矿物重砂异常或组合异常均可作为寻找夹皮沟式金矿的指示矿物。

夹皮沟金矿田的矿石主要金属矿物组合为黄铁矿、黄铜矿、方铅矿，次为磁黄铁矿、闪锌矿、磁铁矿、白铁矿、白钨矿、黑钨矿、辉铋矿、辉银矿、铜银铅铋矿、菱铁矿、孔雀石和蓝铜矿；金矿物有自然金、银金矿、针碲金矿、碲金矿；脉石矿物有石英、绿泥石。其中黄铁矿、黄铜矿、方铅矿、磁铁矿、自然金，即是矿石组成的主要金属矿物，又是主要的含金矿物。白钨矿、辉铋矿可视为区域上岩浆活动的指示矿物。孔雀石和蓝铜矿代表的是后期风化的次生矿物。说明上述矿物的单矿物重砂异常（除白钨矿、辉铋矿以外）或组合异常，均可作为寻找夹皮沟式金矿的指示矿物。

（二）自然重砂异常的找矿意义

1号自然金重砂异常与1号铅族、1号黄铁矿重砂异常套合，异常区内已经发现10余处金矿床（点），成矿地质背景条件相同。根据异常区重砂异常点的分布，在异常区的南部和北部仍存在找矿空间，应继续沿水系重砂异常追索金矿化，根据重砂异常矿物组合，应以寻找夹皮沟式沉积变质-热液改造中温型金矿为主。

2号自然金重砂异常与1号白钨矿重砂异常套合。该异常区西部即汇水盆地下游存在已知矿床。异常区东部即汇水盆地上游异常区主要分布在北西向的韧性剪切带上，成矿地质背景与夹皮沟南部的六匹叶金矿相似，所以在该异常区内重点沿水系重砂异常追索六匹叶式（或松江河式）受韧性剪切带控制的后期岩浆热液型中—高温金矿。

3号自然金重砂异常与3号黄铁矿重砂异常套合。该异常区西部即汇水盆地下游存在已知矿床。异常区东部即汇水盆地上游异常区与西部异常区，成矿地质背景条件相同，根据异常区重砂异常点的分布，在异常区的东部仍存在找矿空间，应继续沿水系重砂异常追索金矿化。根据重砂异常矿物组合，应以寻找中温型金矿为主。

4号自然金重砂异常与1号独居石重砂异常套合，异常区东部即汇水盆地上游异常区存在已知砂金矿。根据异常区重砂异常点的分布，在异常区的南部仍存在找矿空间，应继续沿水系重砂异常追索金矿化。根据重砂异常矿物组合，应以寻找中—高温型金矿为主。

5号、6号、9号自然金重砂异常，6号与5号白钨矿重砂异常套合。3个异常区成矿地质背景条件与已知区相同。根据异常区重砂异常点的分布，均存在找矿空间，应继续沿水系重砂异常追索金矿化。根据重砂异常矿物组合，应以寻找中—高温型金矿为主。

7号、8号自然金重砂异常与1号和2号铜族、2号铅族、4号和5号黄铁矿、3号和6号白钨矿、3号独居石重砂异常套合。主要分布在北西向的韧性剪切带上，成矿地质背景与夹皮沟南部的六匹叶金矿相似，所以在该异常区内重点沿水系重砂异常追索六匹叶式（或松江河式）受韧性剪切带控制的后期岩浆热液型中—高温金矿。

从综合异常分析Z-1、Z-2、Z-4综合异常区，以寻找夹皮沟式沉积变质-热液改造型金矿为主，Z-3综合异常区在寻找夹皮沟式沉积变质-热液改造型金矿的同时，兼顾寻找六匹叶式（或松江河式）受韧性剪切带控制的后期岩浆热液型中—高温金矿。

四、结论

夹皮沟矿田自然金重砂异常发育，区域上呈带状分布，对夹皮沟金矿田积极支持，具直接指示响应。

重砂矿物以自然金为主，伴生矿物有铅族矿物、铜族矿物、白钨矿、黄铁矿、独居石等，当出现自然金-铅族矿物-铜族矿物-白钨矿-黄铁矿-独居石组合时指示有夹皮沟式金矿存在。同时根据异常分布区的构造条件，注意寻找六匹叶式（或松江河式）受韧性剪切带控制的后期岩浆热液型中—高温金矿。

重砂综合异常由组合矿物构成，面积较大，是追索矿源的有利依据。

物探、化探异常特征与重砂异常吻合，均为矿化痕迹，其综合指标找矿意义更优。

总之，夹皮沟金矿田以初始矿源层的太古宙的花岗-绿岩为主要地质背景，在区域变质作用及岩浆活动强烈作用下，金等重要矿物得以进一步富集。随着北西向韧脆性剪切带及燕山期环太平洋活动带的岩浆构造活动，形成夹皮沟金矿带。因此，夹皮沟矿田中的重砂矿物是金富集成矿的后生产物，自然金、白钨矿、黄铁矿、独居石等重砂异常对金矿积极支撑，具有优良的矿致性，找矿指示作用明显。

第七节　河南小秦岭文峪金矿及自然重砂异常特征

一、矿床的发现

1956 年起，小秦岭地区地质工作逐步开展起来。1956—1957 年，地矿部秦岭区域地质测量大队在该区进行 1∶20 万区域地质调查，圈出有金自然重砂异常，并提交有金硐岔铜矿等找矿报告。1958年，河南省地质局豫西综合队在该区进行检查，采集了标本和化学样，否定了铜矿，仅计算了 140t铅矿储量。1961 年，河南省地质局豫 08 队以找磷为目的进行了水系重砂测量，发现有金自然重砂异常。后来地质资料转交豫 01 队，于 1962 年编制成图。1963 年全国形成了第一次找金热潮，河南省地质矿产局结合基础地质研究成果，将小秦岭一带选定为寻找金矿的有利地区。1964 年上半年经过 3个月的工作，共发现含金石英脉 30 多处。后经多轮地质勘查工作，小秦岭成为我国最大的金矿田之一，也是我国重要的金矿资源基地。

二、区域地质背景

文峪金矿床位于华北陆块南缘，晚三叠世以来处在小秦岭-伏牛山碰撞造山岩浆弧，地质构造格架表现为新太古界片麻岩穹窿，白垩纪岩浆活动强烈，为金矿密集分布区。众多金矿床严格限定在小秦岭片麻岩穹窿内，总体上分为南、北向外缓倾的两个金矿带，受控于先存韧性剪切带、左行平移逆冲断裂带和成矿期复合先存断裂带的系列低角度正断层。穹窿内白垩纪基性、花岗岩浆活动强烈，岩浆与成矿流体密切共生（图 1-16）。

区内地层主要为太古宇太华杂岩（即太华岩群）。太华岩群为一套原岩为中基性火山-沉积建造的中深变质岩系，总厚度大于 3000m，自下而上为：中太古代基性喷发表壳岩，岩性以斜长角闪岩、斜长角闪片麻岩为主，是早期基性火山喷发岩的变质产物；中太古代观音堂岩组，为一套滨海—浅海相碎屑-含碳质、泥质的沉积建造，夹有中太古代基性火山喷发岩和焕池峪岩组，原岩为（含碳质、泥

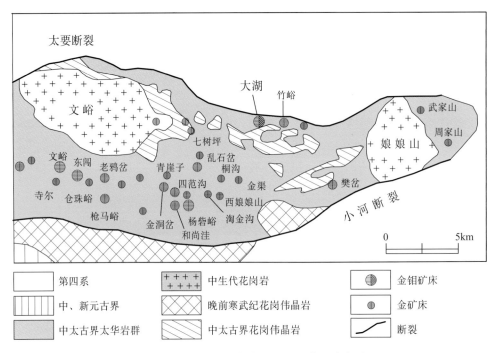

图 1-16 河南省小秦岭金矿田区域地质略图

质）灰岩及白云岩，属浅海相碳酸盐岩。

区内岩浆活动频繁，自太古宙、元古宙到中生代皆有表现，具多旋回，多期次特点。阜平期岩浆活动表现为基性—中酸性火山喷发及 TTG 岩系和花岗岩侵入，五台期花岗伟晶岩脉侵入，古元古代桂家峪花岗岩体侵入，中元古代小河花岗岩体侵入，加里东期辉绿岩脉、闪长岩脉及杨砦峪二长花岗岩侵入，印支期正长斑岩脉侵入，燕山期辉绿岩脉、文峪花岗岩岩体、娘娘山花岗岩岩体、花岗斑岩脉及含金石英脉侵入。其中，燕山期花岗岩浆活动与本区金矿具有密切的成生关系。

总体构造格架表现为多期构造叠加的片麻岩穹窿，主构造线呈近东西向展布，区域性韧性剪切带和褶皱特别发育。受不同期次、不同方向的应力影响，区内形成了复杂的断裂构造形迹，由韧脆性变形变质作用所形成的糜棱岩带、碎裂岩带、蚀变破碎岩带特别发育，与金的矿化作用关系密切。

三、矿区地质

小秦岭地区金矿脉密集分布，集中或交错构成南、北两个矿脉带，已勘查的金矿基本不具有自然地质边界。

文峪金矿矿床位于小秦岭金矿田南矿带西段（图 1-17），矿区面积 3km²，金资源储量 48.037t。交通便利，距陇海铁路豫灵站 17km（运距），通矿山公路。

（一）地层

矿区出露地层为太华岩群间家峪组，北部（老鸦岔背斜轴部与 512 号脉之间）以混合岩为主，夹斜长角闪岩和斜长角闪片麻岩，宽 800～1100m，为主要金矿脉的分布范围。南部（512 号脉以南）由石英岩、斜长角闪片麻岩等组成。

（二）岩浆岩

区内侵入岩以脉岩为主，严格受断裂构造控制，分布广、种类多。岩性以基性脉岩为主，碱性脉岩次之；主要为辉绿岩，次为伟晶岩。岩脉厚 0.3～3m，延伸远，按相互切割关系表现的生成次序为：斜长伟晶岩-辉绿岩-碱性花岗斑岩-正长斑岩。

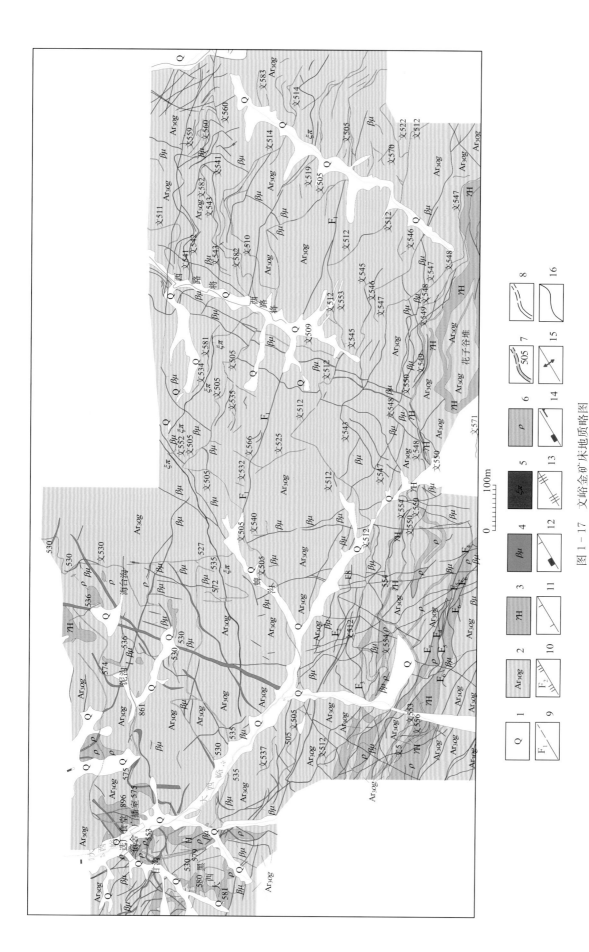

图 1 – 17　文峪金矿床地质略图

1—第四系；2—太华岩群闾家峪组太古宙片麻杂岩；3—黑云母花岗岩；4—辉绿岩及辉绿玢岩；5—正长斑岩；6—混合花岗伟晶岩；7—实测及推测含金脉及编号；8—实测及推测矿化糜棱岩；9—实测及推测断裂及编号；10—压性断裂及推测断裂及编号；11—压性断裂；12—压扭性断裂带；13—张性断裂及平移断裂；15—背斜轴；16—地质界线

（三）构造

老鸦岔背斜轴部位于矿区北部，控制本区金矿分布。近东西向韧性剪切-脆性断裂构造带是该区的控矿构造，脆性断裂沿先存韧性剪切带发育，早期为逆断层，晚期属正断层性质。其次发育北北东向、北北西向正-平移断裂带，以及北北东、北北西向平移断裂，其倾角较陡，规模较小。

四、矿床特征

（一）矿体特征

金矿体主要赋存于文 512、S505 含金构造蚀变岩带（含金石英脉）中，呈似层状、脉状相互平行排列，少数存在单一矿体，多为复脉型矿体。矿体走向上与构造带基本一致，倾向上波状起伏变化，有斜切构造带的趋势（图 1-18）。

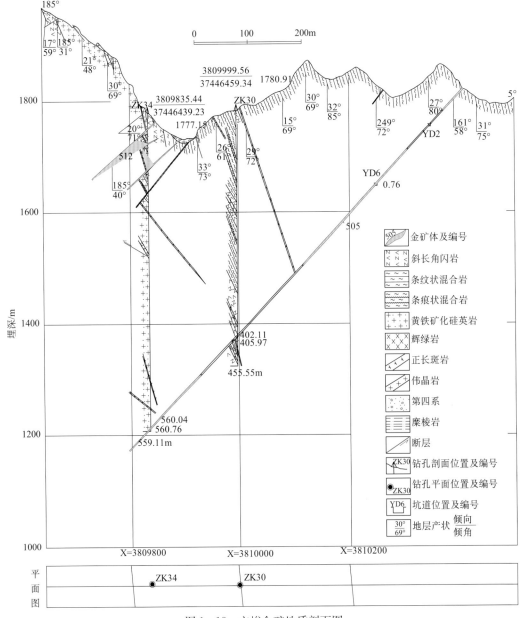

图 1-18　文峪金矿地质剖面图

26

共圈出 5 个金矿体，其中主矿体 2 个。矿体最大长度 3170m，平均厚度 1.25m；控制斜长 900m，埋深 841m。总体走向 180°～210°，倾向 270°～310°，倾角 37°～55°。

（二）矿石特征

矿物成分：金矿物单一为自然金，金属矿物以黄铁矿为主，黄铜矿、方铅矿次之，磁黄铁矿、斑铜矿、白钨矿等微量。次生矿物主要为赤铁矿、褐铁矿、微量孔雀石、蓝铜矿、辉铜矿、白铅矿、铅矾等。脉石矿物主要为石英，次为微斜长石、斜长石、方解石，少量绢云母、黑云母、绿泥石、榍石、磷灰石。

矿石化学成分：矿区金平均品位 12.05×10^{-6}。伴生有益元素：硫 4.15%、银 32.72×10^{-6}、铜 0.40%、钨 0.1170%、铅 2.80%。

矿石结构、构造：主要有自形—半自形晶粒状结构、他形晶粒状结构、压碎结构、包含结构；浸染状构造、细脉-浸染状构造、角砾状构造、蜂窝状构造。

矿石类型：按矿石矿物种组合及脉石矿物种类可分为含金黄铁矿石英脉型、含金构造蚀变岩型及含金多金属硫化物角砾岩型。

（三）围岩蚀变

围岩蚀变分布于含金石英脉顶底板及其构造带中。主要蚀变类型有：绢云母化、黄铁矿化、硅化、碳酸盐化、钾长石化、绿泥石化。

五、区域自然重砂矿物特征

小秦岭地区位于河南省西部，地势复杂，海拔较高，地形切割强烈，水系发育，适合开展自然重砂测量工作。该地区开展的 1∶20 万重砂测量成果显示主要重砂矿物为：自然金、雄黄、雌黄、辰砂、泡铋矿、辉钼矿、白钨矿、闪锌矿、菱锌矿、黄铁矿、磁铁矿、磁黄铁矿、铜族矿物、铅族矿物、重晶石、榍石、磷灰石、锆石、钍石等 40 余种矿物，其中自然金可见率低，小于 1%，雄黄、雌黄 2% 左右，辰砂可见率 5% 左右，黄铁矿、白钨矿、锆石可见率高，大于 50%，铜铅锌组合矿物以及金与矿化露头关系密切（表 1-2）。

金矿物主要为自然金，呈不规则状、细粒状、树枝状，其次为片状，颗粒直径一般为 0.03～0.3mm，大者 0.24～1.0mm。

表 1-2　文峪金矿区及周边区域主要自然重砂矿物含量分级

序号	矿物名称	Ⅰ	Ⅱ	Ⅲ	Ⅳ
1	金	1～3 粒	4～33 粒	34～98 粒	>99 粒
2	雄黄	1 粒	2～3 粒	4～8 粒	>9 粒
3	辰砂	1～2 粒	3～7 粒	8～40 粒	>41 粒
4	泡铋矿	1～4 粒	5～18 粒	19～31 粒	>32 粒
5	辉钼矿	1 粒	2～3 粒	4～6 粒	7 粒
6	铜族	1～7 粒	8～24 粒	25～94 粒	>95 粒
7	铅族	1～4 粒	5～18 粒	19～26 粒	>27 粒
8	白钨矿	1～20 粒	21～40 粒	41～100 粒	>100 粒

注：1～3 粒为有用重砂矿物颗粒数量/20kg 河砂，一次性淘洗回收率达到 60% 以上。铅族矿物主要为方铅矿、白铅矿、铅矾，少部分为磷氯铅矿、自然铅。铜族矿物主要为黄铜矿、孔雀石、辉铜矿、自然铜，少量为蓝铜矿、赤铜矿。锌族矿物主要是闪锌矿，少数为菱锌矿。

六、矿区自然重砂矿物异常特征

（一）异常位置

异常区位于灵宝市扫帚沟一带，呈不规则港湾状，异常面积 23.42km²。

（二）异常特征

异常区内采重砂样品 22 个，含自然金样品 20 个，可见率 90.91%。形成异常的主要重砂矿物为自然金，伴生矿物有孔雀石、黄铜矿、闪锌矿、方铅矿、白铅矿、铅钒、辰砂、重晶石、黄铁矿、辉钼矿、白钨矿、锆石、石榴子石、绿帘石、透辉石等。

自然金主要为不规则状、细粒状，粒径一般 0.05～0.4，大者 0.2～1.2mm，与铜铅锌族矿物、黄铁矿、白钨矿共生及伴生，与热液活动及矿化关系密切。

黄铁矿为浅铜黄色，半自形晶体，粒径 0.1～1.0mm，与热液活动关系密切，常与石英脉共生，为金矿重要的找矿标志。

方铅矿为铅灰色，金属光泽，节理发育，常为自形立方体，粒度 0.1～0.5mm，大者可达 1mm。方铅矿及铅族矿物与铜锌族矿物共生及伴生，与热液活动及矿化关系密切。

黄铜矿为铜黄色，条痕黑绿色，金属光泽，不平坦状断口，通常呈不规则粒状，粒径 0.1～0.8mm，与铅锌族矿物共生，与矿化关系密切。

闪锌矿为黄褐色、褐色，树枝光泽，通常呈不规则棱角—次棱角状碎块，粒度 0.1～0.6mm，与铅族矿物及铜族矿物共、伴生，与金矿化关系密切。

辉钼矿呈铅灰色，条痕为浅绿色，强金属光泽，常呈板状及鳞片状集合体，片径 0.05～0.9mm，与钨矿物共生。

白钨矿为白色、淡黄色、橘黄色、浅黄白色，油脂光泽，通常呈不规则状—圆角粒状，粒径 0.3～0.5mm，与钼矿物共生。

钨、钼矿物的出现预示着矿床剥蚀深度较大，矿体向深部的延伸空间有限。

异常区内异常点集中，含量点自然金含量高，异常面积大，为矿致异常。区内发现大型金矿床 3 个、中型金矿床 4 个，异常由已知矿床引起，矿床深部及外围尚具有极大找矿潜力。

（三）自然重砂矿物组合与矿化的关系

研究表明，文峪地区金矿脉围绕文峪花岗岩体外围分布，金矿的形成与分布与文峪花岗岩体密不可分；金矿物重砂异常也分布在文峪花岗岩体外围，与金矿体位置重合，显示了自然重砂对寻找石英脉型金矿的良好效果。铜组矿物、锌组矿物分布与金矿体位置基本重合，位于岩体的接触带上；铅组矿物异常面积稍大，覆盖了文峪花岗岩体的内外接触带；白钨矿异常面积较小，仅位于岩体内接触带；黄铁矿重砂矿物异常面积最大，覆盖了文峪地区，说明该地区金矿的形成经历了多期多阶段；辰砂、雄雌黄的形成是个别事件，与岩浆热液活动关系不大，而与某一时期的构造热液活动有关（图 1-19）。

从岩体中心向外，成矿温度出现规律性变化，自然重砂矿物组合也出现规律性变化：W、Cu、Zn-Pb、Au-Hg、As。揭示了在同一岩浆活动引起的成矿作用中，自岩体中心向外围方向的不同部位形成不同矿种和矿化类型，也就是同一成矿系统下的不同成矿系列。

小秦岭金矿为典型的石英脉型金矿，直接的自然重砂矿物为自然金，间接的自然重砂矿物组合为自然金＋黄铁矿＋铅族矿物＋铜族矿物＋白钨矿组合。白钨矿＋铜族矿物为高温矿物组合，其出现预示着矿床剥蚀深度较大，向深部的找矿远景受到一定程度限制。

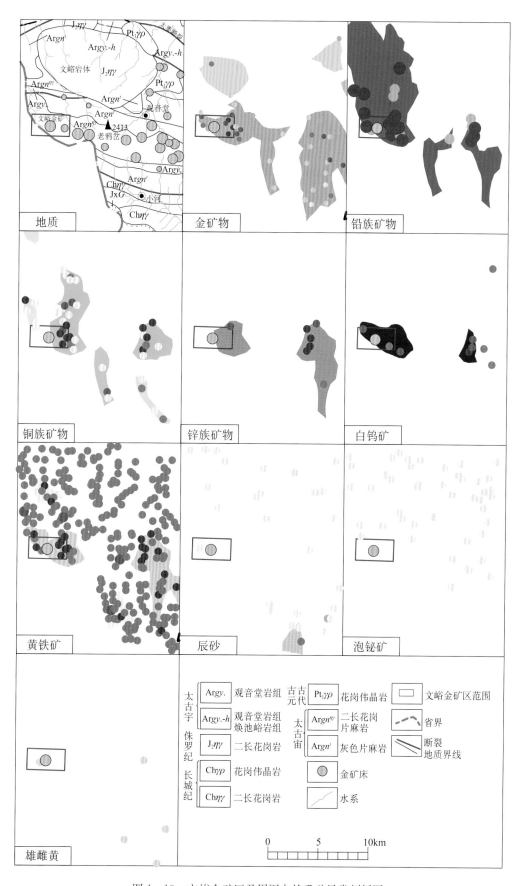

图 1-19　文峪金矿区及周围自然重砂异常剖析图

第八节 新疆伊宁阿希金矿及其自然重砂异常特征

一、区域地质背景及矿床特征

（一）区域地质背景

阿希金矿床位于天山兴蒙造山系（Ⅰ级）伊赛克-伊犁陆块（Ⅱ级）伊犁微板块北缘复合岛弧带（Ⅲ级）及博罗科努古生代复合岛弧带（Ⅳ级）内。该区自早石炭世发生拉张作用，形成了晚古生代中期伊犁裂谷，沉积了巨厚的早石炭世大哈拉军山组中酸性火山岩建造，是区内金矿形成的主要时期；早石炭世中晚期拉张活动渐趋停止，沉积了阿恰勒河组碳酸盐岩-复理石建造，不整合于早石炭世大哈拉军山组之上；此后区域构造对该金矿成矿影响不大（图1-20）。

（二）区域成矿地质条件

该矿床处于博罗科努（复合岛弧带）Au-Cu-Mo-Pb-Zn-Ag-MR-Sb-磷-硫铁矿-石墨-宝石-煤矿带（Ⅳ-9-④），赋矿地层为下石炭统大哈拉军山组第五岩性段上部的英安质角砾岩中。矿床受伴随火山作用形成的破火山机构控制，并产于其中的近南北向环形断裂中。区内岩浆活动主要是火山喷发形成的以安山岩-英安岩-流纹质岩组合为主，部分玄武粗安岩-粗面安山岩-粗面岩组合的火山岩系，属钙碱—碱性系列火山岩，均为陆相裂隙-中心式喷发相。火山岩演化表现出从早到晚由造山带钙碱性向大陆内部稳定区碱性岩过渡的特点。

据李华芹等（1994）对阿希矿区主要容矿岩石辉石安山岩和杏仁状安山岩进行的 Rb-Sr 和 $^{40}Ar/^{39}Ar$ 中子活化法的年龄测定，获得 Rb-Sr 等时年龄为（345.9±0.6）Ma，同时对区内的伊尔曼得金矿区的晶屑凝灰岩进行了锆石铅同位素年龄测定获得 $(^{207}Pb/^{206}Pb)_r$ 表面年龄数据平均值年龄为（351±37）Ma，$(^{207}Pb/^{206}Pb)_r$ 直方图解峰值年龄为（357±20）Ma。矿床成岩成矿时代应属早石炭世杜内—维宪早期。

不整合覆盖在大哈拉军山组火山岩之上的阿恰勒河组（C_1a）底砾岩中发现有金矿石的近原地砾岩层，局部集中构成了沉积砾岩型金矿体。

（三）矿床特征

矿化蚀变带呈近南北向展布，地表出露长1300m，宽10~50m。划分为南、北两个矿段：北矿段长560m，共发现矿体7个，以①、②号矿体规模较大，构成矿床的主要工业矿体。①号主矿体形态呈似板状、透镜状，沿走向、倾向均具膨大狭缩的波状起伏，顶板为与矿体呈渐变过渡关系的黄铁绢英岩化英安质角砾熔岩，底板为构造破碎带；矿体产状100°∠57°~86°，局部直立或反倾。矿体长480m，平均厚16.68m，沿倾向最大延伸425m。②号矿体位于①号主矿体的上盘，产状基本一致，呈波状起伏的脉状，顶、底板均为黄铁绢英岩化英安质角砾熔岩。矿体长440m，平均厚3.42m，沿倾向最大延伸255m。南矿段长640m，共圈出2个矿体，矿体产状107°∠66°~82°，总体具中上部陡倾，下部稍缓的特征，特别是31线以南深部走向转为155°~157°，倾角66°。

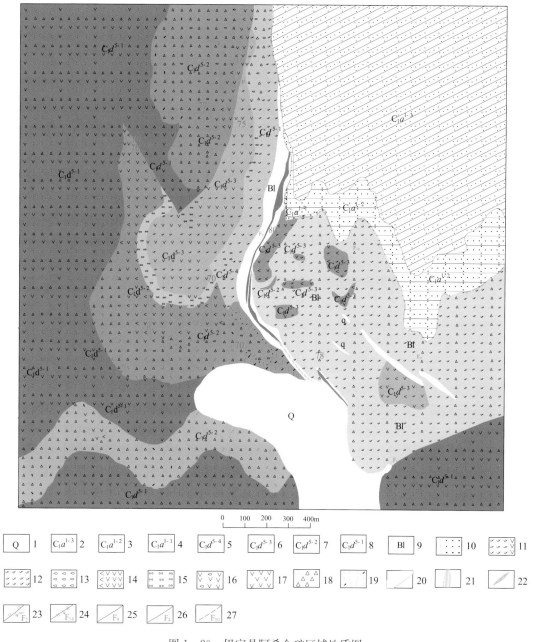

图1-20 伊宁县阿希金矿区域地质图

1—第四系；2—石炭系阿恰勒河组第三层；3—石炭系阿恰勒河组第二层；4—石炭系阿恰勒河组第一层；5—石炭系大哈拉军山组第四层；6—石炭系大哈拉军山组第三层；7—石炭系大哈拉军山组第二层；8—石炭系大哈拉军山组第一层；9—火山通道相；10—凝灰质砂岩；11—英安质角砾熔岩；12—英安岩；13—火山集块岩；14—角闪安山岩；15—火山质细砾岩；16—杏仁状安山岩；17—安山岩；18—含火山弹火山角砾岩；19—晶屑凝灰岩；20—蚀变带及界线；21—矿体；22—石英脉；23—逆断层及编号；24—直立断层及编号；25—平推断层及编号；26—性质不明断层及编号；27—推测断层及编号

二、区域自然重砂矿物及其异常特征

（一）区域自然重砂矿物

阿希金矿在矿区及其周边区域，自然重砂样品中可以检出自然金、白铅矿、方铅矿、铬铁矿、重晶石、闪锌矿、黄铁矿、白钨矿等18种矿物（表1-3）。其中，自然金矿物明显呈现出与矿化露头关系密切。

表 1-3 区域自然矿物组成

矿物名称	数量	矿物名称	数量
白铅矿	5 粒	闪锌矿	4 粒
黄铁矿	5 粒	自然金	2 粒
重晶石	5 粒	铬铁矿	1 粒
白钨矿	5 粒	方铅矿	2 粒

（二）自然重砂矿物特征

与阿希金矿响应的重砂矿物主要有自然金、黄铁矿、孔雀石、白铅矿、重晶石，重砂矿物呈现以下主要特征。

自然金：颜色为金黄色，具金属光泽，多呈粒状、片状出现，一般与辰砂、铅族、铜族矿物伴生，主要分布在板块活动带的断裂带和较古老的变质岩海相和陆相火山岩区域。多与产于火山岩系与火山热液作用相关的中、低温热液矿床有关。

黄铁矿：黄铁矿因其浅黄铜的颜色和明亮的金属光泽，常被误认为是黄金。在全疆 1∶20 万自然重砂取样的 18.6 万件样品中，检出黄铁矿样品 85525 个，报出率达 46%。

铜族矿物：主要是孔雀石和黄铜矿，主要分布在海相火山岩盆地花岗斑岩岩体内。

铅族矿物：主要是方铅矿及白铅矿，主要为岩浆期后作用的产物，主要与黄铁矿、黄铜矿、重晶石相伴生。

重晶石：纯净的重晶石透明无色，一般为白色、浅黄色，玻璃光泽，主要形成于中低温热液条件下。重晶石重砂异常多出现在火山岩区域，与金、多金属成矿活动有关。

（三）自然重砂异常特征

自然重砂异常总体呈椭圆状、面状，北东向、近东西向展布。主要重砂异常以自然金为主，共生有孔雀石、黄铁矿、白铅矿、重晶石等重砂矿物。金矿物圈出 1 处异常，北东向展布，含 9 个重砂高含量点，异常级数为 1 级，矿物含量为 6.16，异常面积 12.5km²；孔雀石圈出 1 处异常，含 2 个重砂高含量点，异常级别 1 级，矿物含量为 3.4，异常面积 3.8km²；黄铁矿异常圈出 1 处异常，8 个高含量点，异常级别 3 级，矿物含量为 220，异常面积 4.9km²。白铅矿异常圈出 1 处异常，15 个高含量点，异常级别 1 级，矿物含量为 105，异常面积 13.1km²；重晶石异常圈出 1 处异常，21 个高含量点，异常级别 1 级，矿物含量为 2923，异常面积 35km²。金、黄铁矿、白铅矿、重晶石等重砂异常在矿区内套合紧密，显示出一套热液型金矿重砂矿物组合（表 1-4，图 1-21）。

表 1-4 伊宁县阿希金矿重砂异常特征参数表

矿物名称	异常数	异常级别	矿物含量	异常下限	面积/km²
自然金	1	Ⅰ	6.16 粒	1	12.5
孔雀石	1	Ⅰ	3.4 粒	1.09	3.8
黄铁矿	1	Ⅲ	220 粒	1	4.9
白铅矿	1	Ⅰ	105 粒	38.9	13.1
重晶石	1	Ⅰ	2923 粒	1	35

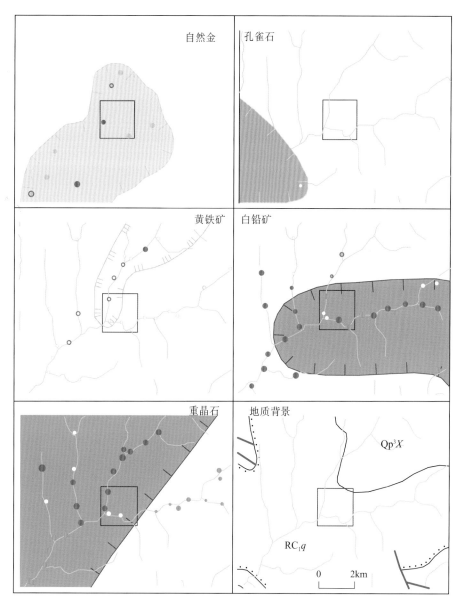

图 1-21 伊宁县阿希金矿重砂异常剖析示意图

自然重砂异常位于伊宁县阿希金矿内，孔雀石、黄铁矿、白铅矿、重晶石异常套合紧密，组成一套热液型金矿重砂矿物组合。根据资料《新疆金矿概述（2008）》，伊宁县阿希金矿金的粒度以微—细粒为主，呈不规则粒状、片状、长条状等，主要矿石矿物有银金矿、黄铁矿、白铁矿、毒砂和褐铁矿，次为自然金、方铅矿、闪锌矿、赤铁矿、硒铅矿、磁黄铁矿等；与重砂异常矿物特征组合大同小异，因此推断异常为金矿床引起。

第九节　北京市黄松峪金矿自然重砂异常及其找矿意义

一、地质背景

（一）区域地质背景

黄松峪金矿区位于燕山台褶带蓟县坳褶、平谷穹断东部，处于万庄子-关山背斜的南东部位。该区域断裂构造十分发育，NE向断裂规模较大，NW向断裂成群成带密集分布。出露地层为长城系常州沟组、串岭沟组和大红峪组等。第四系以残坡积、洪积物为主。常州沟组主要由含砾长石砂岩、铁质石英岩、含砾石英砂岩、砂砾岩组成。串岭沟组主要分布于平坦的山顶上，岩性为粉砂质页岩、泥质白云岩及硅质条带白云岩等。含金石英脉赋存于常州沟组石英砂岩中。此外，区内岩浆活动频繁，以脉岩为主，主要有钠长斑岩、正长斑岩、闪长玢岩、霏细斑岩等，以中性及偏碱性岩脉较为常见，并有火山角砾岩分布（图1-22）。

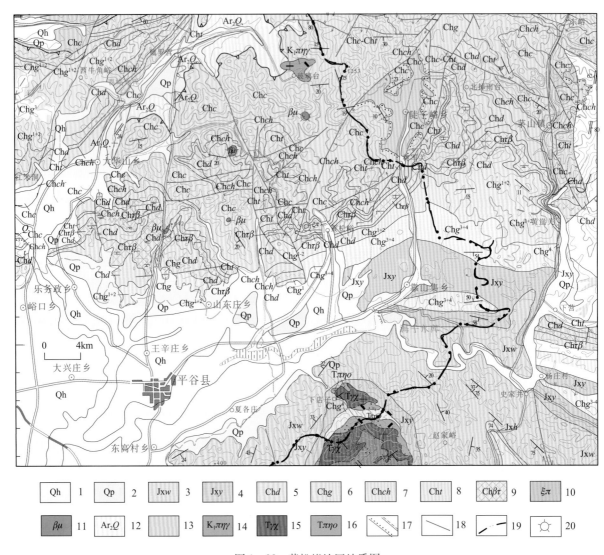

图1-22 黄松峪地区地质图

1—全新世砂砾石层；2—更新世亚黏土层；3—蓟县系雾迷山组；4—蓟县系杨庄组；5—长城系大红峪组；6—长城系高于庄组；7—长城系串岭沟组；8—长城系团山子组；9—长城系大红峪组火山岩；10—正长斑岩；11—辉绿岩；12—二辉麻粒岩；13—角闪斜长片麻岩；14—斑状二长花岗岩；15—花岗斑岩；16—斑状石英二长岩；17—平行、角度不整合界线；18—断层；19—市界；20—火山口

（二）区域成矿地质条件

黄松峪成矿区出露地层主要是长城系常州沟组、串岭沟组、团山子组、大红峪组以及蓟县系雾迷山组。长城系常州沟组石英砂岩广泛分布于黄松峪金矿区北西部，其上为串岭沟组页岩、团山子组泥质白云岩和大红峪组砂页岩、安山岩及高于庄组白云质灰岩。长城系各组与上覆第四系呈角度不整合接触。长城系常州沟组以碎屑岩为主，主要由河流相黄褐色、浅红色砂岩和滨海沙滩相白色石英岩状砂岩组成，大型交错层理发育。串岭沟组是一套浅海相潮间带沉积，分上、下两段，下段主要为页

岩，上段为硅质砂岩。地貌多形成沟谷或低山，该组厚880m，与上覆团山子组呈整合接触。团山子组为铁质白云岩。大红峪组厚度与岩性变化较大，砂岩中多含长石。高于庄组是一套以碳酸盐岩为主的地层，多为燧石团块灰岩、页岩及石英砂岩。

矿区断裂构造极为发育，NE向、NW向、近EW向均有产出。其中，NE向断裂规模较大，如黄松峪-将军关弧形断裂将矿区分为两部分：北侧上升，南侧下降。其他断裂一般较窄，为剪切压扭性和挤压破碎带为主，延伸较大。矿区几乎所有的含金石英脉、含金硫化物脉充填在此组裂隙中。NE向断裂可能是在基底上EW向断裂基础上发展而成，不少角砾岩体沿此断裂出现。

矿区岩浆活动主要表现为中元古代火山喷发和角砾岩体侵入及燕山期各种岩脉的侵入。矿区目前发现的20多个火山角砾岩筒，大都出现在常州沟组砂岩中。角砾成分主要为玄武岩、粗面岩、白云岩及少量斜长片麻岩。胶结物为晶屑及泥质、碳酸盐类。岩筒内蚀变强烈，以硅化、绿泥石化、碳酸盐化为主，岩筒内具金矿化。

矿区蚀变主要有硅化、黄铁矿化、绢云母化、碳酸盐化。其中，硅化、黄铁矿化与金矿化关系最密切。硅化在矿体上部发育，表现为含金石英脉、含金硅化脉，向下过渡到以黄铁矿化为主。硅化、黄铁矿化是本区最为发育的蚀变，多发育在脉体两侧和岩筒边部，是一种很好的找矿蚀变标志。

（三）矿床特征

黄松峪金矿矿体形态呈脉状、透镜状、扁豆状、串珠状、细脉状等。含金石英脉总体上沿北西向构造成群、成带平行排列或呈树枝状密集分布。走向自东向西由北西向逐渐转为北北西向。而脉体的分布由北向南逐渐收敛，脉体数减少，脉体间距加大。此外，一般平直脉体沿走向和倾向厚度变化很小，与围岩界线清楚，延长延伸较大。不规则脉状，脉体基本沿一定方向延伸，有膨大窄缩、尖灭及分支复合现象，与围岩界线呈波状或不规则状。如含金石英脉由于受到后期构造破坏（剪切性），在矿体中往往呈似脉状、透镜状或不规则状。其连接部分：含金硅化碎裂岩、含金糜棱岩均可为矿体的组成部分。细脉和网状脉主要发育在破碎带中，并沿着不同方向的破碎裂隙填充。

二、区域自然重砂矿物及其异常特征

金矿为岩浆热液型。自然重砂矿物以自然金为主，伴有锡石、锐钛矿、黄铁矿等，表型矿物特征：自然金，金黄色，粒状、叶片状，强金属光泽，颗粒大小0.1～1mm～0.3～1.3mm；

本次研究区面积300km²，重砂采样点数量161个（图1-23），含金样品61个，见金率37.9％。自然金最大检出含量为58，最小为1。按照贵金属矿产出现即为异常，累频1％～25％为一级，累频26％～50％为二级，累频51％～75％为三级，累频76％～100％为四级的原则，将金矿物含量分为四级。

自然重砂异常区圈定原则：①有重矿物含量点比较集中；②有一级、二级异常点出现；③有直接或间接的找矿标志，成矿地质条件有利；④参考地形、地貌水系情况以及物化探异常特征。

按上述圈定原则，划分矿区金矿物自然重砂异常两处：黄松峪自然重砂异常、靠山集自然重砂异常。

黄松峪自然重砂异常：异常呈不规则形状，面积约70km²，异常区内北部以长城系常州沟组含砾长石砂岩为主，南部有火山岩侵入。区域构造裂隙发育，沟谷交错。岩浆活动表现为中元古代火山喷发和角砾岩体侵入及燕山期各种脉体的侵入。在沿南北向冲沟内采集的26个自然重砂样品中，16个样品中含有自然金，见金率61.5％，矿物呈金黄色，不规则粒状，强金属光泽，粒径一般为0.1～0.3mm，且自然金检出量多大于15，最大检出量为58，以一级异常点为主，且异常点主要分布在一条沟中。在异常区内中部上游发现有黄松峪小型金矿床及矿化点分布，因此结合汇水盆地范围，圈定金矿物自然重砂异常区（图1-24）。

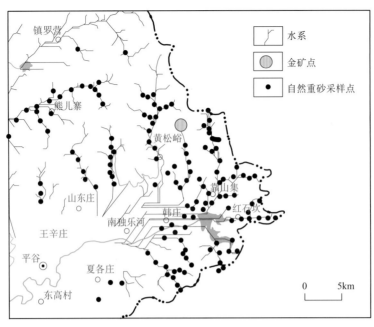

图 1-23 黄松峪地区自然重砂点位图

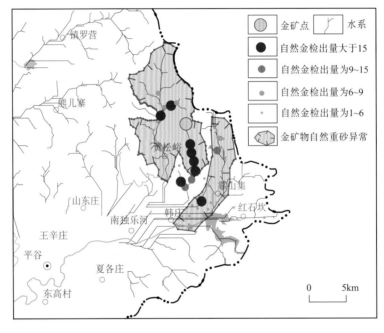

图 1-24 黄松峪地区金矿物自然重砂异常图

　　靠山集自然重砂异常：异常呈条带形沿南北向沟谷展布，面积约 25km²，异常区北部主要出露长城系大红峪组和高于庄组地层，南部以蓟县系含泥白云岩地层为主，中间被一沟谷将地层隔开。在此沟谷内采集自然重砂样品 31 个，含自然金样品 27 个，区域内见金率达到 87.1%，多数样品中自然金检出量为 1～6 粒，矿物呈金黄色，金属光泽，粒径在 0.1～0.2mm 之间。结合汇水盆地与异常点分布，圈定金矿物自然重砂异常区。目前，在该区域内尚未发现金矿床及矿化现象，靠山集异常与黄松峪异常之间隔了一条分水岭，推断靠山集异常有可能是黄松峪地区碎屑物，受气候等因素影响搬运至此，从而形成重砂异常，但并不排除此处仍是含有金矿或者矿化的有利部位。

三、自然重砂异常的找矿意义

　　为了进一步验证金矿物自然重砂异常对寻找金矿的有效性，将黄松峪地区的金元素地球化学异常与之进行对比分析。

地球化学异常采用统计累计频率（85%）的方法确定异常下限，并根据浓集程度划分为三级，即按累计频率的"85-95.5-98-100"划分为外、中、内三带，分别用橘黄色、红褐色、深红色表示。通过对北京市1：5万水系沉积物测量数据分析处理，编制平谷黄松峪地区金元素地球化学异常图（图1-25），异常主要分布在黄松峪一带，异常面积较大，呈北西向展布。该地区异常成矿条件好，异常具有三级浓集分带，金矿点位于金元素地球化学异常Ⅲ级富集带中，矿点与地球化学异常吻合度很高。

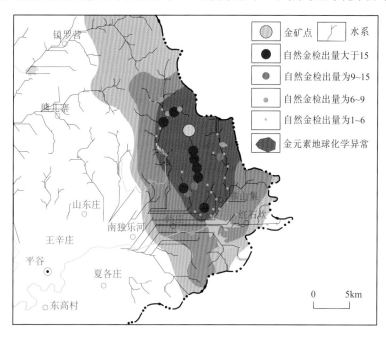

图1-25　黄松峪地区金元素地球化学异常图

地球化学是寻找金矿的非常有效方法，通过对金矿物自然重砂异常与地球化学异常叠加（图1-26），发现自然重砂异常完全在地球化学异常的范围内，且93%的范围存在于地球化学异常Ⅱ级与Ⅲ级富集带中。此外，通过自然重砂异常不难看出，在一级异常点密集的区域，是寻找金矿的最有利部位。从而验证了利用自然重砂对寻找金矿的有效性。

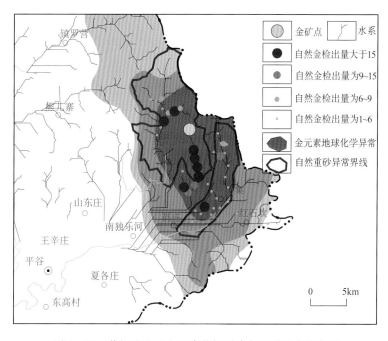

图1-26　黄松峪地区金元素化探异常与重砂异常综合图

第十节　安徽东溪金矿及其自然重砂异常响应

东溪金矿的发现源于 1973—1975 年，安徽省区域地质调查队开展 1∶20 万岳西幅区域地质测量时发现东溪黄金-辰砂（Ⅰ级）重砂异常的基础上，安徽省地质局 313 地质队在 1976 年 8 月至 1977 年 6 月通过开展 1∶5 万磨子潭-晓天地区矿产综合普查，对异常检查验证时发现了岩金，又于 1977 年 7 月至 1979 年 12 月该队正式对矿床进行普查评价，于 1981 年提交了《安徽省霍山县东溪金矿详细普查地质报告》，探明储量：金（C＋D 级）1.2t；伴生银 1.3t。隆兴金矿 1973—1975 年由安徽省区域地质调查队进行 1∶20 万岳西幅区调时发现的一个黄金重砂高含量点，1977 年安徽省地质局 313 地质队在区内开展了 1∶5 万矿产综合普查，对该黄金重砂高含量点进行再现性检查，肯定了黄金重砂点的存在；1978—1980 年 313 地质队继而投入了重砂测量工作，进而发现了岩金矿的存在，于 1981—1982 年开始对隆兴金矿进行初步普查，在 1983—1985 年开展详细普查，并提交了相应的隆兴金矿详细普查地质报告。其后，随着大规模地质找矿的开展，相继发现了火山热液型南关岭（1983—1987 年）、郎岭湾（1985—1989 年）、戴家河（1991—1993 年）、单龙寺等小型金矿。

一、区域地质背景及矿床特征

（一）区域地质背景

东溪金矿位于安徽省霍山县西溪乡保安堂村，地处秦祁昆造山系北淮阳构造带的东部。该矿床产于北淮阳中生代火山岩盆地中，矿体呈脉状沿北西向张性或张扭性裂隙充填产出，北西向断裂构造为本矿床导矿、储矿构造（图 1-27），矿床探明储量：金（C＋D 级）1.2t；伴生银 1.3t，为火山热液型小型金矿床。

东溪矿床位于北西向磨子潭断裂北侧、磨子潭-晓天中生代火山岩盆地中，区域地层比较简单，南部为新太古界—古元古界大别群，北部为下古生界佛子岭群，盆地内为侏罗系上统毛坦厂组及白垩系下统晓天组。与金矿成矿关系最为密切的是上侏罗统毛坦厂组火山岩。区域内北西向断裂发育，规模较大，主要有磨子潭深断裂、龙门冲-南港深断裂及汤台子-童家河破碎带等，是一组形成早、活动期长的断裂构造；北东向断裂较发育但规模不大，往往横切北西向断裂构造，断层性质以平推断层为主。磨子潭深断裂是区内的主要导矿构造，控制盆地内金矿脉的展布，为成矿溶液提供了有利的运移通道。

区内岩浆岩分布广泛，在磨子潭深断裂以南的大别群中，岩浆岩以酸性侵入岩为主，形成白马尖花岗岩岩基及许多花岗岩岩株、岩枝或岩脉；在磨子潭-晓天火山岩盆地中，岩浆岩以中性喷出岩为主，形成火山岩盆地的主体，喷出岩种类以安山岩及安山质碎屑岩为主，夹有少量凝灰质粉砂岩薄层，在安山质熔岩及碎屑岩中可见少量中性浅成岩脉闪长玢岩侵入。

区内金矿床（点）主要为火山热液型和次火山热液型。火山热液型金矿主要产于裂隙型火山通道构造一侧的火山斜坡相之中，矿体走向与裂隙通道平行；次火山热液型金矿则产于中心型火山通道的周围，矿体受火山口构造周围放射状断裂构造控制。

（二）区域成矿地质条件

矿区位于晓天火山岩盆地中部，出露地层为侏罗系上统毛坦厂组，盆地基底为小溪河片麻岩套与佛子岭岩群，其与上覆侏罗系上统毛坦厂组呈角度不整合（图 1-27）。

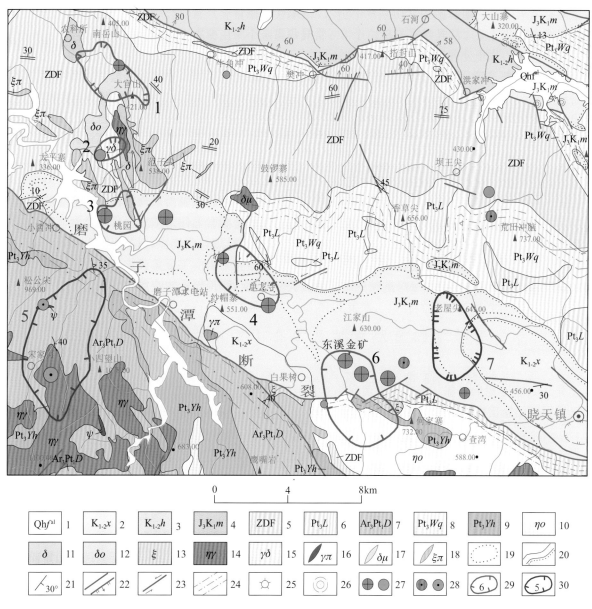

图 1-27 磨子潭-晓天地区区域地质矿产图

1—现代沙砾石层；2—白垩纪晓天组；3—白垩纪黑石渡组；4—侏罗纪毛坦厂组；5—震旦纪佛子岭岩群八道尖岩组、诸佛庵岩组、黄龙岗岩组、祥云寨岩组；6—元古宙庐镇关岩群仙人冲岩组、小溪河岩组；7—太古宙大别山岩群；8—元古宙五桥片麻岩套；9—元古宙燕子河片麻岩套；10—石英二长岩；11—闪长岩；12—石英闪长岩；13—正长岩；14—二长花岗岩；15—花岗闪长岩；16—花岗斑岩脉；17—闪长玢岩脉；18—正长斑岩脉；19—岩相界线；20—实测整合/不整合岩层界线；21—岩层产状；22—性质不明断层/正断层；23—平移断层；24—韧性剪切带；25—古火山口；26—硅化；27—金矿/铜矿；28—铁矿/铬铁矿；29—自然重砂矿物综合异常线及编号；30—自然重砂单矿物异常线及编号

　　侏罗系上统毛坦厂组以安山岩、安山质凝灰岩、安山质角砾凝灰岩、安山质火山角砾岩为主，夹少量沉凝灰岩及凝灰质粉砂岩薄层，构成一套完整的火山活动韵律，显示出喷发、喷溢—溢流—沉积间断的火山活动全过程。

　　区内侏罗系上统毛坦厂组走向一般为290°～330°，倾向20°～60°，倾角较缓，一般为10°～35°，除东溪岭附近有一个小型舒缓向斜构造外，区内地层均呈单斜产出。

　　区内断裂构造十分发育，与区域构造线基本一致，走向北西，为控制含金石英脉（矿脉带）展布的主要构造。与主要控矿断裂构造近于正交的北东向断裂为区内成矿期后构造（压扭性为主），常破坏矿体或错断岩层。而早期北西向断裂往往断裂结构面凹凸不平，延伸短，断裂在剖面上呈楔形，有构造角砾杂乱排列，具张性结构面特征，并呈现继承性活动特点。

矿区内石英脉发育，但规模不大，并严格受北西向断裂构造控制，呈狭长带状分布，脉带断续长4500m，分为苗儿坦-木鱼地及东溪岭-水竹湾两个平行展布的脉带。

（1）苗儿坦-木鱼地脉带：长4500m，宽50m。石英单脉一般长10～200m，厚几十厘米～数米，最长达280m，厚8～14m。石英细脉、网脉密集分布构成石英细脉带，此类石英细脉厚度仅为数厘米，长数米。细脉带最长为180m，厚度8～12m。

（2）东溪岭-水竹湾脉带：长2000m，宽50～100m，由石英细脉构成，一般脉长数厘米～数米，厚度数毫米～数厘米。往往呈密脉带产出或呈分散状疏脉带出现。沿300°～310°方向呈平行、斜列或网状展布。

矿区内含金较高的为梳状石英细脉（石英晶簇呈犬牙状垂直脉壁生长）及块状、胶结状石英大脉（围岩角砾被石英胶结，厚度超过1m）。而胶结状方解石石英大脉及玉髓状长石石英大脉（石英呈微晶质，含少量长石）含金品位较低。

（三）矿床特征

东溪金矿共发现大小矿体25个，分布于苗儿坦-木鱼地及东溪岭-水竹湾两个石英脉带的南东段。矿体严格受石英脉带制约，走向300°～320°，倾向30°～45°，倾角70°～75°，局部地段因受构造影响，矿体呈波状起伏。

矿体形态多呈不规则脉状或小透镜状，具分叉、复合、膨大、缩小变化特点。矿体规模：长度13～233m，矿体平均厚度0.46～2.20m，延伸14～75m，具楔形或分支尖灭趋势。

矿石中金属矿物除自然金外，以磁铁矿、黄铁矿、褐铁矿、赤铁矿及锐钛矿为主，少量黄铜矿、闪锌矿、方铅矿，偶见辉铜矿、辉钼矿。金属矿物总量<1%；脉石矿物以石英为主，此外有方解石、长石、黑云母、角闪石、绿泥石等，偶见锆石、榍石、重晶石、磷灰石、雄黄、雌黄、辰砂等矿物。

矿石中有用元素组合为金、银组合，金、银含量呈同消长关系，比值较接近。其他有用元素微量，含锌0.01%～0.02%、铜0.004%～0.02%、铅为痕迹，含硫0.015%～0.03%，属贫硫型矿石。

矿床位于汤台子-童家河浅色蚀变破碎带北东侧外围，区内安山质熔岩及火山碎屑岩普遍遭受硅化、绢云母化、绿泥石化、碳酸盐化及赤铁矿化等蚀变。蚀变范围广、强度不一，属早期围岩蚀变。在成矿热液作用后，又形成明显的近矿围岩蚀变，表现为在石英脉两侧及石英细脉附近，岩石硅化、绢云母化、碳酸盐化强烈，近矿围岩蚀变受石英脉及北西向裂隙控制，并可作为找矿标志。有时可见到蚀变分带现象。

二、区域自然重砂矿物及其异常特征

（一）区域自然重砂矿物

东溪金矿所处的磨子潭-晓天地区水系较发育，自然重砂取样共701个（不包括大比例尺重砂取样），实际检出自然金、辰砂、雄雌黄、重晶石、黄铁矿、铅族、白钨矿、铬铁矿、褐帘石、独居石、磷钇矿、磷灰石、锰族、铋族、自然银、自然铜、自然锡等近50种矿物。其中，黄铁矿、重晶石、铅族矿物出现率较高（表1-5），自然金、辰砂、雄雌黄出现率较低，而铋族矿物、自然银、自然铜、自然锡只是偶尔出现。

以北西向磨子潭深断裂为界，磨子潭-晓天地区自然重砂矿物分布具有明显的区域性。在磨子潭深断裂东北部——北淮阳构造带中，自然金、辰砂、雄雌黄、重晶石、黄铁矿等重砂矿物主要集中分布于中生代火山岩盆地中，与火山热液型、次火山热液型金矿关系密切，具有受火山岩展布和火山构造双重制约的特征；在磨子潭深断裂西南部——大别构造带中，则主要分布铬铁矿、独居石、褐帘石、钍石、磷灰石等重砂矿物，与太古宙大别山岩群杂岩、中生代酸性侵入岩及基性—超基性岩株有关。

（二）磨子潭-晓天地区自然重砂矿物异常

磨子潭-晓天地区出现 5 个重砂矿物综合异常，2 个单矿物异常，共计 7 个重砂异常，其中 3 个异常（图 1 中 5、6、7 号异常）为 1：20 万重砂测量所得，其余 4 个异常（1～4 号异常）为大比例尺 1：1 万重砂测量所得。这些重砂异常均反映异常所处地带地质背景及矿化主体特征。

1. 姚家冲黄金、辰砂、雄黄、重晶石Ⅱ级异常（1 号异常）和下院子金、铅族、辰砂、重晶石Ⅲ级异常（2 号异常）

中生代中酸性侵入岩体与佛子岭岩群变质岩接触带矿化，系低温热液矿物组合，其中 1 号异常区内有热液型汪家老屋金矿点，2 号异常区内有热液型凌家冲铜矿点。

表 1-5　磨子潭-晓天地区自然重砂矿物含量特征表

序号	矿物名称	最小值/粒	最大值/粒	平均值/粒	出现率/%
1	自然金	1	50	7.84	3.57
2	辰砂	1	50	7.12	5.85
3	雄雌黄	1	64	13.77	1.85
4	重晶石	1	30000	3042.65	21.11
5	黄铁矿	1	30000	710.93	12.55
6	铅族	1	51	12.80	13.98
7	白钨矿	4	50	19.95	3.00
8	铬铁矿	5	30000	18011.0	1.43
9	磷灰石	1	14700	1280.72	8.27
10	独居石	4	30050	6952.54	5.56
11	褐帘石	1	50	18.40	2.85
12	钛石	1	30000	1766	7.42

注：铅族矿物包括自然铅、钼铅矿、磷氯铅矿、铅矾；雄雌黄包括雄黄、雌黄。

2. 隆兴金、铅族、辰砂、雄黄、重晶石Ⅰ级异常（3 号异常），单龙寺金、辰砂、重晶石Ⅰ级异常（3 号异常），老梅树街金、辰砂Ⅰ级异常（6 号异常）和余家河重晶石Ⅲ级异常（7 号异常）

出现在中生代火山岩分布区，呈北西向展布，与汤台子-童家河浅色蚀变带趋于一致，异常的形成与火山热液作用有关。其中，3 号异常区内有次火山热液型隆兴小型金矿床，4 号异常区内有次火山热液型单龙寺小型金矿床和莲花地金矿点，6 号异常区内有火山热液型东溪小型金矿床和郎岭湾小型金矿床。

老梅树街金、辰砂Ⅰ级异常（6 号异常）位于霍山县白果树老梅树街一带，异常似椭圆形，呈北西向展布，面积 14.15km²。异常区处于霍山褶断束的东南部，北淮阳火山断陷盆地的南缘，南部出露上太古宇大别山岩群斜长片麻岩，北部为上侏罗统毛坦厂组安山质凝灰岩、角砾凝灰岩；北西向和近东西向断裂发育，中部有磨子潭深断裂通过，使大别山岩群变质岩与上侏罗统火山岩呈断层接触。区内含金的石英脉、方解石-石英脉、石英-方解石脉多赋存在北部安山岩、安山质凝灰岩中。

共取样 30 个，其中有 10 个样含自然金，一般含量 1～8 颗，最高含量 16 颗；8 个样含辰砂，一般含量 1～5 颗，最高含量 8 颗。伴生矿物有锆石、金红石、黄铁矿、钛铁矿、雄（雌）黄等。

自然金呈金黄色，不规则粒状，强金属光泽，粒径介于 0.01～0.05mm 之间，最粗在 0.1mm 左右。辰砂呈朱红色，碎粒状，金刚光泽。

火山热液型东溪小型金矿床（图 1-28）和郎岭湾小型金矿床均位于区内。异常由金矿及安山岩、安山质凝灰岩中含金石英脉所引起。

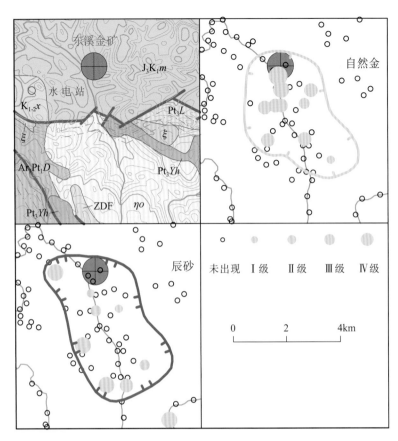

图 1-28　东溪金矿自然重砂黄金、辰砂异常剖析示意图

3. 宋家河铬铁矿Ⅰ级异常（5 号异常）

位于霍山县磨子潭镇宋家河一带，异常呈北北东向展布，不规则椭圆形，面积 21.79km²。共取样 8 个，其中有 6 个样含铬族，含量均为 0.3g。铬铁矿呈铁黑色，碎粒状，部分可见八面体晶形，金属光泽，有的铬铁矿细小晶体被辉石包裹；粒径 0.1～0.4mm，一般小于 0.2mm。伴生矿物有石榴子石、绿帘石、独居石、磷灰石、褐帘石、刚玉、自然铅等。

异常区主要出露新太古界大别山岩群文家岭组，次为刘畈组。南部有白垩纪二长花岗岩体。在异常区的南部边缘有新太古代辉石岩岩体。有 1 条北西向断裂从异常区中部通过。

岩浆型龚家岭小型铬铁矿床、任家湾铬铁矿点，岩浆型龚家岭小型磷矿床均落位于区内。异常由铬矿床（点）所引起，并与区内数处超基性岩体有关。

三、自然重砂异常找矿意义

磨子潭-晓天地区重砂异常主要有两类：一类为在大别山杂岩地质背景中，由基性—超基性岩体所引起的铬铁矿异常，对岩浆型铬铁矿找矿具直接指示作用；第二类为在中生代火山岩区，与火山热液作用或岩浆侵入有关的黄金、辰砂、雄雌黄、重晶石等低温热液矿物组合异常，与火山热液型金矿密切相关，同时这类异常分布具有呈北西向（区域构造线方向）集结的趋势，反映自然金局部富集受火山岩展布和火山构造的双重制约。因此黄金异常可以直接提示在矿源层寻找原生岩金，为收缩找矿靶区及扩大已知矿床规模提供了重要线索。

在火山岩分布区，特别是北淮阳地区，黄金异常为寻找火山岩型金矿提供了新的基础资料，对找矿具有重要的直接指示作用。

第十一节 云南祥云马厂箐金多金属矿及其自然重砂矿物响应

一、区域地质背景及矿床特征

(一) 区域地质背景

马厂箐金矿是云南省发现较早的斑岩型金、铜钼矿床，金矿床规模已达大型。矿床大地构造分区属扬子陆块区系（Ⅵ），上扬子古陆块（Ⅵ-2），盐源-丽江被动陆缘（Ⅵ-2-13）之丽江陆缘裂谷（Ⅵ-2-13-2）；成矿区带属滨太平洋成矿域（Ⅰ2），上扬子（陆块）成矿省（Ⅱ3），丽江-大理-金平（陆缘坳陷）Au、Cu、Ni、Pt、Pa、Mo、Mn、Fe、Pb、Zn 成矿带（Ⅲ8）之丽江（陆缘坳陷）Au、Cu、Pt、Pa、Mo、Mn、Fe、Pb、Zn 矿带（Ⅳ19）。

(二) 区域成矿地质条件

矿床位于扬子陆块西缘，地处北西向金沙江-哀牢山深大断裂和北北东向程海-宾川断裂的夹持部位，属于陆内喜马拉雅期构造-岩浆造山区成岩成矿构造环境类型，并以高钾富碱超浅成斑岩-热液内生型成岩成矿构造环境为其特征。

出露地层主要有奥陶系向阳组和迎风村组，志留系小湖西组、阴阳山组和五福山组，泥盆系青山组、莲花曲组和中泥盆统，石炭系斗顶山组、李子园组和跃进新村组，二叠系栖霞组、茅口组和乌龙坝组（图1-29）。其中中奥陶统迎风村组（O_2y）是主要赋矿地层，为一套陆架、陆棚边缘相沉积，地层可划分为三段：第一段为灰色、灰白、黄绿色显片理化薄层状粉砂岩、砂岩夹少量粉砂质黏板岩、变质石英砂岩，局部可见碱性岩脉侵入；第二段为灰色、灰白色、紫红色、黄绿色薄层状黏板岩、石英砂岩，局部含变质砂岩，乱硐山矿段金铜钼矿产出于该段；第三段为灰色、灰白色、黄绿色薄层状粉砂岩、板岩、变质石英砂岩，局部含变质砂岩，宝兴厂金铜钼矿、人头箐-金厂箐金矿主要产出于该段。

区内断裂构造受洱海-红河深大断裂及程海-宾川深断裂的影响，总体较为发育，主要分为NW向、NE向两组，另有近SN向和近EW向两组次级断裂。其中NW向断裂构造主要包括九顿坡顶北西侧的普和村-迎风村断裂、北东部麻栗坡一带的相国寺断裂和麻栗坡断层；NE（NNE）向断裂构造主要有响水断裂、乱硐山断裂、九顶山顶断裂、李子园断裂、迎风村南断裂、栽秧箐断裂等；近EW（NEE）向断裂主要有马厂箐断层和金厂箐逆断层；近SN向断裂主要有九顶山西张性正断层。NE（NEE）向断裂带是矿区主要的控岩控矿构造，控制着马厂箐复式杂岩体的空间展布。

区内岩浆岩分布较广，喷出岩、侵入岩、脉岩均有出露。喷出岩为峨眉山玄武岩组，侵入岩为华力西期和喜马拉雅期，以喜马拉雅期为主。华力西期侵入岩主要有超基性岩类与基性岩类，超基性岩类主要分布于迎风村、荒草坝、汉邑等地，呈岩墙、岩床、岩脉产出，以角闪橄榄岩为主，辉石角闪岩、角闪辉长岩次之；基性岩类主要分布于三家村、五福山、普和村一带，以（辉长）辉绿岩类为主，规模较小，多呈岩株、岩墙、岩脉产出。喜马拉雅期侵入岩浆活动较为活跃、复杂，以各类斑岩为主，多呈岩墙、岩株、岩床、岩脉产出，主要为花岗斑岩、二长斑岩、煌斑岩等。区内规模较大且与成矿关系密切的主要有马厂箐复式岩体，岩体位于弥渡县九顶山至红岩一带，呈岩株状岩群产出，以斑状花岗岩为主，全晶质半自形斑状结构；岩体中还存在少量闪长岩和正长-二长斑岩相岩体零星分布；煌斑岩（早期）呈脉状产出，围绕马厂箐岩体分布。

(三) 矿床特征

马厂箐金矿床总体呈北东向，全长15.4km，由北东向南西依次为金厂箐、人头箐、乱硐山、宝

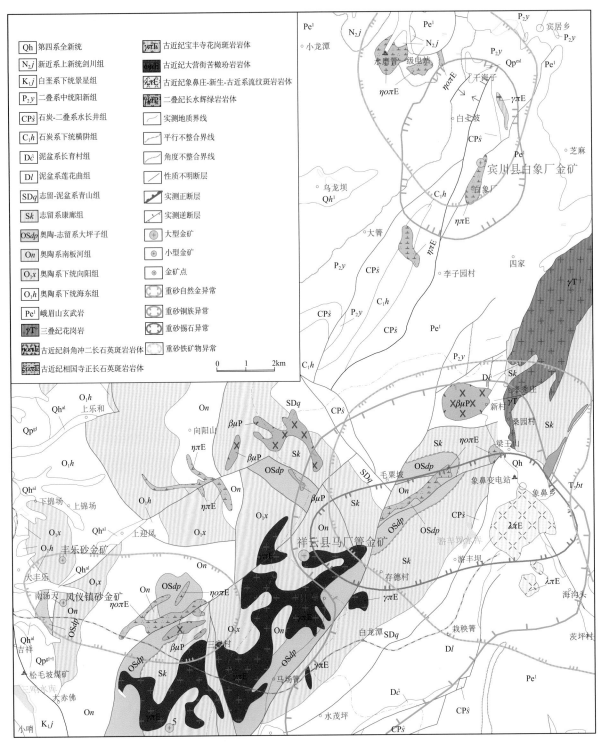

图 1-29 祥云马厂箐金多金属矿区域地质及自然重砂异常图

兴厂、双马槽 5 个矿段。金矿脉主要产于人头箐、金厂箐和双马槽矿段，受构造破碎带控制。

马厂箐金矿床主要为原生多金属硫化物金矿石。矿石中主要金属矿物有自然金、黄铁矿、黄铜矿、方铅矿、闪锌矿、褐（赤）铁矿、毒砂、磁铁矿、钛铁矿等；主要脉石矿物有石英、（白）绢云母、钾长石、斜长石、角闪石、白云石、磷灰石等。

铜钼矿主要产于宝兴厂和乱硐山两矿段的斑岩体内、外接触带。目前共发现 35 条金、铜钼矿脉。矿体呈脉状、似层状、透镜状、囊状、浸染状等。成矿时代为始新世（K-Ar 同位素年龄 36.1Ma）。赋矿围岩为下奥陶统向阳组第四段石英砂岩及二长斑岩煌斑岩。

二、区域自然重砂矿物及其组合异常特征

（一）区域自然重砂矿物

区域内自然重砂金属矿物有白钨矿、方铅矿、铝铅矿、绿铅矿、铅丹、孔雀石、黄铜矿、金、黄铁矿等，其他重矿物及变质矿物有独居石、磷钇矿、钍石、褐帘石、石榴子石、金红石、锆石、矽线石、蓝晶石等。在古生界岩浆岩分布区内，金属矿物的组合比较复杂，区内重砂异常比较集中，主要金属矿物有方铅矿、白铅矿、自然铅、绿铅矿、钼铅矿、铬铅矿、孔雀石、黄铜矿、铬铁矿、辉钼矿、白钨矿、自然金、闪锌矿等。其他重矿物有锆石、金红石、镁铝榴石、辰砂、独居石、磷钇矿、蓝晶石、褐帘石等。

祥云马厂箐金、铜、钼多金属矿区内，自然重砂异常位于宾川象鼻庄、祥云九顶山以及大理三家村、金厂阱一带，为北北西向构造与南北向构造复合部位，岩浆侵入活动频繁。有铅锌矿点围绕马厂箐铜钼矿分布，自然重砂矿物有铜、钼、铅、锌等矿物异常，尤其在麻栗坡一带铜、钼重砂异常与金测异常重叠，找矿条件最好。

（二）自然重砂矿物一般特征

1∶20万区域地质调查自然重砂测量重砂矿物鉴定结果，自然金呈片状、树枝状、不规则状。粒径0.01~0.06mm，最大0.2mm，最高含量10粒/30kg；白钨矿13个，最高含量0.06g/30kg。其他矿物有铜族、铅族、辰砂、铋族、辉铋矿等。

1∶20万区域地质调查自然重砂测量圈定了马厂箐自然金、铋族矿物异常。主要重砂矿物有自然金、锡石、白钨矿、白铅矿等，其他矿物有铜族、辰砂、铋族、辉铋矿等。

1∶5万区域地质调查自然重砂测量圈定了北汤天自然金、铅族矿物Ⅱ级异常及铜厂-金厂箐自然金、铋族、白钨矿异常。

北汤天自然金、铅族矿物Ⅱ级异常位于凤仪镇大江西村以东，北汤天至三家村一带，地处九顶山西坡。长约8km，宽3~6km，面积约44km²，以不规则三角形呈北西向展布。

异常区出露地层有奥陶系之碎屑岩夹碳酸盐岩，志留系的砂泥质灰岩及白云质灰岩。处于北东向与近南北向两组断裂的复合部位，岩浆活动频繁，有辉长辉绿岩、石英二长斑岩侵入，还有成群出现的花岗斑岩、二长斑岩、正长斑岩、云煌岩、石英钠长斑岩等岩脉。上述各类岩体或岩脉与碎屑岩接触形成角岩化，与碳酸盐岩接触形成矽卡岩化，两种围岩蚀变均伴生有铅、锌、金矿化；另外，在断裂中亦有类似矿化，风化后均形成褐铁矿铁帽。

异常重砂矿物有自然金、铅族（白铅矿、磷绿铅矿、自然铅）、钛铁矿、石榴子石、辰砂、铋矿物、铬铁矿、闪锌矿等矿物组合。异常点共123个，其中自然金一级71个（1~5粒59个、6~10粒12个）；二级5个（17粒2个，18、24、26粒各1个）、三级4个（32~36粒）、四级3个（57、148、386粒），最高含量386粒/30kg。自然金呈金黄色、粒状、细粒状、片状、圆片状、树枝状、不规则状、球粒状等，一般粒径0.01~0.1mm，少量0.15~0.2mm，个别长0.6mm，宽0.2mm。铅族矿物以白铅矿、绿铅矿为主，与自然金为正相关，铅族矿物最高含量0.48g/30kg，并伴有钛铁矿出现，钛铁矿含量1.26~45.3g/30kg。在该异常区西部北汤天一带的金高含量点（386粒、148粒）附近，进行了重砂加密取样24件，河床阶地重砂取样12件，并在成矿有利地段进行剥土（工程）揭露50m³，取化学分析样34件，薄片29件，光谱（并作痕金分析）29件。检查结果：加密样24件中9件有自然金，其中1~3粒/30kg8件，12粒/30kg1件；阶地重砂12件中，有2件自然金42粒/30kg，1件33粒/30kg，其余在18粒/30kg以下；基岩化学样分析结果，金最高含量0.13×10⁻⁶。

铜厂-金厂箐自然金、铋族、白钨矿异常，面积16km²，出露奥陶系变质砂岩、黏板岩，志留系砂质灰岩角砾岩，白云质灰岩，粉晶灰岩等。发育喜马拉雅期花岗斑岩、石英二长斑岩。异常呈不规

则状，共有 83 个采样点，其中 49 个含自然金。呈片状、树枝状、不规则状，粒径 0.01～0.05mm，最大 0.2mm，最高含量 10 粒/30kg，铋族三、四级 12 个，辉铋矿为主，呈杆状、块状，粒径 0.01～0.1mm，最高含量 0.05g/30kg。其他重砂矿物有铜族、铅族、辰砂，区内有铜钼矿床、金矿点分布。

三、祥云马厂箐金多金属矿自然重砂异常响应

祥云马厂箐金多金属矿自然重砂异常分布与矿床分布密切相关，主要矿段金厂箐、人头箐、乱硐山、双马槽等矿段均有自然重砂异常分布，其时空分布规律与矿产有密切的成生关系。

（一）区域自然重砂矿物的主要来源

自然重砂矿物分布区主要出露地层为古生界碎屑岩及碳酸盐岩，处于北东向与北西向构造的复合部位，有基性—超基性、中酸性—酸性、碱性侵入岩发育。北汤天—九顶山—白象厂一带，自然重砂矿物以自然金、铅族、铋族矿物为主，多为成矿异常，主要与斑岩矿化有关。

（二）自然重砂异常空间分布与矿化特点

自然重砂矿物自然金高含量点多分布于异常中部靠近花岗斑岩体及断裂附近，异常的形成主要与喜马拉雅期岩浆热液活动有关。在矿床热液成矿期，随着中酸性岩浆热液的上侵、造岩矿物不断结晶析出，岩浆中的 Cu、Mo 等成矿金属元素逐渐溶解到含 S^{2-}、HS^- 等富含挥发分的晚期岩浆中，构成富金属元素的成矿热液，成矿溶液性质在物理化学边界层发生改变，成矿的金属元素与 S 结合形成黄铁矿、黄铜矿、斑铜矿、辉钼矿等金属硫化矿物，形成产于岩体中的浸染状、脉状、网脉状等铜、钼矿床。当从岩浆演化出来的含 Cu、Mo 等热水溶液运移到岩体与围岩接触带时，热水溶液受到地层建造水或由天水演化而来的地下水混合，斑岩体和地层围岩中的部分 Cu、Mo、Au 等成矿物质溶取出来，在岩性、构造等有利部位交代、充填形成浸染状、稠密浸染状、带状、脉状、网脉状、块状等铜、钼矿床，并伴生金矿化。

（三）自然重砂矿物空间分布蕴含的成矿潜力信息

在洱海断裂以东地区，有用重砂矿物有方铅矿、自然金、辉铋矿（泡铋矿）、白钨矿等，形成的重砂异常包括北汤天自然金、铅族异常，马厂箐自然金、钨族异常，麻栗坡自然金、铅族异常，普和箐铅族异常，白象厂铅族异常，栽秧箐铅族异常等。异常的形成与斑岩体及其围岩接触带的矽卡岩化、角岩化有关。

自然重砂异常的集中分布，体现了良好的区域成矿潜力信息。

第十二节　江苏汤山卡林型金矿及其自然重砂找矿模型

汤山金矿位于南京市东郊 25km 处，地处宁镇山脉西段。1958 年，南京大学地质系在宁镇地区进行 1：5 万地质调查的同时进行了土壤、自然重砂测量，仅圈定了几处异常；1984 年江苏省地质矿产局区域地质调查大队在宁镇山脉开展过中大比例尺物探、化探及 1：5 万自然重砂测量工作，提交了《宁镇山脉 1：50000 区域地质调查报告》；1985—1988 年，江苏省地质矿产局第一地质大队在汤山地区开展金矿普查评价工作，共圈定大小金矿体 17 个，并提交金金属量 2.71t；1994 年江苏省地质矿产局批准汤山金矿黄栗墅矿段 D 级金属量 1079.45kg，平均品位 2.4×10^{-4}；1998 年江苏省地质矿产勘查开发公司对黄栗墅矿段 109 至 157 线（Au_1—Au_{10} 矿体）进行生产性地质勘探工作，求得黄栗墅矿段控制的边际经济基础储量（2M22）和推断的内蕴经济资源量（333）金矿石量 542223.99t，金金属量 1381.48kg；2003 年江苏省地质调查研究院对汤山金矿黄栗墅矿段矿产资源储量进行核查，

求得保有资源储量控制的边际经济基础储量（2M22）和推断的内蕴经济资源储量（333）矿石量408513.65t，金金属量907.06kg。

一、矿床地质背景

（一）矿区地质特征

汤山金矿区位于宁镇山脉西段，属扬子地层区。矿区出露地层主要为下古生界，从寒武系中上统至志留系下统均较发育（图1-30）。矿区褶皱构造主要为汤山短轴背斜。环形断裂 F_1 围绕汤山山体呈环带状展布于红花园组与汤头组之间，常使大湾组至宝塔组出露不全或缺失。F_1 破碎带主要由角砾岩、断层泥、硅化岩及后期发育的岩溶堆积物构成，是矿区最重要的导矿和容矿构造。矿区岩浆岩不发育，仅见燕山晚期侵入的石英闪长玢岩。

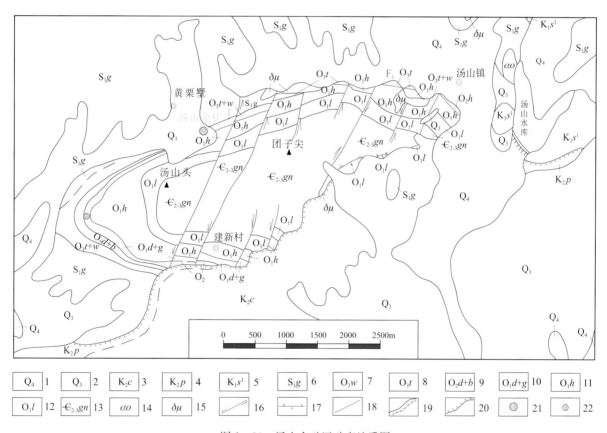

图1-30　汤山金矿区矿产地质图

1—全新统；2—更新统；3—白垩系赤山组；4—白垩系浦口组；5—白垩系上党组；6—志留系高家边组；7—奥陶系五峰组；8—奥陶系汤头组；9—奥陶系大田坝组、宝塔组；10—奥陶系红花园组；11—奥陶系仑山组；12—奥陶系大湾组、牯牛潭组；13—寒武系中上统观音台组；14—石英安山岩；15—石英闪长玢岩；16—平移断层；17—逆断层；18—性质不明断层；19—实、推测地质界线；20—不整合地质界线；21—小型金矿床；22—金矿化点

（二）矿体地质特征

矿体主要赋存于奥陶系红花园组与汤头组之间的环形断裂破碎带（F_1）中，严格受 F_1 控制。根据其分布位置的不同划分4个矿段，分别是黄栗墅、汤山镇、建新村和汤山头，其中黄栗墅矿段是矿区金矿最富集的地段。矿体以似层状为主，部分脉状。矿石组分以中低温-低温矿物为主，矿石矿物主要为自然金，次为黄铁矿、褐铁矿、方铅矿、闪锌矿、黄铜矿、赤铁矿等；脉石矿物主要为水云母、蒙脱石、石英为主，次为高岭石、方解石、辰砂、毒砂、重晶石。矿石结构为微细粒自形—半自

47

形晶压碎及胶状结构，浸染状构造为主，少部分为角砾状、网脉状及蜂窝状构造。围岩蚀变微弱，常见硅化、次生石英岩化、褐铁矿化、黄铁矿化、赤铁矿化、泥化，部分碳酸盐化、萤石化、重晶石化、铜铅锌汞锑化等。

二、矿区自然重砂异常特征

汤山金矿区自然重砂数据来源于1：20万、1：5万矿产调查，采样介质主要为基岩裸露区残坡积物、冲坡积物。采样深度视松散层厚度而定，一般0.2～0.4m，样品原始质量一般为30kg，野外淘洗用5L³的木质船型盆，淘至灰砂后至少留10g交实验室加工鉴定，鉴定质量符合要求，现已建立江苏省自然重砂数据库，本文使用的数据即来自自然重砂数据库。

矿区重矿物组合主要有金红石、电气石、磁铁矿、褐铁矿、绿帘石、白钛矿、钛铁矿、榍石、石榴子石、锆石、黄铁矿、辉石、角闪石、赤铁矿、重晶石、磷灰石、独居石、辰砂、雄黄、雌黄、毒砂、自然金、自然银、孔雀石、自然铅、闪锌矿等30多种。鉴于重矿物报出率大小及含量差别，结合矿床矿石矿物特征，研究选择褐铁矿、黄铁矿、砷矿物（雄黄、雌黄、毒砂）、辰砂、自然银、铅矿物（自然铅、方铅矿、白铅矿）、闪锌矿、自然金、铜矿物（黄铜矿、斑铜矿、蓝铜矿、孔雀石）、重晶石等，通过ZSAPS2.0软件进行标准化，然后进行含量分级并编制汤山金矿区自然重砂含量分级剖析图（图1-31）。

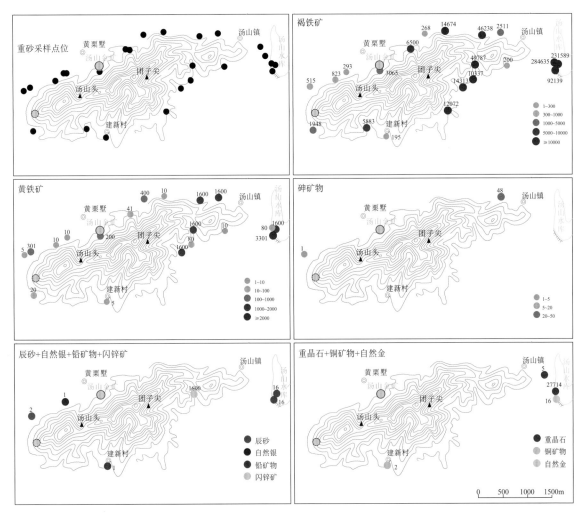

图1-31　汤山金矿区自然重砂含量分级剖析图

由图1-31可知：褐铁矿、黄铁矿检出率较高，砷矿物、辰砂、自然银、铅矿物、闪锌矿、自然金、铜矿物、重晶石检出率较低。其中，褐铁矿、黄铁矿沿环形构造呈环状分布，从北东（汤山镇）至南西（汤山头）含量有减小趋势，褐铁矿从五级含量点减小到一、二级含量点，黄铁矿从四级含量点减小到一、二级含量点。在矿区南西段（黄栗墅-建新村以西）褐铁矿高值点对应黄铁矿低值点（可能与黄铁矿氧化成褐铁矿有关），在汤山金矿主矿段（黄栗墅矿段）及矿区北东侧（黄栗墅-建新村北东）黄铁矿、褐铁矿同高。以三级含量点为异常下限圈定褐铁矿、黄铁矿自然重砂异常，发现褐铁矿、黄铁矿异常包围汤山镇、黄栗墅、汤山头、建新村（汤山金矿4个矿段）分布，说明褐铁矿、黄铁矿异常与汤山金矿有关；另外，汤山金矿矿石矿物中见褐铁矿、黄铁矿，进一步说明异常由汤山金矿矿石矿物风化剥蚀引起，说明褐铁矿、黄铁矿自然重砂异常即是汤山金矿的反映；另外前人对褐铁矿进行扫描电镜分析，在胶状褐铁矿中发现显微粒状自然金；对黄铁矿进行电子探针分析，发现五角十二面体形黄铁矿含金0.01%～0.06%，不规则粒状黄铁矿含金0.03%，立方体形黄铁矿含金0～0.01%，进一步证明黄铁矿、褐铁矿异常与金矿有关。所以，褐铁矿、黄铁矿可以作为汤山卡林型金矿的指示矿物。

砷矿物（主要为毒砂）、辰砂、自然银、铅矿物（主要为自然铅）、闪锌矿、自然金、铜矿物（主要为孔雀石）、重晶石呈单点分布，且含量一般较低，无法圈定异常。但是自然金、辰砂、毒砂、闪锌矿、重晶石出现高值点，且自然金、闪锌矿、辰砂、毒砂、重晶石高值点处褐铁矿、黄铁矿同高。既然褐铁矿、黄铁矿与汤山金矿有直接相关性，那么，自然金、闪锌矿、辰砂、毒砂、重晶石与汤山金矿也应该有一定关系。另外，汤山金矿矿石矿物中见自然金、闪锌矿，脉石矿物中见辰砂、毒砂、重晶石，说明自然金、闪锌矿、辰砂、毒砂、重晶石高值点可能由汤山金矿矿石及脉石矿物风化剥蚀引起，进一步说明自然金、闪锌矿、辰砂、毒砂、重晶石与汤山金矿有一定关系。但是，汤山金矿属卡林型金矿，卡林型金矿中金主要呈显微—次显微形式分散产出，自然重砂一般很难淘到自然金颗粒，是否汤山水库边自然金自然重砂不是汤山金矿的反映？前人对汤山金矿矿石中金采用重砂分离方法淘洗两个样，一个样见到86颗自然金，一个样见到604颗自然金，形态以不规则状及厚片状为主，少量为粒状、长条状、枝杈状，个别为八面体。对这690颗自然金的粒径进行统计，发现粒径0.1～0.15mm仅占9%左右，粒径小于0.04mm的占91%以上，说明汤山金矿虽然以微细粒金为主，但也可见极少量放大镜下能鉴定出的自然金，所以汤山水库边出现的自然金是可能由汤山金矿风化剥蚀搬运沉积形成的。所以，自然金、闪锌矿、辰砂、毒砂、重晶石可以作为汤山卡林型金矿的次一级指示矿物。

三、地质-自然重砂找矿模型

通过以上论述，总结汤山金矿地质-自然重砂找矿模型如下（表1-6）。

表1-6　汤山金矿地质-自然重砂找矿模型表

矿床类型		卡林型（微细浸染型）
地质标志	地层	奥陶系红花园组生物碎屑灰岩、砂屑灰岩，汤头组泥质灰岩、泥岩
	构造	环形断裂破碎带
	岩浆岩	燕山晚期石英闪长玢岩
	蚀变	主要有硅化、褐铁矿化、黄铁矿化、赤铁矿化、重晶石化、萤石化、泥化、铜铅锌汞锑矿化等
自然重砂标志	直接指示矿物	褐铁矿、黄铁矿
	次一级指示矿物	自然金、闪锌矿、辰砂、毒砂、重晶石

第十三节　陕西太白双王金矿及其重砂异常特征

一、地质背景

大地构造位置跨越 3 个构造单元，即北秦岭活动陆缘弧、凤县-镇安陆缘斜坡带、宁陕-旬阳板内陆表海。

（一）地层

该区赋矿地层为中上泥盆统古道岭组和星红铺组（图 1-32）。古道岭组（$D_{2-3}g$）：中厚层状灰岩、生物碎屑灰岩、礁灰岩夹少量钙质千枚岩，含粉砂质绢云千枚岩，东部为中厚层状大理岩。古地理环境以加积—进积型基本层序为主，属高水位体系域（HST）。星红铺组（D_3x）：划分了 3 个岩性段，由下而上为：第一段（D_3x^1）为绢云千枚岩、粉砂质绿泥绢云千枚岩。为双王破碎蚀变岩型金矿的含矿层。第二段（D_3x^2）为绿泥绢云千枚岩夹薄层微晶灰岩、变粉砂岩，顶部为微晶灰岩。为八卦庙微细浸染型金矿含矿层，具体含矿岩性为斑点状铁白云质千枚岩、铁白云质粉砂质绢云千枚岩夹条带状千枚岩。第三段（D_3x^3）为绿灰色微晶灰岩、绿泥绢云千枚岩夹方解石千枚岩。

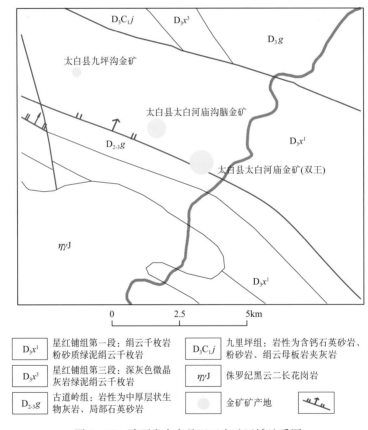

图 1-32　陕西省太白县双王金矿区域地质图

（二）构造

褶皱构造：该区为一系列轴向北西-南东的斜列式褶皱、向斜与背斜相间分布，轴向 100°～130°，次级褶皱比较紧闭。

断裂构造：该区断裂构造发育，主要有两组断裂，即北西向断裂组和北东向断裂组。

北西向断裂组规模大的有3条，即从南至北为：柘梨园南断裂长约43km，倾向北东，性质不明。八卦庙-王家楞断裂长约18km，倾向北东，倾角65°，属逆断层；为区内长期活动的大断裂与该断裂，平行的脆韧性剪切带是八卦庙金矿区主要控矿构造之一。唐藏-商南断裂带分布于预测区北部边缘，带宽500～1000m，北倾，倾角60°～80°，为一推覆断层。其余北西向断裂大部分为逆断层，规模一般较小，5～13km，倾向大部分北东，倾角65°～70°。

北东向断裂：区内较发育，形成晚于北西向断裂，多为错断破坏北西向断裂，且多为平推断层，断距100～200m。长度2.9～8.1km。北东向小型左行走滑断层，对八卦庙金矿第二期热液蚀变成矿具有控制作用。

该区共有金矿产地14个，其中特大型1处、大型2处、中型2处、小型矿床3处，小型砂金矿床3处、矿点3处。成矿类型为构造蚀变岩型和微细浸染型，成矿时代为燕山期。太白县双王金矿床矿体赋存于上泥盆统星红铺组下部地层中的钠长角砾岩体内。含金角砾岩带长11.5km，由若干个大小不等的钠长角砾岩体组成。沿层间断续分布，呈北西-南东向延展。角砾岩体与围岩界线明显，角砾大部为交代钠长岩，成分由铁白云石化、钠长石化变粉砂岩和绢云母板岩组成，胶结物以含铁白云石为主，次为黄铁矿、钠长石、方解石及石英。金矿体与角砾岩体产状大体一致。呈厚板状，部分呈分支复合不规则状。矿石金属矿物主要有自然金、黄铁矿，次要有碲金矿、黄铜矿、方铅矿，非金属矿物有钠长石、含铁白云石、石英、方解石。

二、自然重砂矿物及其组合异常特征

选择金矿物、黄铁矿、铅矿物和铜矿物完成了双王金矿自然重砂异常剖析图。金矿物和黄铁矿与金矿产地套合性好，而铅矿物、铜矿物异常与金矿产地发生位移，但不会影响其作为寻找金矿的标志（图1-33）。

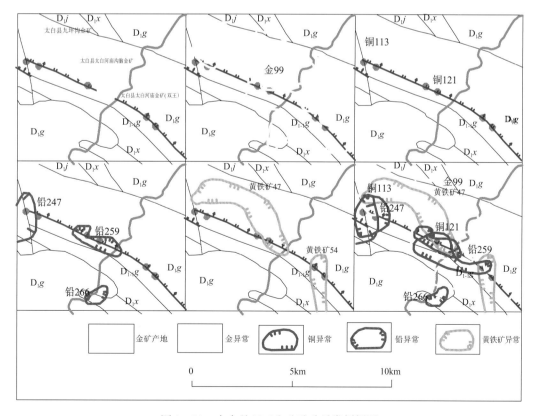

图1-33 太白县双王金矿重砂异常剖析图

三、区域自然重砂异常解释

金 99 异常在太白县九坪沟-太白河一带，与铜 113、铜 121，铅 247、铅 259 和黄铁矿 47、54 等异常套合。出露地层有泥盆系星红铺组、古道岭组。岩浆岩有侏罗纪二长花岗岩分布。断裂构造发育。区域内有九坪沟小型金矿床、太白河庙沟脑中型金矿床和双王大型金矿床分布。

区内异常多数有矿床响应，异常多为矿致异常。该区是以金为主的多金属成矿区，目前已发现了众多的金、铅锌、铜等多金属矿床，并伴有金矿物、铅矿物、铜矿物、黄铁矿异常分布。通过分析相关矿物自然重砂异常，可为寻找复合内生型金矿产地提供可靠信息。建议在已有矿床分布的异常区内开展找矿工作。

第十四节 陕西镇安云盖寺金矿及其自然重砂异常响应

一、地质背景

该区成矿地质体赋存于金龙山短轴背斜的轴（核）部及两翼。核部地层为上泥盆统南羊山组（$D_3 n$），两翼地层为下石炭统袁家沟组（$C_1 y$），二者皆为含矿层位（图 1-34）。

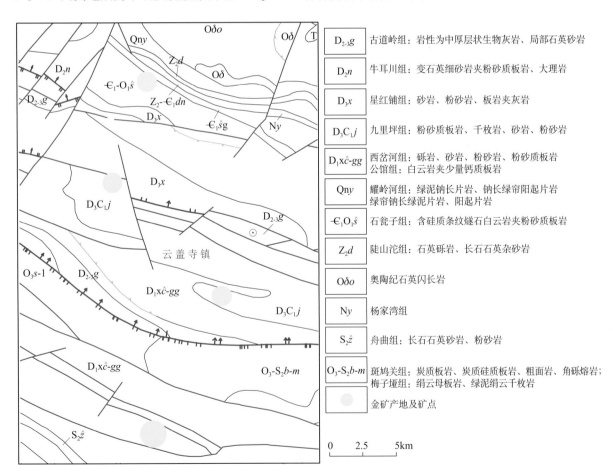

图 1-34　陕西省镇安县云盖寺金矿产地区域地质图

褶皱构造由几个EW（NWW）向展布的短轴背斜组成，两翼地层为袁家沟组。褶皱带两翼地层陡倾，局部倒转，向北倾伏，倾角10°～20°，规模不大，一般长几百至上千米，并构成矿区构造骨架，矿床受其控制，矿体分布于背斜核部。

北西西-南东东断裂带：呈区域性大断裂带分布于测区中部和南部，控制或破坏了区内地层，具有多期次活动特征，控制着金矿体分布。

北东向压扭性断裂带：该断裂带一般长几百至上千米，带宽几米至几十米，多成群分带分布，走向20°～60°，倾向北西，倾角70°～85°，断裂两侧的次级断裂及羽状裂隙也较发育，该断裂带为主要赋矿构造。北西向压扭性断裂带，与北东向压扭性断裂带同生，是矿区中—西矿段的赋矿构造，走向300°～340°，一般倾向北东，倾角60°～80°。

区内有小型金矿床1个，金矿点3个，铅锌矿点3处。含矿地层有寒武纪至奥陶纪石瓮子组、白龙洞组、两岔口组并层，泥盆纪-石炭纪九里坪组。含矿地层岩性有砂岩、板岩、片岩和碳酸盐岩。含金石英脉多沿北西-南东向断裂带分布，一般长50～550m，厚0.56～1.97m。矿石矿物为自然金、黄铁矿、方铅矿、黄铜矿、闪锌矿，脉石矿物为石英、绢云母。矿石品位：Au一般为（0.58～9.25）×10^{-6}，最高33.75×10^{-6}。

二、自然重砂矿物及其组合异常特征

选择金矿物、黄铁矿、铅矿物、铜矿物等4种矿物完成了金矿产地自然重砂异常剖析图。各矿物异常与矿产地套合性均较好（图1-35）。

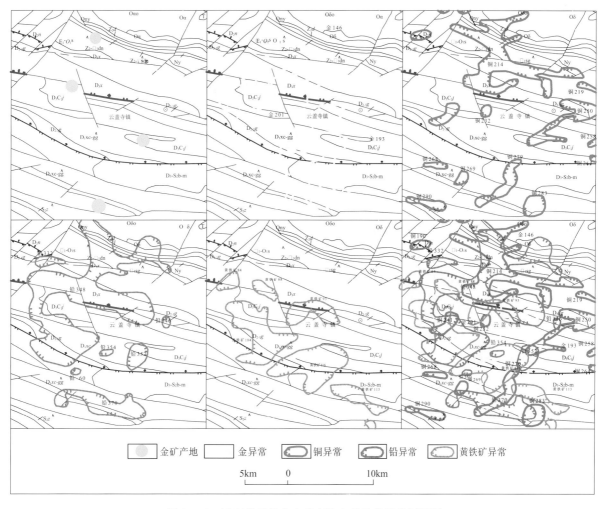

图1-35 镇安县云盖寺金矿产地自然重砂异常剖析图

三、自然重砂异常对岩矿等的响应

该区主异常带的金异常包括金 146、金 193、金 201 共 3 个异常，其中金 201 号为Ⅰ级异常。

异常带走向北西，与地层走向线基本一致。金 201 号异常地处镇安县云盖寺镇西，异常形态不规则，近南北向分布，南北长约 23km，异常面积 130.03km²，由 56 个异常点构成。异常区内地层为泥盆系星红铺组、古道岭组标志、大枫沟组、王家楞组、九里坪组及部分寒武系—奥陶系。异常区断裂较发育，有花岗岩脉及石英脉出露。异常区内有古道沟金矿点及 2 个金矿化点，异常区南侧有镇安县中坪乡小型金矿床，北侧有镇安县太白庙金矿点及 2 个铜铅矿点。

与金 201 有关的套合异常：套合异常有铅 348、铅 354、铅 352、铅 370，铜 214、铜 232、铜 250、铜 279、铜 283，黄铁矿 93、黄铁矿 116。异常分布形态与地层分布关系密切。在古道岭金矿床分布区有金矿物、铅矿物、铜矿物套合异常分布。金 201 北侧有东川银洞沟、薛沟铅锌矿点及太白庙金矿点，南侧有中平乡小型金矿床。

区内套合异常多为矿致异常，金 201 套合异常区是寻找复合内生型金矿的有利区段。

第十五节　山东省焦家金矿自然重砂异常及其成矿作用信息

一、区域地质背景及矿床特征

（一）区域地质背景

焦家金矿床位于胶东西北部，莱州市城北 32km 处金城镇焦家村西侧。地理坐标：东经 120°04′03″—120°08′49″，北纬 37°22′23″—37°25′38″。面积约 42km²。

该矿床赋存于焦家金成矿带-焦家主干断裂内，是"焦家式"金矿床的创立地，具有（焦家式）典型的代表性（图 1-36）。

焦家金矿大地构造位置位于滨太平洋造山-裂谷系（Ⅰ）、山东岩浆弧-裂谷区（Ⅰ-2）、胶东陆缘岩浆/盆地区（Ⅰ-2-1）、胶北陆缘造山岩浆带（Ⅰ-2-1-1）。

（二）区域成矿地质条件

焦家金矿床处于沂沭断裂带的东侧，胶北陆缘造山岩浆岩带的西北部。构造以 NE—NNE 向断裂为主，焦家断裂（龙口-莱州断裂的中段，简称焦家断裂）为区内一级控矿断裂，其下盘发育有望儿山断裂、河西断裂等次级断裂构造以及之间更次级的侯家断裂、鲍李断裂。新太古代变辉长岩及片麻岩分布在焦家断裂带的上盘；中生代燕山期玲珑花岗岩和郭家岭花岗岩，分布于焦家断裂带的下盘；矿体赋存于断裂构造带下盘（图 1-37）。

矿床范围内焦家断裂沿玲珑花岗岩与新太古代变辉长岩接触带展布，长 6500m，宽 70～250m，走向 10°～30°，倾向北西，倾角上陡下缓，浅部倾角在 40°左右，-800m 标高以下，倾角变为 16°～30°。断裂沿走向和倾向均呈波状延展，-400m 标高以上沿新太古代变辉长岩与玲珑二长花岗岩接触带展布，-400m 标高以下地段发育于玲珑二长花岗岩中。主断面明显，充填有连续而稳定断层泥。中浅部断层泥呈灰黑色，颜色较深，而深部断层泥变薄，呈灰白色。带内构造蚀变岩发育，自主断面以下，依次为黄铁绢英岩带（JH）、黄铁绢英岩化花岗质碎裂岩带（SrJH）、黄铁绢英岩化花岗岩带（rJH）。各蚀变分带呈渐变关系。

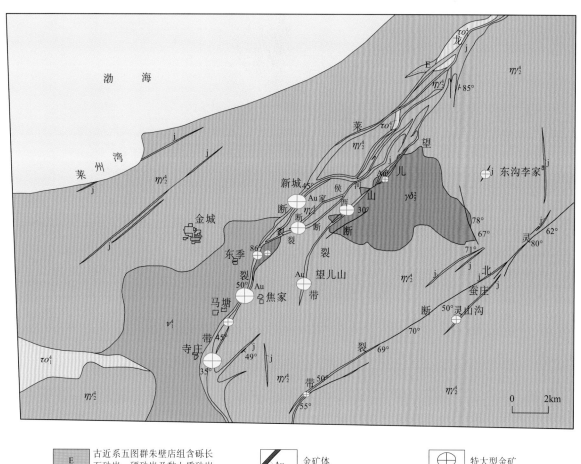

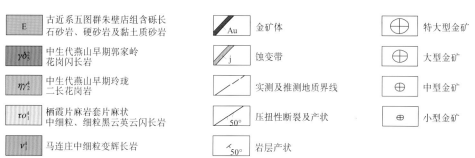

 	古近系五图群朱壁店组含砾长 石砂岩、硬砂岩及黏土质砂岩		金矿体		特大型金矿
$\gamma\delta_5^{2\text{-}3}$	中生代燕山早期郭家岭 花岗闪长岩	j	蚀变带		大型金矿
$m\gamma_5^{4\text{-}2}$	中生代燕山早期玲珑 二长花岗岩		实测及推测地质界线		中型金矿
τo_1^4	栖霞片麻岩套片麻状 中细粒、细粒黑云英云闪长岩	50°	压扭性断裂及产状		小型金矿
ν_1^4	马连庄中细粒变辉长岩	50°	岩层产状		

图 1-36 莱州市焦家金矿区域地质略图

（三）矿床特征

1. 矿体特征

（1）中浅部矿体地质特征

中浅部主矿体为Ⅰ、Ⅱ号矿体，次级矿体为Ⅲ号矿体。Ⅰ、Ⅱ号主矿体赋存在主断面下的黄铁绢英岩带和黄铁绢英岩化花岗质碎裂岩带内。Ⅰ号矿体在主断面下黄铁绢英岩带内产出，长1100m，平均厚度5.5m。产状与主断面产状一致，走向10°~40°，倾向北西，倾角40°左右；矿体呈似层状、波状延展，具分支复合、膨缩和尖灭再现特点。Ⅱ号矿体在Ⅰ号矿体之下，赋存在黄铁绢英岩化花岗质碎裂岩带内，产状与Ⅰ号矿体一致，长500m，平均厚度3.65m。矿体规模小，形态呈透镜状、脉状。

Ⅲ号矿体群展布在矿区中部主断面下的黄铁绢英岩化花岗岩带内，局部为钾化花岗岩带，受密集的张扭性裂隙控制，总体走向30°~40°，倾向SE，倾角70°~89°，长50~250m，厚度1~4m。在剖面上与主矿体呈"入"字形相交，在平面上与主矿体大致平行。

中浅部矿体至-400m标高基本尖灭，其特点是走向延长大于倾向延伸，其比值近1.5，矿体规模大，金品位高。

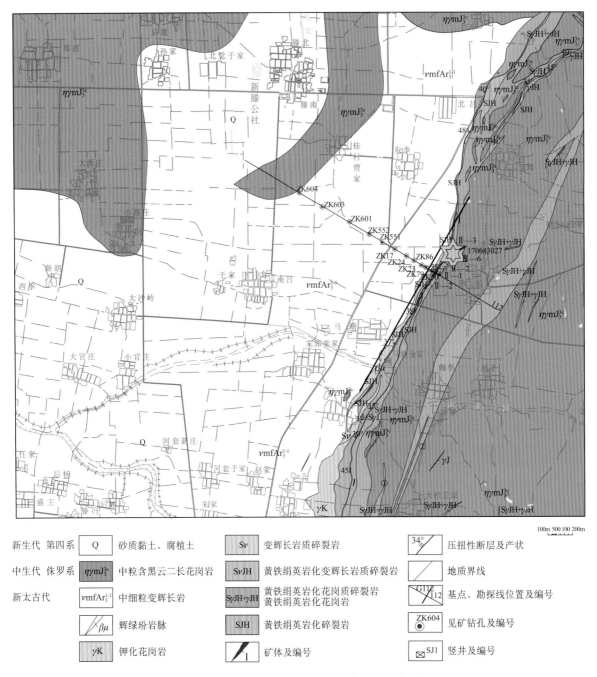

新生代 第四系 Q 砂质黏土、腐植土 　　Sv 变辉长岩质碎裂岩 　　$34°$ 压扭性断层及产状

中生代 侏罗系 $\eta\gamma mJ_3^{3c}$ 中粒含黑云二长花岗岩 　　SvJH 黄铁绢英岩化变辉长岩质碎裂岩 　　地质界线

新太古代 $vmfAr_3^{1-1}$ 中细粒变辉长岩 　　$S\gamma$JH+γJH 黄铁绢英岩化花岗质碎裂岩 黄铁绢英岩化花岗岩 　　$\frac{G112}{J12}$ 基点、勘探线位置及编号

　　$\beta\mu$ 辉绿玢岩脉 　　SJH 黄铁绢英岩化碎裂岩 　　ZK604 见矿钻孔及编号

　　γK 钾化花岗岩 　　I 矿体及编号 　　SJ1 竖井及编号

100m 500 100 200m

图 1-37　莱州市焦家金矿典型矿床成矿要素图

（2）深部矿体地质特征

中浅部矿体在−400m标高以上基本尖灭后，经过垂深200m的无矿间隔（局部以单样厚度与中浅部矿体断续相连），深部矿体在−550～−600m标高以下再现。其赋矿部位与Ⅰ号矿体相同，是中浅部矿体的尖灭再现。

焦家金矿床深部分为4个矿体群（Ⅰ、Ⅱ、Ⅳ、Ⅴ），将紧靠主断面之下，赋存在黄铁绢英岩和黄铁绢英岩化花岗质碎裂岩带内的矿体划为Ⅰ号矿体群，是矿床内的主矿体；Ⅰ号矿体之下，赋存在黄铁绢英岩化花岗质碎裂岩带内的矿体划为Ⅱ号矿体群；将赋存在黄铁绢英岩化花岗岩带内的矿体划为Ⅳ号矿体群；主断面以上矿体为Ⅴ号矿体群（图1-38）。

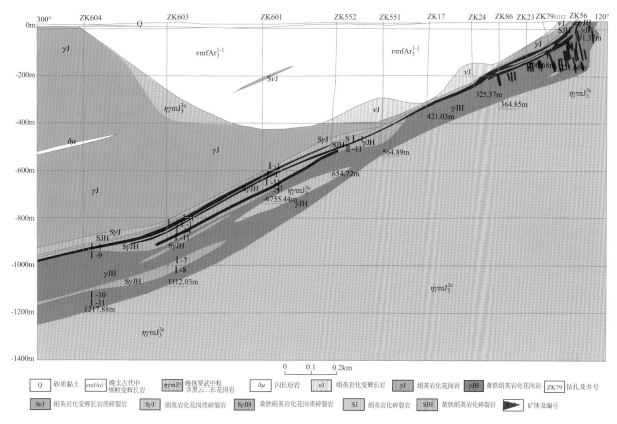

图 1-38 莱州市焦家金矿第 112 号勘探线地质剖面图

2. 矿石特征

（1）矿石矿物成分

矿石矿物由金属矿物、非金属矿物组成。其中，金属矿物主要有自然金和金属硫化物；金属硫化物以黄铁矿为主，黄铜矿、方铅矿、闪锌矿次之，磁黄铁矿等少量，其含量为 1‰～5‰，最高达 10‰；非金属矿物主要有石英、绢云母、长石等。

（2）矿石化学成分

Ⅰ号矿体品位为（1.57～22.69）×10^{-6}，平均品位 6.18×10^{-6}；Ⅱ号矿体品位（2.38～41.80）×10^{-6}，平均品位 5.64×10^{-6}；Ⅲ号矿体平均品位 7.18×10^{-6}。矿区平均品位 6.22×10^{-6}。伴生有益组分为 Ag，平均品位 12.60×10^{-6}；其他组分含量尚未达到综合利用要求，但根据组合分析资料，硫含量 1.68％，可通过选矿富集回收。

（3）矿石结构、构造

矿石结构以晶粒状结构为主，其次有碎裂结构、填隙结构、包含结构、交代残余结构、交代假象结构、文象结构和乳滴状结构等。

矿石以浸染状、脉状、细脉浸染状以及斑点状构造为主，其次为角砾状及交错脉状构造。

（4）矿石类型

矿石自然类型多为原生矿，仅地表浅部有少量氧化矿、混合矿分布。按其物质成分可分为浸染状黄铁绢英岩化碎裂岩型矿石，细脉-浸染状黄铁绢英岩化花岗质碎裂岩型矿石，细脉-网脉状黄铁绢英岩化花岗质碎裂岩型矿石。矿石工业类型为低硫型银金矿石。

3. 围岩蚀变及成矿阶段

（1）围岩蚀变特征

蚀变类型较多，成矿前为钾化-钠化；成矿期为黄铁绢英岩化、硅化和碳酸盐化；成矿期后主要为绿泥石化。这些蚀变作用发生的时间不同，空间相互重叠。其中黄铁绢英岩化是一种普遍存在的重要蚀变作用，它组成蚀变带的基本框架；硅化持续时间长、分布广，并具有阶段性特征，与金矿成矿关系密切。

（2）成矿阶段

根据控矿构造和热液脉体的相互关系及其与金的成矿关系，将矿化分为热液期和表生期。其中热液期又分为4个阶段：①黄铁矿-石英阶段；②金-石英-黄铁矿阶段；③金-石英-多金属硫化物阶段；④石英-碳酸盐阶段。其中②③为主要成矿阶段。

（3）成矿时代

焦家金矿于20世纪60年发现，地质工作程度很高，矿区积累了丰富的地质科研成果。通过近期同位素年龄测试，尤其是高精度的SHRIMP测年方法应用，较精确地确定了金矿形成时代为中生代燕山晚期（120～110Ma，据中科院范宏瑞，2009年）。

二、区域自然重砂矿物及其异常特征

（一）自然重砂矿物特征

焦家金矿矿区围岩蚀变以黄铁绢英岩化、黄铁矿化、硅化、钾化为主，其矿物共生关系表现为银金矿、黄铁矿为主，其次为自然金、铜铅锌硫化物及磁黄铁矿、石英、绢云母等（表1-7）。显示黄铁矿、铜铅硫化物矿化与金矿的共生组合关系密切。

表1-7 焦家式金矿矿区内主要重砂矿物报出率统计表

矿物名称	报出数/个	报出率/%	矿物名称	报出数/个	报出率/%
金	422	10.34	铅矾	2	0.05
自然金	148	3.63	黄铜矿	54	1.32
黄金	23	0.56	辉铜矿	41	1
黄铁矿	2077	50.89	自然铜	29	0.71
磁黄铁矿	9	0.22	孔雀石	24	0.59
磷氯铅矿	298	7.3	黑铜矿	11	0.27
钼铅矿	145	3.55	辉钼矿	18	0.44
白铅矿	89	2.18	闪锌矿	1	0.02
方铅矿	77	1.89	自然银	1	0.02
铅 族	75	1.84	重晶石	1147	28.11
自然铅	40	0.98	萤石	56	1.37
磷酸氯铅矿	8	0.2	辰砂	217	5.32
铅黄	18	0.44	白钨矿	284	6.96
总样品数			4081		

（二）重砂异常特征

该类型金矿主要分布在平度—莱州—招远、乳山—荣成—威海一带，金矿物异常主要分布于新太古代栖霞超单元、新元古代荣成和玲珑超单元中，部分异常分布在胶东群、荆山群、粉子山群变质地层及中生代伟德山超单元中。与铜、铅、黄铁矿异常共生关系十分明显，异常吻合程度较高（表1-8、图1-39、图1-40、图1-41、图1-42、图1-43）。

表 1 - 8　焦家式金矿矿区内主要重砂异常统计表

矿物名称		级别及数量/粒			合计
		Ⅰ	Ⅱ	Ⅲ	
单（组合）矿物异常	金矿物	2	2	33	37
	铅组合矿物			11	11
	铜组合矿物		2	12	14
	黄铁矿	1	2	4	7
	重晶石		4	5	9
	白钛矿	3	6	1	10
	刚玉			3	3
	锐钛矿		3	1	4
	钛铁矿	5	9	4	18
	白钨矿			3	3
	锆石		2		2
	独居石		6	5	11
	磷灰石	1	2	5	8
	钍石			2	2
	金红石	3	2	1	6
综合异常	金、黄铁矿、铅、铜		2	11	13
	锆石、磷灰石	1	3	9	13
	独居石、钍石			2	2
	重晶石、白钨矿、刚玉、辰砂		1	4	5
	钛族		2	8	10
合　计		16	48	124	188

　　该区金矿床（点）分布较多，在已知金矿床（点）周围均有金异常分布，显示出金矿床扩散引起异常的特点。金异常的规模、级别与金矿床有一定关系，但与金矿床的大小无明显的依存关系。因此，该区利用金、铜族、铅族、黄铁矿等异常对寻找岩金、砂金矿具有良好的指导作用。

　　（三）焦家矿区金矿物异常特征

　　焦家矿区有 13 处综合异常，以焦家金矿床为中心，集中分布。有两个金矿物Ⅰ级异常（分别为9 号、12 号），其异常表现出不同的矿物组合特征。

　　1. 蚕庄金异常（9 号异常）

　　异常区平面呈不规则状，面积在 204.39km² 左右。

　　异常区大部分出露玲珑超单元、郭家岭超单元，发育北北东向断裂，异常区西部、中部、北部均发育岩金矿床，北东部发育砂金矿床。

　　异常内主要矿物由金矿物、黄铁矿、自然铜、黄铜矿、辉铜矿、黑铜矿、孔雀石、自然铅、铅黄、磷酸氯铅矿、铅矾、磷氯铅矿、钼铅矿、白铅矿、方铅矿构成。

　　在异常样品中，金矿物呈不规则片状、颗粒状，浅灰色，富延展性，硬度低，片径为 0.21～0.46mm。铜族矿物多呈块状、粒状，铜红色，硬度较低，粒径一般在 0.1～0.3mm 之间。

　　2. 玲珑金异常（12 号异常）

　　异常区平面呈不规则状，面积在 55.03km² 左右。

　　异常区大部分出露玲珑超单元、郭家岭超单元，区内发育北东向断裂。

　　异常内主要矿物组合由金矿物、黄铁矿、自然铜、黄铜矿、辉铜矿、黑铜矿、孔雀石、自然铅、

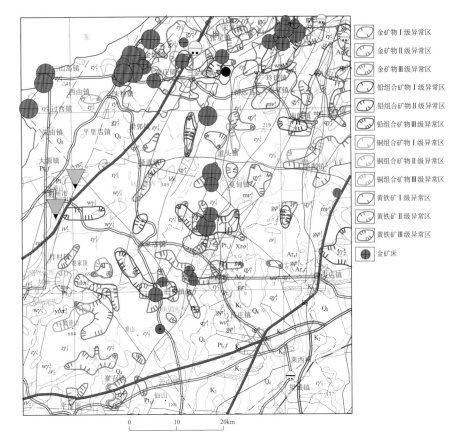

图 1 - 39　焦家金矿区自然重砂综合异常图

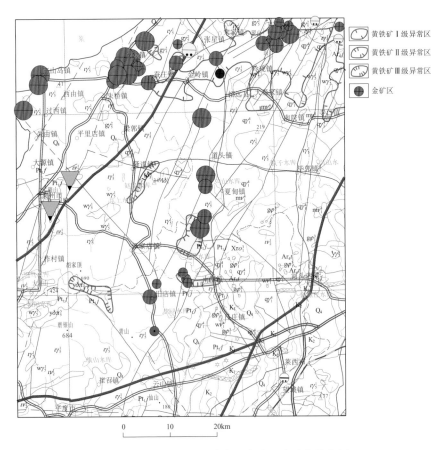

图 1 - 40　焦家金矿区黄铁矿自然重砂异常分布图

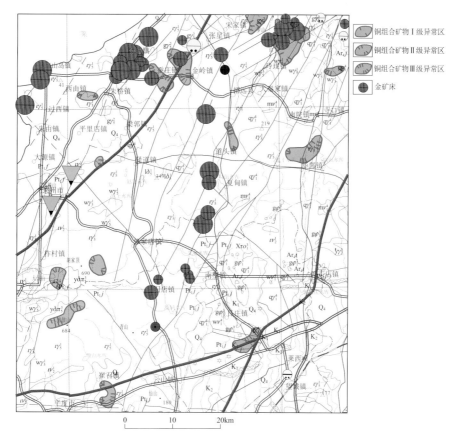

图1-41　焦家金矿区铜组合矿物自然重砂异常分布图

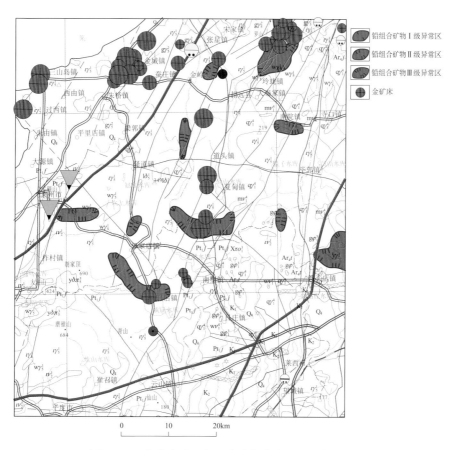

图1-42　焦家金矿区铅组合矿物自然重砂异常分布图

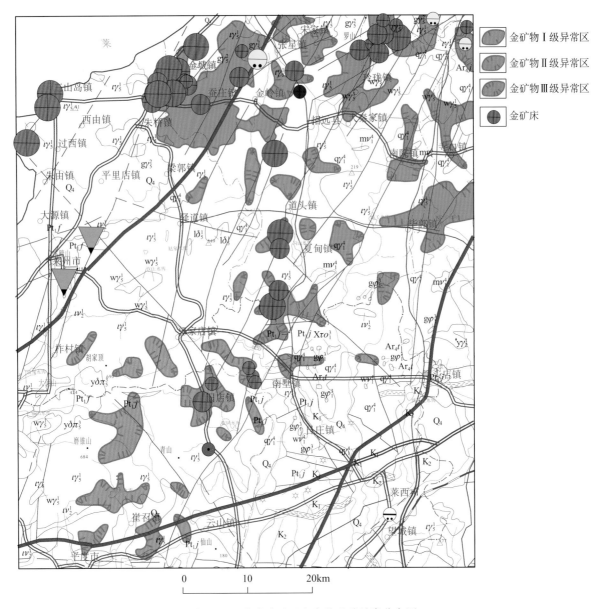

图 1-43 焦家金矿区金自然重砂异常分布图

铅黄、磷酸氯铅矿、铅矾、磷氯铅矿、钼铅矿、白铅矿、方铅矿构成。

在异常样品中，黄铁矿多数呈立方体，部分呈八面体或破碎粒状。多为浅铜黄色，个别矿物表面有一层红色氧化铁薄膜。粒度均<0.5mm，一般为 0.1～0.2mm。铅多呈立方体或不规则颗粒状，铅灰色，金属光泽。铜多为不规则状或颗粒状，金属光泽，条痕绿黑色。金多数为不规则粒状、片状、树枝状，粒度细小。

三、焦家式金矿成矿模式

（一）成矿要素

依据矿床的地质环境和矿床特征两大要素进行划分。地质环境要素又细分为构造背景、成矿环境、成矿时代、岩石类型及岩石结构 5 类；矿床特征要素又细分为矿体特征、矿物组合、结构构造、蚀变作用及控矿构造 5 类，共划分 10 类。焦家金矿床矿床成矿要素分为必要要素 5 类、重要要素 3 类、次要要素 2 类（表 1-9）。

表 1-9　莱州市焦家金矿典型矿床成矿要素一览表

预测要素		描 述 内 容	预测要素分类
地质环境	岩石类型	中生代燕山早期玲珑花岗岩	必要
	岩石结构	粒状花岗结构	次要
	成矿时代	中生代燕山晚期（120～110Ma，SHRIMP）	重要
	成矿环境	在大的俯冲背景下的伸展拉张环境，张扭性构造控矿	必要
	构造背景	滨太平洋造山-裂谷系（Ⅰ）、山东岩浆弧-裂谷区（Ⅰ-2）、胶东陆缘岩浆/盆地区（Ⅰ-2-1）、胶北陆缘造山岩浆岩带（Ⅰ-2-1-1）	重要
矿床特征	矿体特征	中浅部主矿体为Ⅰ、Ⅱ号矿体，次级矿体为Ⅲ号矿体群；深部分为4个矿体群（Ⅰ、Ⅱ、Ⅳ、Ⅴ）。Ⅰ号矿体在主断面下黄铁绢英岩带内产出，长1100m，平均厚度5.5m。产状与主断面产状一致，走向10°～40°，倾向北西，倾角40°左右；矿体呈似层状、波状延展，具分支复合、膨缩和尖灭再现特点。Ⅱ号矿体在Ⅰ号矿体之下，赋存在黄铁绢英岩化岗质碎裂岩带内，产状与Ⅰ号矿体一致，长500m，平均厚度3.65m。Ⅲ号矿体群总体走向30°～40°，倾向SE，倾角70°～89°，长50m～250m，厚度1～4m。将赋存在黄铁绢英岩化花岗岩带内的矿体划为Ⅳ号矿体群；主断面以上矿体为Ⅴ号矿体群。	必要
	矿物组合	自然金、黄铁矿、石英、绢云母、长石	重要
	结构构造	晶粒结构、碎裂结构、填隙结构、包含结构、交代结构、假象结构；浸染状构造、脉状构造、细脉浸染状构造、斑点状构造	次要
	围岩蚀变	钾长石化、黄铁绢英岩化、碳酸盐化、绿泥石化、高岭土化	重要
	控矿构造	北东、北北东向断裂	必要
其他特征	自然重砂	金、铜族、铅族、黄铁矿、磁黄铁矿	重要

（二）成矿模式

焦家金矿床矿体赋存于焦家主干断裂带主裂面下盘，矿体顶板多为前寒武纪变质基底岩系、燕山早期玲珑花岗岩；底板为燕山早期玲珑花岗岩、郭家岭花岗岩。

成矿侵入岩主要为燕山早期的玲珑花岗岩、郭家岭花岗岩。岩浆成岩过程中，在侵入体内分异出含矿流体，并与大气降水混合，携带被活化、萃取的金质形成了一个新的岩浆-流体-成矿系统，金质与挥发分、碱质（K、Na等元素）等形成易熔配合物进入成矿热液-成矿流体；当成矿流体进入宽大的构造破碎带时，由于大气降水的加入，加速了金质的沉淀，在适宜的物化条件下，金、银等成矿元素在成矿有利空间得到沉淀富集成矿，形成了规模较大的焦家式-破碎蚀变岩型金矿（图1-44）。矿床成因为中低温岩浆热液型金矿。

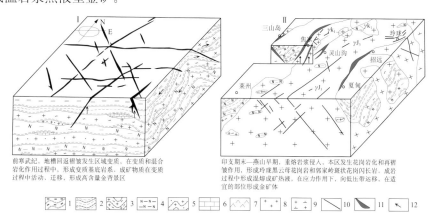

前寒武纪，地槽回返褶皱发生区域变质，在变质和混合岩化作用过程中，形成变质基底岩系，成矿物质在变质过程中活动、迁移，形成高含量金背景区

印支期末-燕山早期，重熔岩浆侵入，本区发生花岗岩化和再褶皱作用，形成玲珑黑云母花岗岩和郭家岭斑状花岗闪长岩。成岩过程中形成混熔岩浆矿热液，在应力作用下，向低压带运移，在适宜的部位形成金矿体

1　2　3　4　5　6　7　8　9　10　11　12

图1-44　莱州市焦家金矿典型矿床成矿模式图

1—黑云片岩；2—黑云斜长片麻岩；3—黑云变粒岩；4—斜长角闪岩；5—混合岩类岩石；6—大理岩；7—超基性岩；8—晚侏罗世玲珑花岗岩（γJ₃）；9—早白垩世郭家岭斑状花岗闪长岩（γk₁）；10—压扭性断层；11—金矿体；12—矿液运移方向

第十六节 山东平邑归来庄金矿自然重砂矿物异常及其成矿意义

一、区域地质背景及矿床特征

（一）区域地质背景

归来庄金矿床位于平邑县城区东南约20km、铜石镇东南4km处。地理坐标：东经117°46′12″—117°50′12″、北纬35°21′06″—35°23′18″。面积约24km²。

归来庄金矿大地构造位置属滨太平洋造山-裂谷系（Ⅰ）、山东岩浆弧-裂谷区（Ⅰ-2）、鲁西陆内岩浆/盆地区（Ⅰ-2-2）、枣庄断陷盆地（Ⅰ-2-2-7）。

1. 地层

区内出露地层有泰山岩群山草峪组变粒岩，寒武系页岩、砂岩、灰岩和和白云岩，奥陶系燧石条带灰岩、豹皮灰岩，侏罗系紫色、黄绿色黏土质页岩、砂岩、粉砂岩。

2. 构造

区内断裂构造发育，分为NNW向、EW向和近EW向3组。其中NNW的燕甘断裂为区内主干断裂，控制北西向和近东西向断裂的展布。长45km，走向340°～350°，倾向NEE，倾角64°～80°，为正断层，形成于燕山早期，是主要控岩、导矿构造。

近EW向断裂，为燕甘断裂次级分支构造，以归来庄F₁断裂为代表，长2200m，走向85°，倾向S，倾角45°～68°，为正断层。平面上显示继承和追踪了NEE和NWW向两组构造特性，是归来庄金矿导矿和储矿构造。受区域应力和次火山穹窿的叠加作用，表现为先压后张的活动特点，在后期的张性活动中有隐爆-侵入角砾岩充填其中，并伴有强烈的热液蚀变和金矿化，富集成金矿体。

NW向断裂，分布于燕甘断裂西侧，为一组高角度的正断层，近于平行展布，控制着矿区西部矿体的分布。

次火山环状、放射状断裂为铜石杂岩体岩浆上侵及凝固后而形成的环状、放射状断裂。环状与放射状断裂的交会部位，是热液活动及成矿有利部位。

3. 岩浆岩

区内燕山早期岩浆活动强烈，铜石次火山杂岩为该期岩浆活动的主要产物。早期角闪二长闪长质岩浆多阶段侵位，晚期为正长质岩浆的多阶段侵位。矿化与晚期正长质岩浆侵入时形成的爆发角砾岩有关。

（二）矿床特征

1. 矿体特征

矿区内已控制的大小矿体12个，以Ⅰ号矿体规模最大，其余均为零星小矿体。矿体赋存于近EW向的构造隐爆角砾岩带内及其两侧的碳酸盐岩中。Ⅰ号矿体长度550m，延深＞650m，平均厚度6.12m，呈脉状产出，矿化连续，沿走向及倾向呈舒缓波状延展，具膨胀压缩、分支复合的特点。西段分为近平行的上下两个支矿体，分别靠近蚀变带顶底板展布。产状与控矿断裂F₁基本一致，走向近EW，倾向S，倾角45°～68°，自上而下倾角有变缓的趋势。矿体厚度一般在2～15m之间，最厚达36.5m，平均厚度6.12m，矿体中部厚度大，向两端及深部渐薄。

2. 矿石特征

（1）矿石矿物成分

矿石中金属矿物以褐铁矿为主，次为黄铁矿、赤铁矿、黄铜矿、方铅矿、锌族矿物、锑族矿物、黝铜矿等，有少量碲汞矿、孔雀石、铜蓝等。金矿物有自然金、银金矿、碲铜金矿，银矿物有自然金、辉银矿。非金属矿物主要有石英、白云石、方解石、正长石、斜长石，次为绢云母、萤石、伊利石、高岭土等，载金矿物为石英、方解石、白云石等。

（2）矿石化学成分

归来庄金矿矿石中 Au 品位多数在 $(5\sim500)\times10^{-6}$ 之间，平均 156.77×10^{-6}。伴生组分 Ag 平均品位 695.33×10^{-6}；Te 平均品位为 1.88%，均达到综合利用要求。

（3）矿石结构构造

矿石结构主要有晶粒结构、填隙结构、交代残余结构、星状结构等。

矿石构造主要有角砾状构造、浸染状构造、脉状网脉状构造、土状构造、蜂窝状构造。

（4）矿石类型

主要为隐爆角砾岩型、灰岩白云岩型、斑（玢）岩型；矿石工业类型为低硫型金矿石。

（5）围岩蚀变

在隐爆角砾岩中有多期蚀变，多种蚀变矿物组合叠加产出，一般在角砾岩体及顶底板附近蚀变最强，与成矿有关的蚀变主要有硅化、萤石化、绢云母化、水白云母化、碳酸盐化。

（三）成矿时代

根据最新同位素测年资料，归来庄闪长岩岩体的年龄为 (175.7 ± 3.8) Ma（锆石 SHRIMP）（胡华斌等，2004），金矿的成矿时代为中侏罗世。

二、区域自然重砂矿物及其异常特征

（一）自然重砂矿物特征

从重砂角度看，归来庄金矿的主要矿物组合为：自然金、银金矿、碲金矿、褐铁矿、黄铁矿、方铅矿、黄铜矿为主，其次为硫化物、石英等（表 1-10）。

表 1-10　归来庄式金矿矿区内主要重砂矿物报出率统计表

矿物名称	报出数/个	报出率/%	矿物名称	报出数/个	报出率/%
金	26	3.79	铅黄	1	0.15
辉银矿	2	0.29	自然铜	8	1.17
褐铁矿	252	36.73	黄铜矿	6	0.87
黄铁矿	539	78.57	孔雀石	1	0.15
方铅矿	93	13.56	自然锌	3	0.44
铅族	39	5.69	辉钼矿	1	0.15
白铅矿	33	4.81	重晶石	289	42.13
自然铅	10	1.46	白钨矿	273	39.8
铅矾	7	1.02	辰砂	202	29.45
钼铅矿	3	0.44	萤石	26	3.79
磷氯铅矿	3	0.44			
样品总数			686		

（二）重砂异常特征

该区金矿床（点）分布较多，在已知金矿床（点）周围均有金异常分布，显示出金矿床扩散引起异常的特点。

金等矿物异常主要分布在新太古界泰山岩群山草峪组及古元古代二长花岗岩和花岗闪长岩岩体和寒武系灰岩中。与铜族矿物、铅族矿物、萤石、黄铁矿异常共生关系明显，异常吻合程度较高（表1-11、图1-45、图1-46）。因此，在该区域及周围圈出的重砂金、铜族矿物、铅族矿物、黄铁矿、萤石等异常对于寻找该类型的金矿具有重要的指导意义。

表1-11 归来庄式金矿区内主要重砂异常统计表

矿物名称		级别及数量/粒			合计
		Ⅰ	Ⅱ	Ⅲ	
单（组合）矿物异常	金矿物			2	2
	铅族矿物			3	3
	铜族矿物		1	1	2
	磷灰石	1			1
	重晶石		2	3	5
	白钨矿		2		2
合　计		1	5	9	15

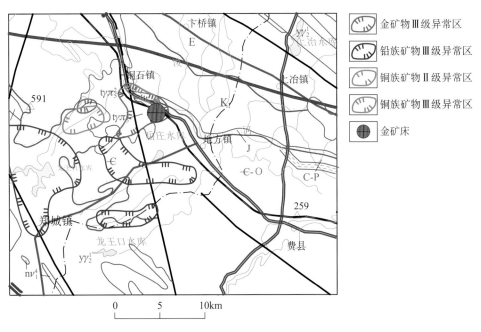

图1-45　归来庄式金矿矿区自然重砂综合异常图

（三）归来庄矿区金矿物异常特征

归来庄矿区有两个金矿物综合异常（分别为182号、183号），以归来庄金矿床为中心，呈一字型分布。其异常表现出不同的矿物组合特征。

1. 贺山庄金矿物异常（183号异常）

异常区平面呈不规则竖元宝形，面积为 19.35km²。异常区大部分出露中生代燕山早期铜石超单元。本区域东侧有已发现岩金矿点1处。属矿致异常。异常主要由金矿物、自然铜、黄铜矿、孔雀石构成。在金矿物异常样品中，金矿物呈不规则片状、颗粒状，浅灰色，富延展性，硬度低，片径在 0.21～0.46mm 之间。铜族矿物多呈不规则块状或颗粒状，个别呈四面体。黄铜色，条痕绿黑色，金属光泽。

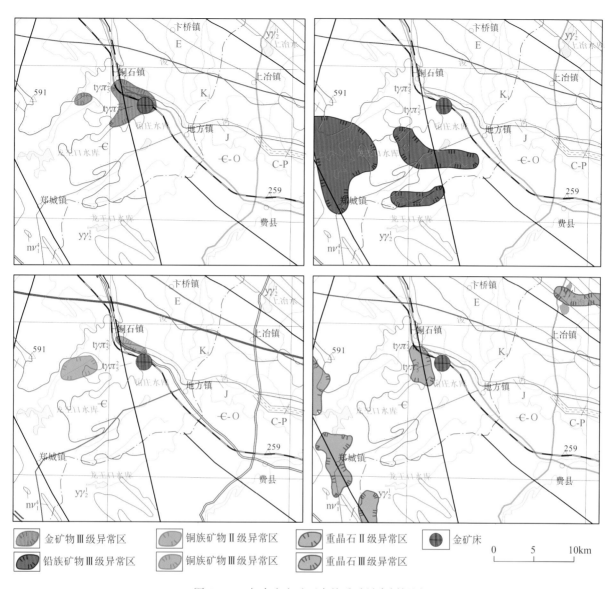

金矿物Ⅲ级异常区	铜族矿物Ⅱ级异常区	重晶石Ⅱ级异常区	金矿床
铅族矿物Ⅲ级异常区	铜族矿物Ⅲ级异常区	重晶石Ⅲ级异常区	0 5 10km

图 1-46　归来庄金矿区自然重砂异常剖析图

2. 瓦子埠金异常（182 号异常）

　　异常区近似圆形，直径约 1.5km，面积在 2.41km² 左右。异常区多出露于泰山岩群。异常主要由金矿物、自然铜、黄铜矿、孔雀石构成。在所有样品中，金矿物呈不规则片状、颗粒状，浅灰色，富延展性，硬度低，片径在 0.21～0.46mm 之间。铜族矿物多呈不规则块状或颗粒状，个别呈四面体晶形。黄铜色，条痕绿黑色，金属光泽。

三、归来庄金矿成矿模式

（一）成矿要素

　　依据矿床的地质环境和矿床特征两大要素进行划分。地质环境要素又细分构造背景、成矿环境、成矿时代、岩石类型及岩石结构 5 类；矿床特征要素又细分矿体特征、矿物组合、结构构造、蚀变作用及控矿构造 5 类；其他特征为自然重砂 1 类，共划分 11 类。归来庄金矿床成矿要素分为必要要素 5 类、重要要素 4 类、次要要素 2 类（表 1-12）。

表 1-12　平邑县归来庄金矿典型矿床成矿要素一览表

成矿要素		描述内容	成矿要素分类
地质环境	岩石类型	浅海相碳酸盐岩及碎屑岩、正长斑岩、二长斑岩、二长闪长玢岩、隐爆-侵入角砾岩	必要
	岩石结构	粒状变晶结构、碎屑结构、斑状结构、角砾状结构	次要
	成矿时代	中生代燕山早期中侏罗世（175.7±3.8Ma 锆石 SHRIMP）	重要
	成矿环境	在大的俯冲背景下的伸展拉张环境，压扭性构造控矿	必要
	构造背景	滨太平洋造山-裂谷系（Ⅰ）、山东岩浆弧-裂谷区（Ⅰ-2）、鲁西陆内岩浆/盆地区（Ⅰ-2-2）、枣庄断陷盆地（Ⅰ-2-2-7）	必要
矿床特征	矿体特征	矿区内已控制的大小矿体 12 个，以Ⅰ号矿体规模最大，其余均为零星小矿体。矿体赋存于近 EW 向的构造隐爆侵入角砾岩带内及其两侧的碳酸盐岩中。Ⅰ号矿体长度 550m，延深>650m，平均厚度 6.12m，呈脉状产出，矿化连续。矿体产状与控矿断裂 F₁ 基本一致，走向近东西，倾向南，倾角 45°～68°，自上而下倾角有变缓的趋势。矿体厚度一般在 2～15m 之间，最厚达 36.5m，平均厚度 6.12m	必要
	矿物组合	自然金、碲铜金矿、银金矿、自然银、辉银矿、褐铁矿、黄铁矿、赤铁矿、磁铁矿、黄铜矿、方铅矿、锌锑黝铜矿	重要
	结构构造	晶粒、填隙、假象、侵蚀、交代残余、交代环边、星状结构；构造主要有角砾状、浸染状、脉状、网脉状、之状及蜂窝状构造	次要
	蚀变作用	硅化、萤石化、绢云母化、冰长石化、水白云母化、高岭土化、泥化、黄铁矿化	重要
	控矿构造	潜火山作用形成的环状、放射状断裂及隐爆角砾岩带、中生代火山盆地边缘-凸起与凹陷的接壤部位	必要
其他特征	自然重砂	金、铜族矿物、铅族矿物、黄铁矿、萤石	重要

（二）成矿模式

归来庄金矿的主要矿源层为新太古界泰山岩群山草峪组绿岩带。中生代燕山运动早期，郯庐断裂的左行扭动派生出本区北西向、北北西向的主干断裂及次级断裂，为岩浆活动及热液的运移提供了通道。二长-正长质岩浆分异晚期的残余岩浆，同化了上地壳中的酸性岩石，并吸取其中的金元素，使金的丰度值明显提高。强烈的同化作用使残余岩浆含有大量的以水为主的挥发分，因前锋岩浆的凝固，内部岩浆被屏蔽于冷凝壳内，形成局部高压封闭环境，内部压力、温度逐渐升高，当内压超过外压时，便发生剧烈的潜火山隐爆作用。强大的内能使部分隐爆物沿构造带运移，贯入断裂构造形成隐爆角砾岩。隐爆作用产生的热能加热了下渗的大气降水，被加热的大气降水与部分岩浆热液混合，与围岩发生水岩交换作用，使矿源层中的 Au、Ag 等元素活化、迁移，形成富含金矿质及挥发分的潜火山岩浆期后热液。矿液沿构造隐爆侵入角砾岩带运移，随着物理化学条件的改变，Au、Ag 等元素逐渐沉淀，经多次蚀变作用和多次叠加矿化，形成潜火山热液隐爆角砾岩型（归来庄式）金矿床（图 1-47）。矿床成因为中低温岩浆热液型金矿。

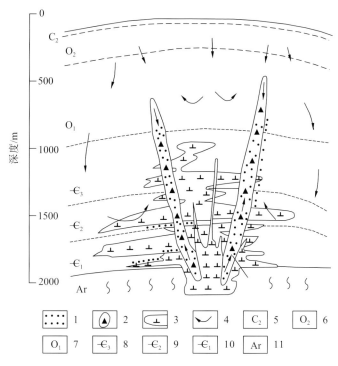

图 1-47　平邑县归来庄金矿典型矿床成矿模式图

1—热液蚀变及金矿化；2—火成角砾岩；3—二长岩、正长岩、二长闪长斑岩；4—岩浆热液、地下水及其混合产生的对流流体；5—中石炭统；6—中奥陶统；7—上奥陶统；8—上寒武统；9—中寒武统；10—下寒武统；11—太古宇变质基底

第十七节　黑龙江大安河岩金矿及其自然重砂矿物异常响应

一、区域地质背景及矿床特征

（一）区域地质背景

大安河金矿床位于黑龙江省铁力市，其大地构造位置属于伊春-延寿岩浆弧，铁力陆缘海盆。该矿床成因类型属中温矽卡岩型金矿床，依据矿产预测评价技术要求金矿床类型划分原则，属侵入体内外接触带型金矿床。成矿时代属早侏罗世。

伊春-延寿岩浆弧的结晶基底为古元古宇东风山岩群变质岩系，古元古代末期的兴东运动，产生南北向的牡丹江岩石圈断裂并伴随有混合型花岗岩侵入。在元古宙末期本区进入古亚洲构造域，经历了多次拉张分裂凹陷，沉积了寒武系-奥陶系海相碎屑岩-碳酸盐-中性火山岩建造和二叠系碎屑岩-碳酸盐建造。中奥陶世晚期—晚奥陶世早期的中加里东运动使伊春-延寿海槽闭合，同构造期的深部地壳重熔型岩浆侵位形成混染花岗岩，岩浆弧形成。随着造山运动的增强，南北向的逊克-铁力-尚志岩石圈断裂形成，牡丹江岩石圈断裂复活，致使大规模的同熔型岩浆上侵，形成花岗闪长岩。晚三叠世晚期强烈的印支运动，使基底和盖层一并卷入强烈的陆内造山运动，导致大规模的重熔型岩浆侵位，形成二长花岗岩。

中生代中侏罗世，本区进入滨太平洋构造域，拉张断陷活动强烈，沉积了侏罗系中酸性火山岩和白垩系中性火山岩；晚侏罗世-早白垩世强烈的中燕山运动，伴随大规模的断裂活动，形成北东向的依舒和北西向的塔溪-林口岩石圈断裂，并使牡丹江和逊克-铁力-尚志岩石圈断裂复活，同时产生北东、北西和南北向的壳断裂及其次生断裂和断陷盆地。与之相伴的是壳幔混源同熔型岩浆侵位，形成花岗闪长岩和闪长岩等基性-中酸性岩株。

（二）区域成矿地质条件

大安河金矿床赋存在下二叠统土门岭组（P_1tm）变质石英砂岩夹大理岩与早侏罗世辉长岩（νJ_1）接触带两侧，赋矿岩石为辉长岩、石榴子石透辉石矽卡岩、大理岩、变质石英砂岩。北西、东西及北东向分布的侵入接触带为控矿及容矿构造。矿区内断裂构造发育，主要有北东、北西及北北西向断层，北东东向剪切及角砾岩带。矿区内少量分布有中侏罗统太安屯组安山质凝灰岩，侵入岩分布较广，有二叠纪混染花岗岩（γoP）、早侏罗世花岗闪长岩（$\gamma\delta J_1$）及花岗斑岩（$\gamma\pi J_1$），脉岩分布有煌斑岩（χ）、闪长岩（δ）及细粒花岗岩（γ）。

大安河金矿区近矿围岩蚀变和矿化种类较多，主要有矽卡岩化、硅化、绿帘石化、黝帘石化、方柱石化、绢云母化、绿泥石化、黑云母化、碳酸盐化、高岭土化、阳起石化、透闪石化、钾长石化、蛇纹石化等，以矽卡岩化、硅化找矿指示作用最大。

矿区蚀变可分为 3 个带，即接触内带（辉长岩体）蚀变、接触带蚀变、接触外带蚀变。接触内带的蚀变分布在辉长岩体内，蚀变为矽卡岩化、硅化、钾长石化、黝帘石化、方柱石化、绿泥石化、黑云母化。接触带蚀变主要分布在矽卡岩带内，蚀变为透闪石化、阳起石化、钾长石化、方柱石化、白云母化、硅化、绿帘石化、黝帘石化、蛇纹石化、碳酸盐化、绢云母化，金矿化主要分布在本带。接触外带蚀变主要分布在下二叠统土门岭组（P1tm）变质石英砂岩夹大理岩内，蚀变为蛇纹石化、矽卡岩化、方柱石化、碳酸盐化。

（三）矿床特征

大安河金矿床已发现 12 条矿体，其中工业矿体 9 条，主矿体为Ⅰ、Ⅱ、Ⅲ号。矿体主要分布在下二叠统土门岭组与早侏罗世辉长岩（νJ_1）侵入接触形成的矽卡岩内，总体走向为北西-北东向，矿体倾向北东-北西，倾角 53°～87°。矿体形态呈透镜状和脉状等，矿体沿倾向具有分支现象，沿走向具有分支复合、收缩膨胀现象。

Ⅰ号矿体呈透镜状分布在矽卡岩带中部，延长 250.0m，平均水平厚度 6.29m，最大垂深 148.0m，金平均品位 11.93×10^{-6}。Ⅱ号矿体呈脉状分布在外矽卡岩带，延长 75.0m，平均水平厚度 3.87m，最大垂深 60.0m，金平均品位 46.78×10^{-6}。Ⅲ号矿体呈透镜状分布在内矽卡岩带，延长 113.0m，平均水平厚度 3.82m，最大垂深 96.0m，金平均品位 5.93×10^{-6}。

矿石自然类型为原生及氧化矿石，氧化矿石分布较少。按矿石结构及构造，划分为浸染状、浸染-网脉状、团块状及碎裂状矿石。矿石工业类型主要为金矿石、含银金矿石、含铋金矿石及含铜金矿石。

矿石中金属矿物含量极少，总量为 0.40%。金属硫化矿物含量以多少为序，依次为黄铜矿、方铅矿、辉铋矿、闪锌矿、黄铁矿、毒砂、磁铁矿、磁黄铁矿、硫锑铋矿，自然金属矿物有金、银金矿，金属氧化矿物有褐铁矿、孔雀石、蓝铜矿等；脉石矿物主要为透辉石，石榴子石次之，其余为方柱石、绿帘石、黝帘石、石英、方解石和少量纤闪石、绿泥石、透闪石等。

矿石结构以他形粒状结构为主，半自形粒状结构次之，自形粒状结构少见。矿石构造以块状、稀疏浸染状和碎裂构造为主，细脉状构造次之，团块状构造少见。

二、区域自然重砂矿物及其组合异常特征

（一）区域自然重砂矿物

大安河矿区矿体露头剥蚀条件较好，在矿区及其周边区域，自然重砂样品中可以检出金、辰砂、白钨矿、锆石、锡石、石榴子石、红柱石、假象黄铁矿、铬铁矿、泡铋矿等 10 余种矿物。其中辰砂、

泡铋矿出现率较低，假象黄铁矿、白钨矿、锆石出现率较高。矿区及其周边区域主要自然重砂矿物含量分级见表1-13。

表 1-13　大安河矿区及其周边区域主要自然重砂矿物含量分级表

序号	矿物名称	矿物含量分级				
		Ⅰ	Ⅱ	Ⅲ	Ⅳ	Ⅴ
1	锆石	1粒或0.05g	1粒～10粒			
2	铬铁矿	1粒～10粒	11粒～50粒			
3	锡石	1粒～5粒	6粒～10粒	11粒～20粒	>20粒	
4	自然金	1粒～5粒	6粒～10粒	11粒～20粒		
5	辰砂	1粒～5粒	6粒～10粒			
6	泡铋矿	1粒～5粒	6粒～10粒			
7	白钨矿	1粒～10粒	11粒～20粒	21粒～100粒	101粒～0.02g	>0.02g

（二）自然重砂矿物的一般特征

大安河矿区及其周边区域自然重砂样品中，矿物呈现以下主要特征。

自然金：主要分布在大安河东沟一带的华力西晚期碎裂花岗闪长岩出露地区。矿物含量多在1～5粒之间，经加密取样最高含量为17粒，金粒径小于0.1mm，呈棱角状或半棱角粒状；据磨圆度分析，金的搬运距离不大，推测原生源就在附近。伴生矿物主要为假象黄铁矿，次要为石榴子石、红柱石、铬铁矿，个别见有泡铋矿。

辰砂：多零散分布在华力西晚期或燕山早期花岗岩出露区。矿物含量多在1～5粒之间。

锆石：分布普遍，几乎遍布全区。矿物含量多在1粒～0.05g之间，多与白钨矿、锡石、辰砂等矿物相伴生。

锡石：多分布在有零星下二叠统，特别是有零星大理岩捕房体出现的地区。

泡铋矿：多零散分布在华力西晚期或燕山早期花岗岩出露区。矿物含量多在1～5粒之间，与金、铬铁矿等矿物相伴生。

铬铁矿：主要分布在中—基性岩脉和下二叠统土门岭组出露地区。矿物含量多在1～10粒之间，与金、泡铋矿等矿物相伴生。

白钨矿：出现率较高，可达全部样品的50%以上。其特点是含量高的样品点（一般均在20粒以上），主要分布在下二叠统与华力西晚期酸性、中酸性侵入岩接触带附近。

（三）自然重砂异常特征

大安河矿区出现有3处重砂矿物异常，分别编为1号、2号和3号，详见大安河地区区域地质矿产图（图1-48）。各异常特征如下：

1. 养路工区东沟金异常区（1号异常）

异常区平面呈椭圆形，南北方向展布，面积为14km²。

异常区主要分布着早侏罗世碎裂花岗闪长岩和下二叠统土门岭组，有较少的燕山早期花岗闪长岩，是三者的接触带部位。

铁力市大安河金矿床即位于本异常区内，异常是由地层与侵入岩接触部位形成的矽卡岩型金矿床引起，矿床的下游还有小型砂金矿床。区内的单个样品金含量一般1～5粒，经加密取样单个样品最高含量为17粒，金粒径小于0.1mm，呈棱角状或半棱角粒状，据磨圆度分析，金的搬运距离不大，推测原生矿就在附近。伴生矿物主要为假象黄铁矿，次要为石榴子石、红柱石、铬铁矿，个别见有泡铋矿。

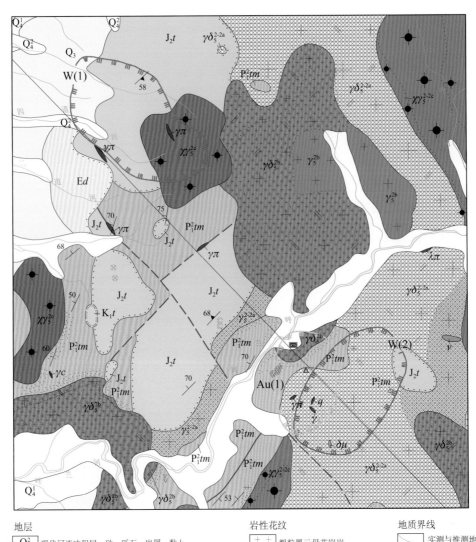

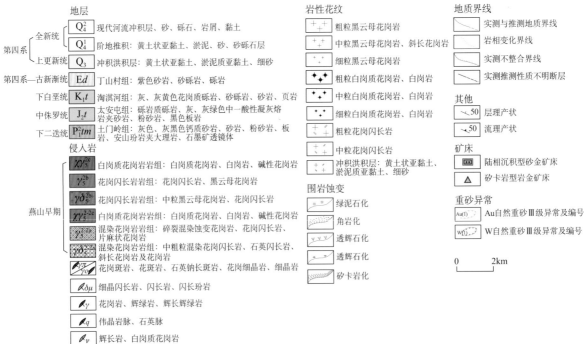

图 1-48 大安河地区区域地质矿产图

2. 埋汰沟白钨矿异常区（2 号异常）

异常区平面呈椭圆形，北东—南西方向展布，面积为 26km²。部分与上述的东沟金Ⅲ级异常区（1 号异常）相重叠。

异常区位于早侏罗世碎裂花岗闪长岩与下二叠统土门岭组的接触带部位。根据区域矿化特点，结合此异常区的地质情况，推断其白钨矿可能来自于矽卡岩。

区内白钨矿含量一般为 20～40 粒，最高为 100 余粒。伴生矿物除锆石外，主要为石榴子石、假象黄铁矿。

3. 马鞍山林场白钨矿异常区（3 号异常）

异常区平面呈长椭圆形，北西—南东方向展布，面积为 29km²。

异常区内白钨矿含量一般为 10～20 粒，最高为 100 余粒。其伴生矿物为石榴子石、锡石，个别见有辰砂。

异常区东南部出露燕山早期白岗质花岗岩，西北部分布中侏罗统太安屯组，从地质条件来看对成矿不太有利。但在本区的东南部附近出露有下二叠统土门岭组，而异常的东南端正处于此地层的东北延伸部分，表面可能被中侏罗统太安屯组地层覆盖。推断其白钨矿可能与下二叠统土门岭组和侵入岩接触带的矽卡岩有关系。

综上所述，可总结以下两点：

（1）白钨矿遍及全区，但其来源有二：一是来源于早侏罗世的花岗岩或花岗闪长岩中，以副矿物形式存在，其特点是含量低（一般均在 20 粒以下），分布广，没有一定方向。这在已有的花岗岩或花岗闪长岩的人工重砂副矿物中出现白钨矿已得到证实。二是来源于矽卡岩中，其特点是含量高（一般均在 20 粒以上，100 余粒至 0.5g），分布也较集中，受北东方向下二叠统与华力西晚期酸性、中酸性侵入岩接触带控制，其扩散晕一般也呈北东方向分布，二者相吻合。故白钨矿是寻找矽卡岩及其有关矿产的重要标志。

（2）砂金矿物主要是来源于地层与侵入岩接触部位形成的矽卡岩型金矿床。

三、大安河金矿自然重砂矿物响应

大安河金矿自然重砂分布与矿化关系密切，反映出良好的时空分布规律和密切的成生关系。

（一）自然重砂的空间分布反映出矿化蚀变分带的规律

研究表明，异常的产出位置与矿化蚀变带的分布有密切关系。养路工区东沟金异常区（1 号异常），主要位于岩体内接触带-接触带附近，而埋汰沟白钨矿异常区（2 号异常）和马鞍山林场白钨矿异常区（3 号异常），则出现在岩体外接触带附近或较远区域，说明不同重砂矿物组合异常与不同矿化蚀变带有密切的成生关系。

（二）自然重砂异常特征反映出矿化特点

养路工区东沟金异常区（1 号异常），矿物组合为金、假象黄铁矿，次要为石榴子石、红柱石、铬铁矿、泡铋矿，位于岩体内接触带-接触带部位。而埋汰沟白钨矿异常区（2 号异常）和马鞍山林场白钨矿异常区（3 号异常），矿物组合为白钨矿、锆石、石榴子石、假象黄铁矿、锡石、辰砂，位于岩体外接触带附近或较远区域。上述异常在岩体内及周边不同部位出现各异的矿物组合，体现出岩浆活动在岩体的内接触带、外接触带及其外围不同类型矿化的结果。

（三）自然重砂矿物的空间特征体现出成矿模式和成矿潜力信息

大安河金矿的自然重砂异常特征，较好地体现了与岩浆作用有关的成矿信息，结合已有成矿规律研究结果推测，区内东北部的马鞍山林场白钨矿异常区（3 号异常）和地层与基—中酸性侵入岩的接触带，是矽卡岩型成矿有利的地段，有利于寻找新的矽卡岩和有关矿产。

（四）自然重砂矿物及其特征为原生矿的寻找指示了方向

大安河金矿是黑龙江省地质局区域地质测量队杨文福等人于1968～1969年，在铁力县幅（L-52-Ⅸ）进行1：20万区域地质调查时，通过重砂工作在大安河矿区发现并圈出金重砂异常区，并在报告中指出：据砂金磨圆度分析，金的搬运距离不大，其原生矿就在附近，建议今后进一步开展寻找岩金工作。后来工作中，在大安河河谷中下游发现长约1600m的金异常，继而找到砂金矿体，曾经开采出重量分别为37g和25g的块金，最终在大安上游找到了岩金矿体。这说明，自然重砂矿物及其特征可以为原生矿的寻找指示方向。

第十八节　黑龙江梧桐河砂金矿及其自然重砂异常响应

一、区域地质背景及矿床特征

（一）区域地质背景

梧桐河砂金矿床位于黑龙江省东北部，萝北县与鹤岗市交界部位。行政区划分属萝北县和鹤岗市管辖，是一个比较典型的河谷冲积型中型砂金矿。矿区位于佳木斯-兴凯地块鹤岗隆起的北部，地层简单、岩浆活动频繁、构造发育、矿产种类不多。

矿区内地层以古元古界黑龙江群和麻山群变质岩系及中生界上侏罗统和白垩系为主，新生界有上新统和上更新统及全新统。古元古界黑龙江群和麻山群，出露在矿区北部和东部，主要岩性为片岩、变粒岩、各类混合岩夹大理岩透镜体，是矿区内最古老的地层。这套古老的结晶片岩与混合岩夹碳酸盐岩的组合，构成了区内元古宙褶皱基底。中生界上侏罗统及白垩系，出露在矿区北部和东南部，主要岩性为砾岩、砂岩、粉砂岩、页岩夹薄煤层和中酸性、中基性、酸性火山岩及其火山碎屑岩，成为区内元古宙褶皱基底上的盖层。新生界第四系上更新统阶地堆积主要分布在梧桐河中、上游。松散堆积物主要有砂砾石、砾石、黏土粗砂、含砾粗砂并含朽木，厚度大于24m。第四系全新统河漫滩和现代河床堆积主要分布在梧桐河、都鲁河河谷中。主要松散堆积物有黏土、砂质黏土、含黏土砂砾及砂砾石等到，厚度3～10m。

岩浆岩是本区出露岩石的主体。有元古宙侵入旋回的黑云母混合花岗岩，主要分布在梧桐河主谷两侧，呈岩基状产出。华力西晚期侵入岩有黑云母花岗岩、斑状黑云母花岗岩和白岗质花岗岩，其大面积分布于测区西部，亦多呈岩基状产出，个别者呈岩株状产出。燕山晚期的花岗斑岩仅在矿区东部有零星分布，亦呈岩株状产出。脉岩类以闪长玢岩脉为主，其次还有花岗斑岩脉、花岗细晶岩脉、石英脉、伟晶岩脉等，其大多呈北西或北东向展布。

区域上褶皱构造和断裂构造均很发育。矿区北部的293.1高地复背斜是在平沟复背斜的西南翘起端，其展布方向为北东45°左右；五号山向斜是区处四方山林场复背斜的北西翼，其轴向亦为北东45°左右。沿梧桐河主谷发育的挤压破碎带是一个近南北向的断裂构造。沿老梧桐河下游与小梧桐河主谷发育的断裂和大光店至光头山断裂是区内发育较早的东西向断裂。

本区矿产发现的矿种主要是砂金。砂金矿主要赋存于梧桐河、都鲁河河谷中，至目前为止，在以上两水系中已各探明一个中型砂金矿床。

（二）区域成矿地质条件

矿区位于张广才岭、老爷岭中低山区的衔接部位，显示典型的侵蚀、剥蚀构造中低山地形及河谷镶嵌的地貌景观。区域一般山峰高度为海拔 300～700m，最高峰老白山在测区西部，其海拔高程为 1038.9m，山地起伏高度在 270～880m，具低—中起伏中低山地貌特征。矿区一般山峰高度为海拔 300～500m，最高山在老梧桐河上游，其海拔高程为 547m，山地起伏高度为 270～410m。镶嵌其中的河谷平原发育高度为海拔 150～300m，属于低海拔平坦平原。根据地貌成因、形态特征，地貌单元发育的海拔高度及切割程度等并结合区域地貌特点，将本区地貌单元划分为流水地貌、冻土地貌、侵蚀剥蚀构造地貌和人为地貌 4 种成因类型。河漫滩是砂金矿主要赋存地貌单元。新月形沙滩、河心滩、牛轭湖及现代河床底部也常有砂金赋存。

矿区内第四纪松散堆积物发育，按其成因有残积、坡积、洪积、冲积 4 种类型残积物，是构成山顶残积层的主要物质。坡积物是构成山坡坡积层、洪坡积裙的主要物质。洪积物是构成洪积扇、洪积堆、洪坡积裙的主要物质。冲积物是河漫滩、现代河床、新月形沙滩、河心滩的主要组成成分。本区河漫滩冲积层及洪积层、洪坡积层的形成时代为中全新世末期—晚全新世。与砂金有密切相关的为河漫滩冲积层。老梧桐河、东梧桐河、西梧桐河、小梧桐河及梧桐河主谷中的砂金物质均赋存于河漫滩冲积层下部的砂砾石中。冲积层厚 4～9m，具二元结构。下部河床相堆积主要由砂、沙砾石、含黏土砂砾、黏土砂砾等组成。上部河漫滩相堆积主要由黏土、砂质黏土、含砂砾黏土组成。

含金层特征：冲积相松散堆积物的基本特征及其变化规律就含金性来说，砂金多赋存于河床相沙砾石层中，其是本区的主要含金层。次要含金层为含黏土砂砾层。含黏土砂碎石层为一般含金层。而含砂砾黏土层为局部含金层。从钻孔资料看，砂砾石层的平均含金量比率是 71.67％；含黏土砂砾层的平均含金量比率是 24.01％；含黏土砂碎石层的平均含金比率是 4.17％；而含砂砾黏土层的平均含金量比率仅占 0.15％。以上含砂金层在三度空间上的赋存状态是不稳定的，相变是明显的。一般说来，河床相冲积砂砾层往往相变为含黏土砾石砂层或黏土砂砾层；河漫滩黏土层往往相变为含砂黏土层、含砾黏土层、含砂砾黏土层或砂质黏土层；含黏土砂碎石层则往往相变为黏土碎石或碎石黏土层。但是要把主要含金层和次要含金层视为一个基本含金层的话，其空间赋存状态则是很稳定的。

本区新构造运动表现明显，有以下几方面：梧桐河主谷中有一级阶地发育；老梧桐河南侧支谷中有新成谷形成，其下切深度达 1.8m；在兴农沟的东侧支谷中存在全新世断层，其切割了细谷河漫滩冲积层，垂直断距大于 6m。以上现象表明，第四纪初期本区有过整体上升运动，经一段稳定时期后，晚全新世又有差异断块升降运动。

梧桐河砂金矿赋存的地质背景是：大面积分布的花岗质岩石，如斑状黑云母花岗岩、黑云母花岗岩及混合花岗岩；呈俘虏体出露的古元古界变质岩系及广泛分布的中基中酸性火山岩、火山碎屑岩，根据区域地质资料记载，上述岩石除火山碎屑岩外，均不同程度含有自然金。这一多种岩石含金的地质条件给河谷砂金矿的形成、富集提供了丰富的物质基础，指明了砂金物质与矿床地质背景密切相关的广泛来源。对该矿床砂金物质供给量最多的可能是斑状黑云母花岗岩、混合花岗岩，其次为安山岩、变粒岩及各类混合岩。对于某一局部地段的砂金物质来源均与相应的地质背景密切相关。

（三）矿床特征

本矿床的 5 个矿段中，前 4 个矿段，即老梧桐河矿段、东梧桐河矿段、西梧桐河矿段和小梧桐河矿段为梧桐河上游主要支谷中的含矿地段，只有王家店矿段为梧桐河主谷的含矿地段。矿体多赋存在近河床的河漫滩平坦地段中。

在 5 个矿段中共发现和探明 29 条矿体，其中表内矿体 8 条。赋存于老梧桐河矿段矿体有 9 条，其中表内矿体 2 条；赋存于东梧桐河矿段者有 2 条，均为表外矿体；赋存于西梧桐河矿段者有 2 条，均为表外矿体；赋存于小梧桐河矿段者有 2 条，其中表内矿体 1 条；在王家店矿段中共圈定出 14 条矿体，其中表内矿体 5 条。这些表内矿体分布在梧桐河主谷中有 5 条（即王家店矿段者），分布于梧桐河的一级支谷中有 2 条（即老梧桐河矿段者），赋存于梧桐河二级支谷中有 1 条（即小梧桐河矿段者）。就其所获矿量来说，矿体主要是赋存在梧桐河的一、二级支谷中。

梧桐河砂金矿体均呈近水平带状，赋存于相应的河谷中，其走向基本与河谷延伸方向一致。矿体在剖面中呈层状。矿体走向方向上是向河谷下游倾斜的，其倾斜程度大体上与矿体赋存地段的相应坡降值相当。在平面上，矿体沿走向有膨缩尖灭、再现及分支复合现象。矿体形状简单、稳定，矿化具连续-间断特点。

矿体品位变化系数为84%～196%，为分布不均匀型；厚度变化系数为9%～41%，厚度变化很小；宽度变化系数为19%～85%，变化程度中等；含矿系数0.76%～0.92%，属矿化微间断的。因此，本矿床中的矿体具形状简单稳定，砂金组分分布不均匀，矿化微间断的特点。从整个矿体来说，赋存于支谷中的矿体品位较高，厚度偏大，矿化连续性也较好。对同一矿体来说，也是矿体的中上游部分品位较高、厚度偏大。矿体在横向上，一般是矿体中心部分品位较高，边缘部分品位较低。但赋存于"过采区"中的矿体则有相反的变化规律，这与矿体中心部位已被部分开采有关。

在本矿床河谷中所见基岩有斑状黑云母花岗岩、黑云母花岗岩、混合花岗岩及安山岩、安山玢岩、安山玄武岩。而以前三者为主，仅在局部地段可见后3种岩石。具体说，老梧桐河矿段以斑状黑云母花岗岩为主，可见安山岩和安山玢岩。东梧桐河矿段、小梧桐河矿段和王家店矿段均以混合花岗岩为主。安山玄武岩仅在东梧桐河上游的一些钻孔中可见到。各矿段基岩岩性、基岩风化程度都较相近。基岩表面风化程度都较高。

本矿床中的27条砂金矿体均赋存梧桐河主、支谷冲积平原（河漫滩）中，因而该矿床为冲积型河谷（河漫滩）砂金矿床。

按矿砂产出的自然条件及物质成分，可将矿砂分成：非浆结型黏土矿砂、非冻结型砂砾矿砂及冻结型黏土矿砂、冻结型砂砾矿砂等4种类型。在老梧桐河矿段中以上4种类型矿砂均有发育，而以非冻结型砂砾矿砂为主。在小梧桐河矿段以上4种矿砂亦均可见到，但以冻结型砂砾矿砂占绝对优势。王家店矿段及东梧桐河矿段则全为非冻结型矿砂，且以非冻结型砂砾矿砂为主。

砂金颗粒为金黄色，强金属光泽，形状多为不规则粒状、片状，还有棒状、针状、树枝状等。砂金颗粒平均粒径在0.46～0.91mm间。砂金颗粒表面粗糙、多孔、有麻坑。有的砂金颗粒为褐铁矿薄膜局部包裹而呈现出棕色斑点。砂金颗粒磨圆度低，多为棱角状、次棱角状；球度亦较低，多为偏圆体或长扁圆体。砂金成色较高。含金黄色720.1‰～873.1‰，含银126.9‰～276.9‰，并含微量铁、铜、钯。主要的老梧桐河、小梧桐河两矿段的砂金成色均在815.0‰～873.1‰之间。据电子探针分析成果，老梧桐河矿段砂金颗粒金成色可达941.1‰～999.3‰。在整个砂金矿赋存部位中，不同流域部位的砂金颗粒粒度及成色是不同的。总体来说，支谷者颗粒较粗，金成色较高，主谷者颗粒较细，金成色较低。因而在老梧桐河、东梧桐河和小梧桐河矿段中粒状金占优势，常见次生金-石英连生体。在王家店矿段中则以片状金为主。

二、区域自然重砂矿物及其组合异常特征

（一）区域自然重砂矿物

矿区及其周边区域发现有益重砂矿物有钛铁矿、锆石、金红石、独居石、曲晶石、白钨矿、金、铬铁矿、铬尖晶石、磷灰石、锐钛矿、白钛石、辰砂、褐帘石、磷钇矿、赤铁矿、黄铁矿、刚玉、萤石等20余种。其中以钛铁矿、锆石可见率最高，80%左右；其次为金红石、独居石，占30%～50%；而曲晶石、辰砂、褐帘石、磷钇矿在少数样品中可见，且含量较低；萤石、赤铁矿、刚玉仅在个别样品中见到，含量甚微；在地区分布上以铬尖晶石、白钨矿、金3种矿物比较集中，因而形成有益重砂矿物异常区。矿区及其周边区域主要自然重砂矿物含量分级见表1—14。

（二）自然重砂矿物的一般特征

梧桐河矿区及其周边区域自然重砂样品中，矿物呈现以下主要特征。

钛铁矿：铁黑色，板状或不规则粒状，不透明，半金属光泽，弱磁性或无磁性。最高含量11.48

表 1-14 梧桐河矿区及其周边区域主要自然重砂矿物含量分级表

序号	矿物名称	矿物含量分级		
		I	II	III
1	钛铁矿	1.1～5.0g	5.1～10.0g	>10.0g
2	锆石	0.1～0.2g	0.2～0.4g	>0.4g
3	金红石	0.021～0.04g	0.041～0.05g	>0.05g
4	自然金	1～5 粒	6～10 粒	>10 粒
5	独居石	0.01～0.1g	0.11～1.0g	>1.0g
6	铬尖晶石	11～20 粒	21～50 粒	>50 粒
7	白钨矿	11～30 粒	31～50 粒	>50 粒

～13.41g，一般 1～5g，最低含量几粒～1g，它们多分布在区域的西北部，都鲁河中上游麻山群和黑龙江群出露地区。

锆石：无色或浅黄、黄色、褐色，柱状或双锥晶体，金刚光泽或玻璃光泽，无磁性，断口不平坦或呈贝壳状。最低含量几粒至 100 余粒，一般 0.01～0.099g，最高 0.69～0.98g。主要分布在都鲁河中上游麻山群、黑龙江群出露区。

金红石：褐红色，针状或柱状，条痕为黄褐色，金刚光泽，透明—不透明，无磁性，解理完全。最低含量几粒至 100 余粒，一般 0.009～0.02g，最高 0.055g。主要分布在鸭蛋河—刚本山一带的麻山群及伟晶岩发育区。

铬尖晶石：咖啡色，等轴晶系，为八面体形，贝壳状断口，条痕褐色，磁性中等，为半透明到不透明。含量一般几粒至二十几粒，最高五十几粒。集中分布在都鲁河上游花泡附近松木河组中，基性火山岩区。

白钨矿：为浅黄色，正方晶系，八面体或板状晶体，断口不平坦，性脆，硬度 4.5～5，玻璃光泽到金刚光泽，无磁性，在紫外线照射下发浅蓝色光。最低含量 1 粒至几粒，一般十几粒至几十粒，最高 100 余粒。主要分布在大马河林场附近麻山群出露区。

自然金：呈金黄色，粒状、片状、板状及不规则状，粒径为 0.15～1mm，最大 1.5mm，断口参差，个别晶面不平坦有麻点，金属光泽，延展性极强。含量一般为 1～5 粒，最高 32 粒。主要分布在都鲁河中上游、梧桐河、细鳞河及小鹤立河地区。附近分布有麻山群、黑龙江群残留体及混合花岗岩和华力西晚期黑云母花岗岩、斜长花岗岩等。

（三）自然重砂异常特征

梧桐河矿区出现有 6 处金矿物异常，分别编为 1 号、2 号、3 号、4 号、5 号和 6 号，详见梧桐河地区区域地质矿产图（图 1-49）（因矿区范围较大，仅截取部分）。各异常特征如下：

1. 西梧桐河金异常区（3 号异常）

异常区位于西梧桐河上游，平面呈近似的椭圆形，北西—南东方向分布，面积约 18km²。

异常区内共采取样品 9 个，其中有 3 个样品见金，含量分别为 1 粒，4 粒和 6 粒。金呈金黄色，片状、条状、厚板状，直径一般为 0.3～1mm，最大 1.5mm。

伴生矿物有钛铁矿、锆石、金红石、白钨矿和锐钛矿。

异常区多分布元古宙混合花岗岩、华力西晚期花岗岩、麻山群西麻山组的变粒岩，并有伟晶岩、石英脉侵入。在花岗岩中采取人工重砂样品，其结果不含金。推测金的来源与混合花岗岩、变粒岩以及脉岩有关。异常的北西侧为西梧桐河矿段，其南东梧桐河主谷为王家店矿段。

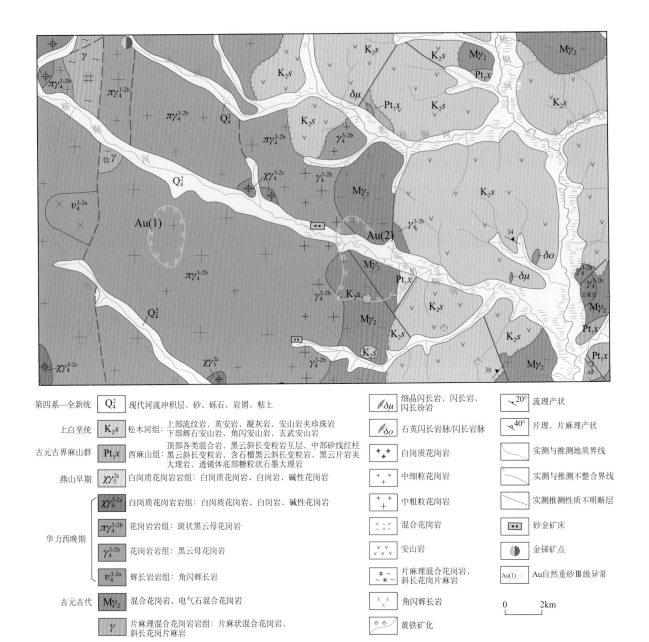

<table>
</table>

第四系—全新统	Q_4^2	现代河流冲积层、砂、砾石、岩屑、粘土
上白垩统	K_2s	松木河组：上部流纹岩、英安岩、凝灰岩、安山岩夹珍珠岩 下部辉石安山岩、角闪安山岩、玄武安山岩
古元古界麻山群	Pt_1x	西麻山组：顶部各类混合岩、黑云斜长变粒岩互层、中部矽线红柱 黑云斜长变粒岩、含石榴黑云斜长变粒岩、黑云片岩夹 大理岩、透镜体底部糖粒状石墨大理岩
燕山早期	$\chi\gamma_5^{2c}$	白岗质花岗岩岩组：白岗质花岗岩、白岗岩、碱性花岗岩
华力西晚期	$\chi\gamma_4^{3-2c}$	白岗质花岗岩岩组：白岗质花岗岩、白岗岩、碱性花岗岩
	$\pi\gamma_4^{3-2b}$	花岗岩岩组：斑状黑云母花岗岩
	γ_4^{3-2b}	花岗岩岩组：黑云母花岗岩
	ν_4^{3-2a}	辉长岩岩组：角闪辉长岩
古元古代	$M\gamma_2$	混合花岗岩、电气石混合花岗岩
	γ	片麻理混合花岗岩岩组：片麻状混合花岗岩、 斜长花岗岩片麻岩

图例（右列）：
- 细晶闪长岩、闪长岩、闪长玢岩 $\delta\mu$
- 石英闪长岩脉/闪长岩脉 δo
- 白岗质花岗岩
- 中细粒花岗岩
- 中粗粒花岗岩
- 混合花岗岩
- 安山岩
- 片麻理混合花岗岩、斜长花岗岩片麻岩
- 角闪辉长岩
- 黄铁矿化
- 流理产状 20°
- 片理、片麻理产状 40°
- 实测与推测地质界线
- 实测与推测不整合界线
- 实测推测性质不明断层
- 砂金矿床
- 金锑矿点
- Au(1) Au自然重砂Ⅲ级异常
- 0 2km

图 1-49 梧桐河地区区域地质矿产图

2. 筒子沟金异常区（5号异常）

异常区位于筒子沟中上游，平面呈不规则形，沿沟的两侧分布，面积约 28km²。

异常区内共采取样品 13 个，其中有 4 个样品见金，1 个样品含量 2 粒，其他 3 个样品均为 1 粒。金呈金黄色，多为不规则状，个别具板状或厚板状，直径 0.15～0.3mm。

伴生矿物有钛铁矿、锆石、石榴子石、锐钛矿和磷灰石等。

异常区广泛分布华力西晚期黑云母花岗岩。在黑云母花岗岩体中有花岗细晶岩、伟晶岩、闪长玢岩脉贯入，推测金与后来脉岩热液活动有关。

3. 十里河林场金异常区（6号异常）

异常区位于细鳞河支流上游，平面呈不规则形状，北西—南东方向分布，面积约 25km²。

异常区内共采取样品 4 个，其中有 3 个样品见金，含量均为 1 粒。金呈金黄色，粒状和不规则状，次棱角状，晶面上有麻点，直径 0.2～0.4mm。

异常区广泛分布华力西晚期黑云母花岗岩，局部有混合花岗岩捕房体，推测金与混合花岗岩和黑云母花岗岩的接触热液活动有关。

4. 农兴沟金异常区（1 号异常）

异常区位于梧桐河金厂旧址北 6km，平面呈近圆形，面积约 8km²。

异常区内共采取样品 10 个，其中有 4 个样品见金，含量一般 1～2 粒，最高 40 粒。

异常区分布有华力西晚期斑状黑云母花岗岩、元古宙片麻状混合花岗岩捕房体及古近系—新近系玄武岩，其中有伟晶岩脉和石英脉。推测砂金来源于伟晶岩脉和石英脉。

5. 大跃丰金异常区（2 号异常）

异常区位于大跃丰东北 4km 西梧桐河矿段的上游，平面呈椭圆形状，南北方向分布，面积约 6km。

异常区内共采取样品 6 个，其中有 3 个样品见金，含量均在 1～2 粒。

异常区分布有华力西晚期斑状花岗岩，其中有伟晶岩脉和石英脉。推测砂金来源于伟晶岩脉和石英脉。

6. 老白山金异常区（4 号异常）

异常区位于老白山东面的金沟，即大丰河的上游，平面呈长椭圆形状，北西—南东方向分布，面积约 11km²。

异常区内共采取样品 21 个，其中有 10 个样品见金，含量均在 1～2 粒。伴生矿物为白钨矿。

异常区分布有华力西晚期斑状花岗岩，其中有伟晶岩脉和石英脉。推测砂金来源于伟晶岩脉和石英脉。

三、梧桐河金矿自然重砂矿物响应

梧桐河金矿自然重砂分布与矿化关系密切，反映出良好的时空分布规律和密切的成生关系。

（一）自然重砂的空间分布与金矿的成生有密切关系

研究表明，异常的产出位置与矿体的分布有密切关系。西梧桐河大跃丰金异常区（2 号异常）下游为西梧桐河矿段，而西梧桐河金异常区（3 号异常）下游，即西梧桐河与梧桐河主谷交会处就是王家店矿段。说明重砂矿物组合异常与砂金矿的沉积富集，有着良好的时空分布规律和密切的成生关系。

（二）自然重砂矿物及其特征为金矿的寻找指示方向

梧桐河砂金矿区及其周围，自然重砂矿物的组合特征与存在的众多砂金异常，说明本区具有良好的金矿产的成生地质环境；也为今后砂金矿床及原生金矿床的寻找指示了方向。

第十九节　河北满汉土-小扣花营银矿床及其自然重砂异常特征

一、区域地质背景及矿床特征

（一）区域地质背景

河北满汉土-小扣花营银矿床位于河北省围场县。大地构造位置属内蒙古中部地槽褶皱带，三级构造单元为华力西晚期褶皱带棋盘山凹陷。乌龙沟-上黄旗构造岩浆岩带与康保-围场深断裂共同制约棋盘山火山机构的生成与发展，形成以张家口旋回和大北沟旋回为主体的中酸性火山-侵入岩浆活动。其上为中—新生界覆盖，其下为二叠系、元古宙化德群及新太古代单塔子群。（图 1-50）

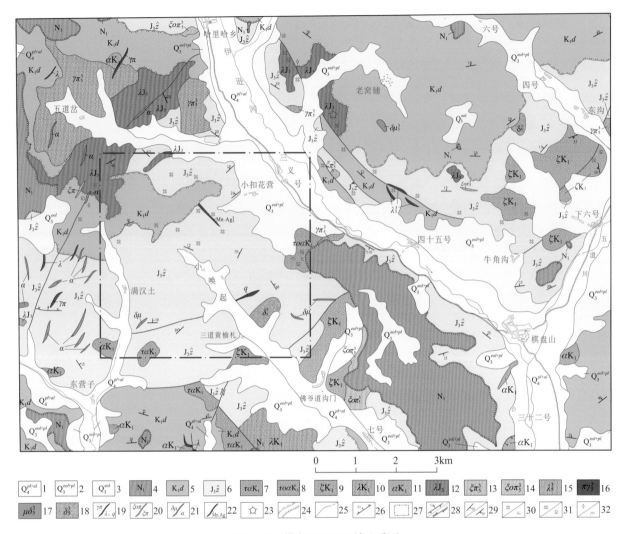

图 1-50　棋盘山地区区域地质图

1—洪冲积砂砾石；2—风积、洪积黄土及砂砾石；3—风积黄土；4—新近系玄武岩；5—早白垩世大北沟组；6—晚侏罗世张家口组；7—粗安岩；8—石英粗安岩；9—英安岩；10—流纹岩；11—安山岩；12—流纹岩；13—正长斑岩；14—石英正长斑岩；15—潜流纹岩；16—花岗斑岩；17—闪长玢岩；18—闪长岩；19—酸性岩脉；20—碱性岩脉；21—中性岩脉；22—锰银矿脉；23—火山口；24—喷发/不整合界线；25—地质界线；26—正断层；27—矿区范围；28—逆断层/平移断层；29—岩层产状、流面产状；30—硅化、沸石化；31—黄铁矿化/萤石矿化；32—碳酸盐化/叶蜡石化

棋盘山破火山构造平面上呈圆形，直径 32km 左右。由 7 个火山口和 5～6 个火山穹丘、火山凹陷构成，内部岩层产状以 5°～25°向中心倾斜。早白垩世地层呈短轴背、向斜和复式向斜形式分布。组成火山穹丘和火山坳陷的岩层则以缓斜外倾或内倾的形式出现。

（二）区域成矿地质条件

满汉土-小扣花营矿区位于棋盘山火山穹丘、中央火山塌陷与北西向区域断裂三者的交会部位。

区内出露地层以侏罗纪张家口组流纹质火山-火山碎屑岩、白垩纪大北沟组安山质-粗安质火山-火山碎屑岩为主，局部可见上覆新近系基性火山熔岩、火山碎屑岩。

区内岩浆岩以亚碱性—酸性为主，为燕山旋回产物，这些浅—超浅成侵入岩体主要分布在火山洼地边缘隆起区或洼地内部断裂带上。其中火山活动由早到晚，由弱—强—弱，构成一个完整的火山旋回。火山活动以强烈爆发、喷溢和大规模潜火山侵入为特征，产物复杂，火山岩包括流纹质凝灰岩、英安质凝灰岩、流纹岩、石英粗面岩、英安岩。火山岩堆积厚度达 6600m。侵入岩有花岗岩、花岗闪长岩、正长闪长玢岩、花岗斑岩、闪长玢岩、石英正长斑岩，多呈岩株状、筒状和不规则脉状产出。

产状随破火山及其配套构造的不同而异。

区内构造以火山构造为主，棋盘山破火山构造的南缘部分控制着矿床分布，是主要的导岩、导矿及贮矿构造。

（三）矿床特征

满汉土-小扣花营银矿床为一与中生代火山热液活动有关的热液充填型矿床，有用元素以锰、银为主，是突泉-翁牛特 Pb-Zn-Ag 成矿带（Ⅲ级）内具有代表性的典型锰银矿床。

锰银矿体位于棋盘山破火山环状断裂构造南西地段。赋矿地层为晚侏罗世张家口组和早白垩世大北沟组中酸性火山碎屑岩。矿体走向 320°～340°，倾向北东，倾角 55°～85°，被潜火山岩侵入的断裂所控制，呈平行斜列式含矿脉体群。矿体呈脉状、透镜状产出，据钻孔资料，矿体延深为 200 ～300m。

矿石的自然类型包括氧化矿石和原生矿石两种。根据其中有用矿物成分，矿石可分为氧化锰银矿石、硅化石英锰银矿石、铅锌硫化物银矿石及铅锌硫化物矿石。

矿石所含金属矿物主要包括：菱锰矿、硬锰矿、软锰矿、方铅矿、闪锌矿、自然银、辉银矿、含银黝铜矿、银金矿、螺状硫银矿等。

二、区域自然重砂矿物及其组合异常特征

（一）区域自然重砂矿物

满汉土-小扣花营银矿露头剥蚀条件较好，在矿区及其周边区域，自然重砂样品中可以检出萤石、重晶石、锰矿物、铅族矿物、铬铁矿等多种重矿物。

矿区重矿物的出现，受到地质体出露、矿化分布控制，空间分布呈现出显著的规律性变化。

在重砂样品中，锰矿物分布普遍，出现率一般为 20%～40%，明显与区内的锰矿化有关。铅族矿物出现率中等，为 1%～2.5%，分布局限，反映了热液矿化信息。银矿物的出现率极低，仅为 0.2‰左右，多见于已知矿点附近，是热液型矿床的重要指示标志。除此之外，铬铁矿是区内玄武岩重要组成矿物，黄铁矿是热液活动的产物，零星出现的钛石、独居石等则与酸性花岗岩体有关（表 1-15）。

表 1-15　小扣花营矿区及周边区域主要自然重砂矿物组成

序号	矿物名称	含量	序号	矿物名称	含量
1	萤石	1～20 粒	5	自然铅	1～5 粒
2	自然银	<5 粒	6	白铅矿	1～20 粒
3	重晶石	<5 粒	7	铬铁矿	1～10 粒
4	辰砂	<5 粒	8	锰矿物	1～100 粒

（二）自然重砂矿物的一般特征

据 1:5 万自然重砂测量，满汉土-小扣花营银矿区及周边区域样品主要重矿物呈以下特征。

萤石呈无色、紫色、块状、棱角状；自然银呈黑色，不规则状，有延展性；辰砂呈朱红色，粒状，棱角状；自然铅呈灰色，不规则状；白铅矿呈白色、白黄色、灰白色，粒状，棱角状；铬铁矿呈黑色，粒状，个别八面体，次滚圆到滚圆状；软锰矿呈黑色，块状、板状，扁平粒状，棱角—次棱角状。

本区除萤石、重晶石、铬铁矿的分布，多单独指向区内出露的相关地质体（矿化）外，锰-铅-银

矿物呈现出较好的相关性，其矿物组合的出现主要与火山热液型矿床有关。

（三）满汉土-小扣花营锰-铅-银矿物异常

满汉土-小扣花营地区重砂矿物的出现，明显受地质背景条件和矿化条件控制。萤石、重晶石、辰砂充分体现了中酸性火山热液活动；锰、铅、银矿物则明显与满汉土-小扣花营银矿化有关。

满汉土-小扣花营重砂异常面积约 $12km^2$，为铅族矿物、锰和自然银矿物组合异常。异常区边界与构成小扣花营汇水盆地的分水岭吻合。

异常矿物的分布，严格受小扣花营汇水盆地的控制，遵循自然降水的汇集规律，锰、铅、银矿物出现在具有矿化露头的分水岭一侧。异常与矿体的空间位置和矿石组构、成分特征关系密切，机械扩散晕长度通常为 1.5～2km。经异常检查证实，根据锰矿物含量达Ⅲ—Ⅳ级以上部位，经追索均可发现原生矿化（表 1-16）。

表 1-16　小扣花营矿区及周边区域主要自然重砂矿物含量分级

序号	矿物名称	Ⅰ	Ⅱ	Ⅲ	Ⅳ
1	萤石	21～50 粒	51～100 粒	>100 粒	
2	自然银	1～5 粒			
3	重晶石	21～50 粒	21～50 粒	>100 粒	
4	辰砂	1～5 粒	6～10 粒	11～20 粒	
5	铅族	1～10 粒	11～20 粒	21～50 粒	>50 粒
6	铬铁矿				
7	锰矿物	11～20 粒	21～50 粒	51～100 粒	>100 粒

锰矿物出现范围稳定，含量达Ⅲ—Ⅳ级以上的部位，经追索均可发现原生矿化，矿化强度、规模与断裂、节理的发育程度有关，根据异常特征寻找锰矿化具有明显效果。铅族以白铅矿为主，方铅矿次之，一般位于Ⅳ级以上含量样品的水系上游附近，均可见有原生矿化。

虽然从重砂样品的矿物组合来看，锰-铅矿物组合远多于锰-银矿物组合。但从矿物的物理化学稳定性推断，银矿物的稳定性相对较差，由矿体剥蚀后扩散范围有限；或是多以微细颗粒赋存于锰矿物孔隙中，故在自然重砂样品中出现的频率现对较低。

三、锰-铅-银矿物异常解释

根据有关资料研究，在华北地台北缘的火山热液充填型银矿床中，锰是银富集成矿良好的"催化剂"，在一定的火山岩浆热液和储矿条件下，银是可以与锰共同富集形成火山热液充填型锰银矿床。

这种锰-银富集规律，在小扣花营矿区的矿物组合中得到证实，亦是自然重砂样品中锰-铅-银矿物组合出现的原因。（图 1-51）

华北地台北缘以锰银共生方式存在的矿床主要包括山西小青沟锰银矿、河北涿鹿相广锰银矿、围场小扣花营锰银矿等。

应该注意到，在燕山地区这种（火山）岩浆热液型锰银（铅锌）矿多矿种共生是一种普遍存在的现象，在很多热液充填型铅锌（银）多金属矿床中，出现锰矿物的踪迹。例如丰宁东千佛寺蚂蚁坡铅锌矿的矿石矿物由软锰矿、硬锰矿、方铅矿、闪锌矿、自然银等矿物构成；闯王沟门铅锌矿的矿石类型为沿矿石裂纹被含 Pb、Zn、Ag、Cu 的硬锰矿充填等。

银是华北地台北缘重要的矿产资源之一，以锰-银矿物组合形式出现亦是华北地台北缘银的重要赋存方式之一。虽然并非所有的锰银矿物重砂组合异常都可以找到工业可以利用的矿产，但它可以给在一定的条件下寻找锰银矿产做出重要的提示。

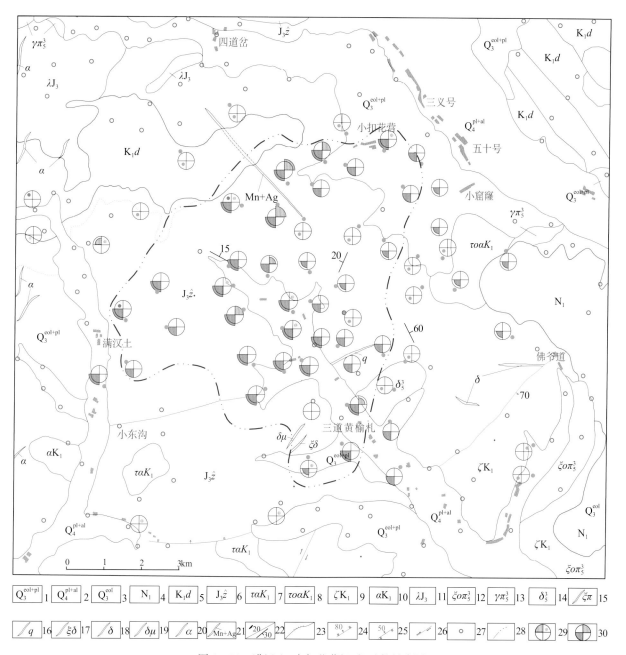

图 1-51 满汉土-小扣花营锰-银矿物异常图

1—洪冲积砂砾石；2—风积、洪积黄土及砂砾石；3—风积黄土；4—新近系玄武岩；5—早白垩世大北沟组；6—晚侏罗世张家口组；7—粗安岩；8—石英粗安岩；9—英安岩；10—安山岩；11—流纹岩；12—石英正长斑岩；13—花岗斑岩；14—闪长岩；15—正长斑岩脉；16—石英脉；17—正长闪长岩脉；18—闪长岩脉；19—闪长玢岩脉；20—安山岩脉；21—锰、银矿脉；22—地层产状；23—实测、不整合及推测地质界线；24—正断层；25—逆断层；26—平移断层；27—重砂采样点；28—重砂异常范围；29—Ⅱ级银矿物/Ⅰ级铅矿物异常采样点；30—Ⅳ级锰矿物/Ⅲ级铅矿物异常采样点

第二章 铁硼、锰硼矿床

第一节 辽宁翁泉沟铁硼矿及其自然重砂异常响应

一、区域地质背景及矿床特征

（一）区域地质背景

翁泉沟铁硼矿床属于华北陆块区胶东古陆块胶辽古裂谷的裂谷盆地相，海相火山沉积变质型翁泉沟式铁硼矿床。为20世纪70年代探明的特大型铁硼矿床，固体铁硼矿储量居亚洲第一位。

区内主要分布的地质单元有：太古宙变质岩系（鞍山岩群、太古宙变质深成岩）、古元古代辽河群层状变质岩系、新元古代陆源碎屑岩-碳酸盐岩建造、古生代陆源碎屑岩-碳酸盐岩建造、中生代火山岩建造-含煤碎屑岩建造。大面积分布有前造山基性岩、条痕状花岗岩、同造山二长花岗岩、后造山钾长花岗岩及基性岩。辽吉裂谷历经克拉通裂解—拼合固结演化阶段。由于内含金、银、铜、铅锌、硫、镁、铁、硼、滑石、岫玉等金属和非金属矿产资源，为国内外地质界所关注。

研究区地质构造特点为：前中生代，具基底和盖层双层结构特征。基底由太古宙变质岩系和古元古代变质岩系组成，盖层由中新元古代、古生代组成。始太古代至新太古代基底为胶东古陆块重要组成部分，始太古代至中太古代为古陆核形成发展重要阶段，新太古代具有弧盆系特征。变形特点表现为中深层次韧性变形，变形机制有伸展和收缩，前者构造样式为顺层韧性剪切带、顺层片理等构造组合，后者样式为褶皱和褶劈；古元古代至中元古代基底大地构造相隶属于裂谷盆地相，大陆边缘裂谷亚相。变形特点表现为中深层次韧性变形，变形机制早期为伸展，构造样式为顺层韧性剪切带、顺层片理等构造组合；晚期为收缩，构成辽东半岛近东西向山链，构造样式为同斜褶皱和褶劈；新元古代大地构造相隶属于前陆盆相、被动陆缘与陆表海相陆棚碎屑岩亚相（细河群），构造特点为抬升剥蚀；早古生代大地构造相隶属于陆表海盆地相，碳酸盐台地亚相，构造特点为抬升剥蚀；晚古生代大地构造相隶属于陆内盆地相，坳陷盆地亚相；中生代以来，构造属性转变为濒太平洋造山系，伴随郯庐断裂左旋剪切，形成一系列大小不一的北东和北西向断裂构造。侏罗纪为坳陷盆地亚相，白垩纪为断陷盆地亚相，构成陆内盆地相。其构造表现为中浅层次韧脆性变形和浅层次脆性变形。前者形成韧脆性滑脱构造（如辽南大型伸展滑脱构造），后者形成褶皱和不同方向的逆、正、走滑断裂构造。侏罗纪晚期，形成双重推覆构造，古生代地层逆冲侏罗纪含煤岩系之上。新生代构造特点为不均匀的升降运动，局部拉张，伴随基性火山喷发。

中生代以来的北东向、北西向、东西向断裂构造为区内最重要的控矿构造。

古元古代辽吉裂谷开张成近封闭海盆，海底火山喷气作用使海水中的铁质、硼质、硅质浓度增大，在火山间歇期适当物理化学条件下同沉积，伴随早元古代末期底辟上侵的片麻状二长花岗岩侵位，区域变质作用使硼-铁-硅-钙-镁变质成矿。

区域蚀变特征主要表现为，矿区内遭受的混合岩化区域变质作用较为常见，受到了广泛的绿片岩相-低角闪岩相变质作用（图2-1）。

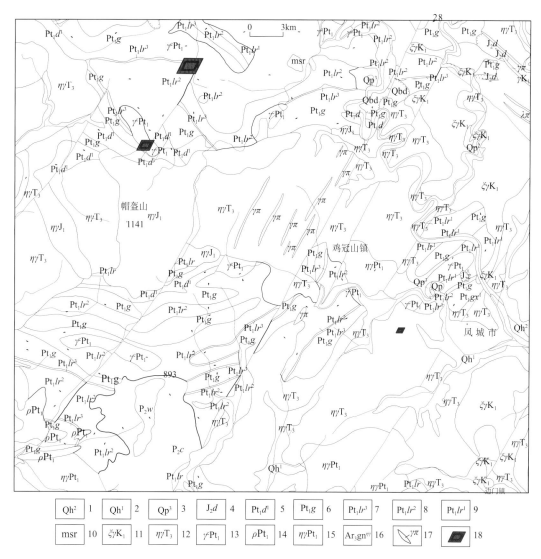

28

| Qh² | 1 | Qh¹ | 2 | Qp³ | 3 | J₂d | 4 | Pt₁d¹ | 5 | Pt₁g | 6 | Pt₁lr³ | 7 | Pt₁lr² | 8 | Pt₁lr¹ | 9 |
| msr | 10 | ξγK₁ | 11 | ηγT₃ | 12 | γ°Pt₁ | 13 | ρPt₁ | 14 | ηγPt₁ | 15 | Ar₃gnᵐ | 16 | γπ | 17 | ◆ | 18 |

图 2-1 翁泉沟地区区域地质图

1—全新统中亚统；2—全新统下亚统；3—上更新统；4—中侏罗统大堡组；5—辽河群大石桥组一段；6—辽河群高家峪
岩组；7—辽河群里尔峪（岩）组三段；8—辽河群里尔峪（岩）组二段；9—辽河群里尔峪（岩）组一段；10—太古宙变
质表壳岩；11—早白垩世中细粒正长花岗岩；12—晚三叠世中细粒二长花岗岩；13—古元古界中细粒条痕状花岗杂
岩；14—古元古界伟晶岩；15—古元古界中细粒黑云二长花岗岩；16—新太古界二长花岗质片麻岩；17—花岗斑岩脉；
18—硼矿产地

（二）区域成矿地质条件

翁泉沟地区主要出露古元古界辽河群里尔峪组、高家峪组、大石桥组和盖县组，其中里尔峪组最为发育，赋存铁、硼矿体。侏罗系零星不整合于辽河群变质岩系之上。第四系砂砾石堆积不发育，多沿沟谷带状展布，出露厚度 475～1910m。

古元古界辽河群里尔峪岩组层位稳定，变质程度较高，以普遍含硼为特点，所以称为含硼建造。里尔峪岩组岩石组合以各类变粒岩为主，主要是角闪黑云变粒岩、黑云变粒岩、黑云电气变粒岩、电气变粒岩、角闪透辉变粒岩。

翁泉沟矿区由于受多期变质变形构造运动的影响，使本区构造形迹比较复杂。

褶皱构造：区域褶皱构造主要为东西向褶皱构造。以翁泉沟复背斜、教家屯-北艾家堡子背斜、南艾家堡子背斜、朱家堡子-蔡家堡背斜为代表。

翁泉沟典型矿床矿区内褶皱构造主要为翁泉沟向斜，是区域上翁泉沟复背斜的一部分。为一个南

85

翼缓，北翼陡，东端仰起的向斜。褶皱轴向近东西，长约 4.5km；向斜西端被大荒沟断裂带破坏，成为马蹄形。核部地层为里尔峪组二段。两翼为里尔峪组一段。该向斜控制了本区铁硼矿体的分布。

断裂构造：区内大部分断裂构造都发生在铁硼矿形成之后，故对矿体都有一定破坏作用。

翁泉沟铁硼典型矿床矿区出露岩浆岩主要为条痕状花岗岩（条痕状混合岩）及安山岩、辉绿玢岩、流纹岩、伟晶岩、花岗斑岩、石英正长斑岩、闪长岩、辉石闪长岩、煌斑岩和石英脉等脉岩。

条痕状花岗岩，岩石片麻理明显，分布于含硼岩系的底部，由于其年代久远，与辽河群地层同时发生了变质和变形，使其片麻理与地层产状基本一致。该花岗岩体主要出露于翁泉沟复背斜的核部，多与里尔峪组接触，与含硼岩系相互位置关系密切，有时也与高家峪组、大石桥组直接接触。该岩体虽然与含硼岩系位置关系密切，但我们认为以其为直接产物的构造岩浆活动，为含硼岩系变质作用提供了热动力，岩浆热液和变质热液又为硼矿的局部进一步富集提供了介质。

另外，区内还有年代较新的岩浆岩大面积分布于本区南部，以酸性花岗岩为主，中酸性花岗闪长岩次之；此外，还有安山岩、辉绿玢岩、流纹岩、伟晶岩、花岗斑岩、石英正长斑岩、闪长岩、辉石闪长岩、煌斑岩和石英脉等脉岩穿切地层，这些岩脉充填于成矿后断裂构造中，与铁硼矿无成因联系，有的破坏铁硼矿体。

（三）矿床特征

本区铁硼矿体赋存于里尔峪组下部变粒岩段之中，呈层状、扁豆状产出。矿体因受断层切割，造成重复和拉开。重复者，矿体突然加厚，重复出现；拉开者，造成无矿窗（业家沟矿段）。从而使矿体形态变得较复杂。

翁泉沟矿区铁硼矿体赋存于翁泉沟向斜构造中，矿体产状严格受向斜构造所控制，由于向斜东端翘起，平面上矿体呈一马蹄形环带，展布于蔡家沟、东台子、翁泉沟、业家沟、周家大院等地。

矿体呈北东—南西向分布，倾角变化较大，一般浅部较陡，深部较缓，靠近向斜核部矿体近水平，并有波状起伏（100m 标高附近）。根据矿体分布地理位置，结合矿体产出状态，可将翁泉沟矿区划分成 5 个部分，即蔡家沟矿段、翁泉沟矿段、业家沟矿段、周家大院矿段和 1 个核心部位。

翁泉沟矿段位于本区的翁泉沟地区，是翁泉沟向斜的南翼东段，也是翁泉沟铁硼典型矿床重点研究的矿段。它是翁泉沟铁硼矿区的主矿体，规模较大，呈层状、似层状产出。矿体地表走向呈东西向展布，沿矿体走向、倾向厚度变化较大，矿体倾向 340°～350°，倾角 70°～80°。此段矿体为本区陡倾斜的矿体。长约 700m，最大厚度 156m，平均厚度约 45m。赋存于−50～494m 标高之间。

矿石的矿物成分比较简单，主要矿石矿物有：金属氧化物中的磁铁矿，硼酸盐类矿物中的硼镁铁矿、纤维硼镁石、板状硼镁石和遂安石。脉石矿物主要有蛇纹石、金云母和斜硅镁石等，伴生少量或微量的黄铁矿、磁黄铁矿和黄铜矿等硫化矿物。

矿体与围岩的接触关系：二者呈整合接触关系，硼矿体均赋存于辽河群里尔峪岩组下部的变粒岩段中，严格受层位控制，在硼矿体周围皆有厚度不等的构造蚀变岩（金云母岩、透闪石岩、电气石岩、金云透闪岩等），在平面图上呈环状包裹着硼矿体。电气石不易风化被保存在细砂中。

由于本区铁、硼紧密共生，除各类铁矿石中含有不等量的硼组分外，铁矿石中尚夹有无铁的硼矿夹层。其矿石类型属于硼镁石型，该类矿石的矿石矿物为硼镁石，脉石矿物主要为蛇纹石及不等量的金云母。其中硼镁石多为粗大的板状硼镁石及少量的遂安石，并且几乎全部为纤维硼镁石所交代。

翁泉沟铁硼矿床中，铁、硼矿紧密共生，形成统一矿体。矿石中 TFe 和 B_2O_3 两种组分密切共生，有时呈正相关关系。

二、硼矿相关的自然重砂矿物

（一）电气石自然重砂含量分级

选择Ⅲ级（1680.0）以上颗数值作为异常（表 2-1）。

表 2‑1 电气石自然重砂含量分级表

级别	值域/颗	累积频率/%
Ⅰ	1.0～560.0	≤60.11
Ⅱ	560.0～1680.0	60.11～69.12
Ⅲ	1680.0～5753.0	69.12～77.03
Ⅳ	5753.0～14800.0	77.03～84.73
Ⅴ	≥14800.0	≥84.73

（二）电气石自然重砂异常

在 B1 号电气石自然重砂Ⅰ级异常中，包含有凤城市翁泉沟特大型硼矿床、凤城市弟兄山‑四门子乡中型硼矿床，里尔峪组发育，电气石异常点含量较高且连续（图 2‑2）。

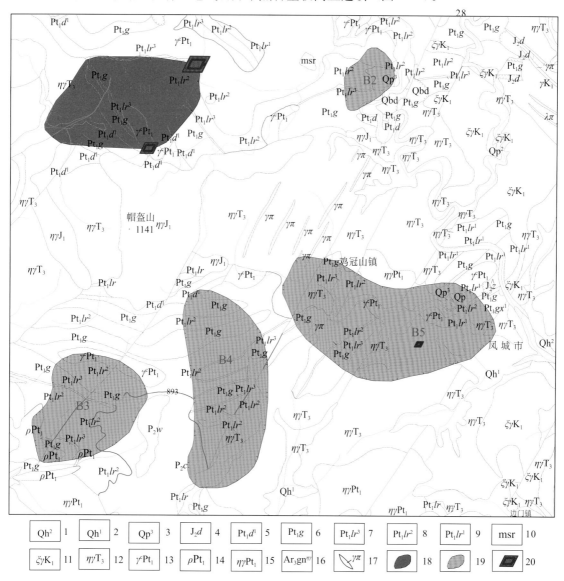

图 2‑2 翁泉沟地区电气石自然重砂异常图

1—全新统中亚统；2—全新统下亚统；3—上更新统；4—中侏罗统大堡组；5—辽河群大石桥组一段；6—辽河群高家峪岩组；7—辽河群里尔峪（岩）组三段；8—辽河群里尔峪（岩）组二段；9—辽河群里尔峪（岩）组一段；10—太古宙变质表壳岩；11—早白亚世中细粒正长花岗岩；12—晚三叠世中细粒二长花岗岩；13—古元古界中细粒条痕状花岗杂岩；14—古元古界伟晶岩；15—古元古界中细粒黑云二长花岗岩；16—新太古界二长花岗质片麻岩；17—花岗斑岩脉；18—电气石自然重砂Ⅰ级异常及编号；19—电气石自然重砂Ⅱ级异常及编号；20—硼矿产地

（三）翁泉沟地区硼矿自然重砂矿物响应

在翁泉沟地区内有硼矿床（点）3个，包括凤城市翁泉沟特大型硼矿床，凤城市弟兄山-四门子乡中型硼矿床，凤城市二台子硼矿点，其周围都有电气石自然重砂响应。

（四）自然重砂异常对矿化的指示作用

硼矿体均赋存于辽河群里尔峪岩组下部的变粒岩段中，严格受层位控制，在硼矿体周围皆有厚度不等的构造蚀变岩（金云母岩、透闪石岩、电气石岩、金云透闪岩等），在平面图上呈环状包裹着硼矿体，电气石不易风化被保存在细砂中。电气石自然重砂对寻找硼矿含矿建造效果较好。

第二节　天津蓟县锰硼矿自然重砂与地球化学区域找矿效果

蓟县位于天津市北部，地处燕山南麓与华北平原的交接地带，为中低山丘陵和山间盆地，是国家地质公园和中、新元古界剖面所在地，其锰硼矿以发现世界罕见的锰方硼石矿床而受到关注。在区域上，锰硼矿从西向东延伸，分别跨越北京市平谷区、天津市蓟县、河北省迁西县、卢龙县、青龙县，含矿岩层断续延伸200km左右，主要由中、小型锰硼矿床（点）组成，这些矿床以锰方硼石矿石和菱锰矿矿石为主。锰、硼主要来源于串岭沟-大红峪期的海底火山喷发活动，在宁静、滞留、微弱缺氧环境中沉积，形成海相沉积型锰硼矿（范德廉等，1994；肖荣阁等，2002）。

关于锰硼矿床的研究要追溯至20世纪50年代，天津市与河北省数家地质单位曾在蓟县一带进行过详细的锰硼矿调查工作，并取得了一些初步认识和研究成果。1953年原华北地质局在坝尺峪-东水厂一带进行槽探工程，初步确定了锰矿层位，并认为是原生沉积矿床；1955年申庆荣研究认为该地区锰矿床为震旦纪高于庄期海相沉积矿床，称之为"蓟县式"锰矿；1957年原河北省综合普查大队调查认为应在震旦纪高于庄期海侵区的近岸找矿；1975年河北省地质局十队在前干涧和东水厂地区锰矿点开展工作，研究认为东水厂锰硼矿选矿效果好，在选矿过程中发现锰方硼石新矿物，并认为蓟县东水厂矿区找矿远景可观（姚培慧，1995）。2011年，天津市地质调查研究院与中国地质大学（北京）共同合作，从矿物学的角度深入研究该地区罕见的新型矿物锰方硼石的特征与综合利用，又再一次掀起了蓟县地区锰硼矿的研究热潮。

一、区域地质背景及矿床特征

（一）区域地质背景

蓟县南部地区绝大部分被第四系覆盖，古老岩系仅在蓟县北部出露，面积约640km²，其中以中、新元古界长城系、蓟县系和青白口系为主，太古宇遵化岩群及下古生界仅零星分布。长城系主要以白云岩类岩性为主，顶部高于庄组以含锰页岩为主；蓟县系主要以白云岩类岩性为主，含有灰岩、砂岩、页岩夹层；青白口系主要岩性为灰岩、砂岩、泥岩、页岩互层（图2-3）。大地构造位置处于一级构造单元华北陆块、二级单元晋冀古陆块、三级构造单元燕辽裂陷带、四级单元燕山裂谷。区内岩浆活动比较强烈，规模较大，分布较广，活动时代以印支期为主。出露的侵入岩体主要有4个，分别是盘山花岗岩体、石臼花岗岩体、朱耳峪正长岩体和别山正长斑岩体等。其中以盘山花岗岩体的规模最大，已发现的隐伏岩体主要有2个，分别是大保安镇花岗岩体、马伸桥霞石正长岩体。这些侵入岩体侵入时代均为印支期（陈一笠，1991，1993）。成矿区带属于三级成矿区带华北陆块北缘东段铁铜钼铅锌银锰磷煤膨润土成矿带、四级成矿单元燕辽铜钼铅锌银金铁锰磷煤成矿亚带、五级成矿区平谷-蓟县钨钼铜金锰磷成矿区。

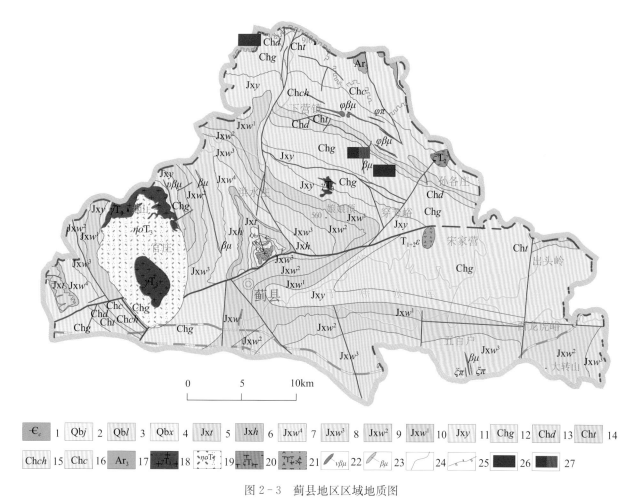

图 2-3 蓟县地区区域地质图

1—寒武系昌平组；2—青白口系景儿峪组；3—青白口系龙山组；4—青白口系下马岭组；5—蓟县系铁岭组；6—蓟县系洪水庄组；7—蓟县系雾迷山组四段；8—蓟县系雾迷山组三段；9—蓟县系雾迷山组二段；10—蓟县系雾迷山组一段；11—蓟县系杨庄组；12—长城系高于庄组；13—长城系大红峪组；14—长城系团山子组；15—长城系串岭沟组；16—长城系常州沟组；17—新太古代片麻岩；18—花岗岩；19—含斑石英二长岩；20—正长岩；21—霞石正长岩；22—钠质辉绿岩脉；23—辉绿岩脉；24—地质界线；25—断层；26—锰矿；27—锰硼矿

（二）区域成矿地质条件

蓟县地区锰硼矿主要位于下营镇前干涧—穿芳峪乡东水厂—罗庄子乡坝尺峪一带，主要为海相沉积型锰硼矿，也有人认为是层控改造型锰硼矿（肖成东等，2007）。主要出露地层为中、新元古界长城系常州沟组、串岭沟组、团山子组、大红峪组、高于庄组和蓟县系杨庄组、雾迷山组，其岩性主要是砂砾岩、粉砂质页岩、白云岩、石英砂岩、粗面岩、灰质白云岩。含矿地层主要为长城系高于庄组的含锰页岩地层，串岭沟组与大红峪组的火山喷发岩地层与锰硼矿成矿关系也比较密切。锰硼矿主要含矿建造沉积特征自下而上为：灰色、黑灰色薄层含锰白云质粉砂岩，含锰粉砂白云质页岩和含泥含锰粉砂白云岩，细水平层理比较发育，沿层理面和节理可见到似巢状构造；中部为灰黑色、褐黑色薄层—中厚层含锰粉砂白云岩、含锰粉砂泥质白云岩，岩层中细水平层理发育，风化后在层面或节理面上，可见到似巢状构造；上部为薄层、薄片状细砂岩，粉砂岩夹薄层状含锰粉砂质白云岩。

（三）矿床特征

目前发现有前干涧锰矿床、东水厂锰硼矿床、坝尺峪锰矿化点 3 处矿产地（图 2-4）。

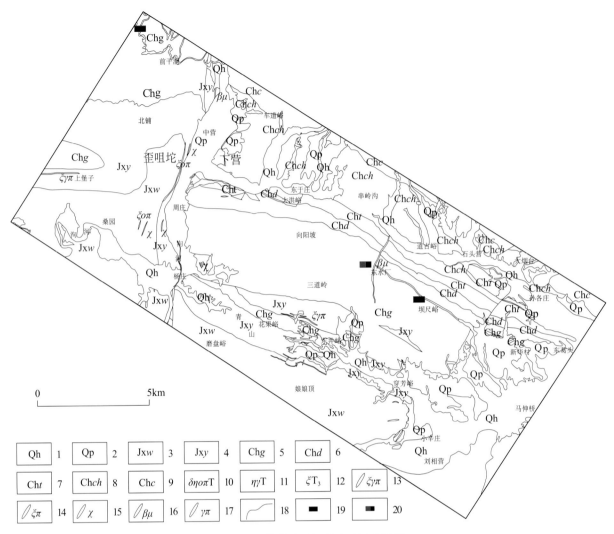

图2-4 蓟县地区锰硼矿矿区地质图

1—第四系全新统；2—第四系更新统；3—蓟县系雾迷山组；4—蓟县系杨庄组；5—长城系高于庄组；6—长城系大红峪组；7—长城系团山子组；8—长城系串岭沟组；9—长城系常州沟组；10—三叠纪石英二长闪长斑岩；11—三叠纪二长花岗岩；12—晚三叠世正长岩；13—碱长花岗斑岩脉；14—正长斑岩脉；15—煌斑岩脉；16—辉绿岩脉；17—花岗斑岩脉；18—地质界线；19—锰矿；20—锰硼矿

前干涧锰矿床位于下营镇北西约6km，海相沉积型锰矿，二层矿为主，主要产于长城系高于庄组三段，矿体透镜状、似层状，围岩蚀变为碳酸盐化，矿石矿物成分主要为菱锰矿、硬锰矿、软锰矿，含锰平均品位为27.05%。目前来说前干涧锰矿床为普查程度，研究程度较低。

东水厂锰硼矿床位于穿芳峪乡东水厂村一带，由于发现了世界罕见的锰方硼石而著称。含矿带近东西向展布，含矿层产状与围岩一致，含矿层内发育四层矿，上部第一、二层矿为主矿层，下部第三、四层矿厚度小，连续性差，无工业意义。第一、二层矿平均间距为2m，矿体沿矿层断续排列，致密块状富矿体呈扁豆状、饼状、串珠状、不规则团块状和沿倾斜方向延伸的筒状。第一层矿下盘，第二层矿上、下盘，普遍存在菱锰矿和锰方硼石矿物，或呈散点状，或富集而呈层状、小透镜状、不规则团块状、囊状，其厚度为0.20~0.50m，含B_2O_3 1~5%，Mn 8%~15%，构成贫矿层，由此显得矿层形态稳定连续。矿区为一单斜构造，褶皱不发育，矿区内发育一条厚为30~40cm的闪长岩脉，岩脉岩枝发育（姚培慧，1995）。矿石矿物主要为菱锰矿、锰方硼石，其次为黄铁矿及微量赤铁矿、黄铜矿。矿石类型主要为氧化矿石和原生矿石两种，以原生矿石为主。矿石原生带主要为半自形—自形粒状结构、他形粒状变晶结构、隐晶结构、溶蚀交代残余结构等；氧化带主要为次生交代残余结构、网状结构、晶架状结构等（范德廉等，1994）。

坝尺峪锰矿化点位于穿芳峪北东约3km，沉积型锰矿，二层矿为主，最多可达七层，矿体透镜状、似层状，发育碳酸盐化，矿石矿物成分主要为菱锰矿、硬锰矿、软锰矿。

二、区域自然重砂矿物与元素地球化学异常特征

（一）区域自然重砂矿物异常

在蓟县地区锰硼矿矿区的自然重砂矿物中，共检出4处软锰矿，含量分别为175、372、260、30（单位：粒/30kg）。根据检出矿物，以及汇水盆地，并结合地质矿产特征，在锰硼矿矿区圈出1处自然重砂异常。该异常主要分布在天津市与北京市交界的蓟县前干涧附近，面积约7.96km²，出露地层主要为长城系高于庄组的含锰页岩，以及含硅质条带与叠层石的白云岩，该处现已发现前干涧小型海相沉积型锰矿床（图2-5）。

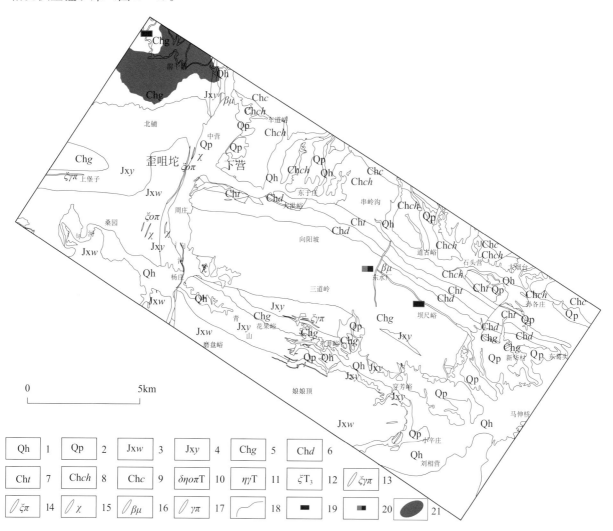

图2-5　蓟县地区锰硼矿矿区软锰矿自然重砂异常图

1—第四系全新统；2—第四系更新统；3—蓟县系雾迷山组；4—蓟县系杨庄组；5—长城系高于庄组；6—长城系大红峪组；7—长城系团山子组；8—长城系串岭沟组；9—长城系常州沟组；10—三叠纪石英二长闪长岩；11—三叠纪二长花岗岩；12—晚三叠世正长岩；13—碱长花岗斑岩脉；14—正长斑岩脉；15—煌斑岩脉；16—辉绿岩脉；17—花岗斑岩脉；18—地质界线；19—锰矿；20—锰硼矿；21—软锰矿自然重砂异常

（二）区域地球化学异常

在蓟县地区，Mn元素质量分数最高值是其背景值的40余倍，平均值是其背景值的10多倍，B

元素质量分数最高值是其背景值的近 10 倍。变异系数是成矿能力的定量指标，Mn 元素变异系数较高，其变异系数达到了 2.5，表明其成矿能力较好（表 2-2）。

表 2-2　蓟县地区锰、硼元素质量分数特征

	最小值	最大值	中位值	平均值	变异系数	背景值
w (Mn) /%	0.09	42.9	0.6	1.19	2.5	0.10
w (B) /10^{-6}	11	490	66	83.54	0.67	54

注：数据来源于蓟县地区 1：5 万水系沉积物测量数据，数据个数为 2469 条。

利用蓟县地区锰硼矿矿区内 1：5 万水系沉积物地球化学测量数据（表 2-3），绘制锰硼矿矿区锰元素和硼元素地球化学异常图（图 2-6、图 2-7）。异常下限确定的方法是将数据从小到大排序，取 85%频数值作为异常下限值。采用 95.5%和 98%的频数值将异常划分为弱、中、强三级浓度分带。其中，内带为 98%的累频值，用黑红色面表示；中带为 95.5%的累频值，用红色面表示；外带为 85%的累频值，用橙色面表示。

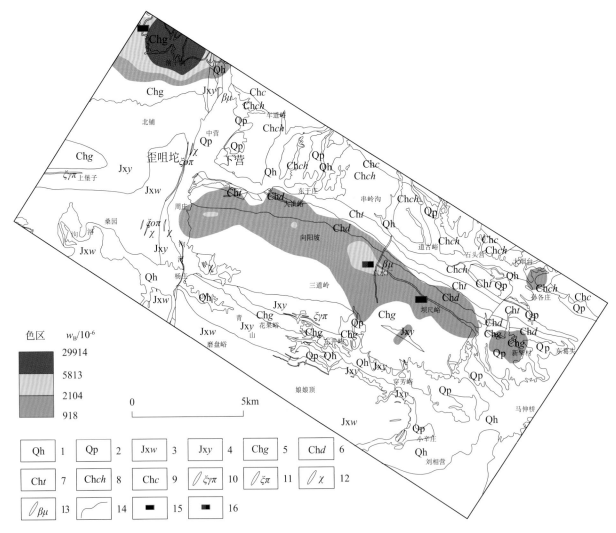

图 2-6　蓟县地区锰硼矿矿区锰元素地球化学异常图

1—第四系全新统；2—第四系更新统；3—蓟县系雾迷山组；4—蓟县系杨庄组；5—长城系高于庄组；6—长城系大红峪组；7—长城系团山子组；8—长城系串岭沟组；9—长城系常州沟组；10—碱长花岗斑岩脉；11—正长斑岩脉；12—煌斑岩脉；13—辉绿岩脉；14—地质界线；15—锰矿；16—锰硼矿

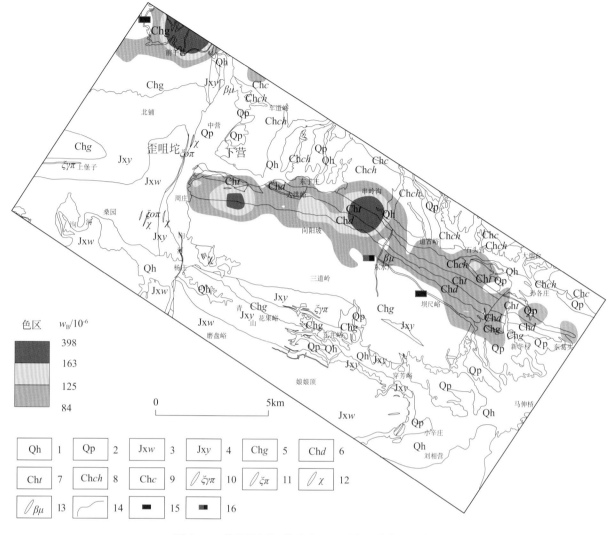

色区 $w_B/10^{-6}$

▓	398
	163
	125
▒	84

0   5km

Qh	1	Qp	2	Jxw	3	Jxy	4	Chg	5	Chd	6
Cht	7	Chch	8	Chc	9	⟋ζγπ	10	⟋ξπ	11	⟋χ	12
⟋βμ	13		14	▬	15	▬	16				

图 2-7 蓟县地区锰硼矿矿区硼元素地球化学异常图

1—第四系全新统；2—第四系更新统；3—蓟县系雾迷山组；4—蓟县系杨庄组；5—长城系高于庄组；6—长城系大红峪
组；7—长城系团山子组；8—长城系串岭沟组；9—长城系常州沟组；10—碱长花岗斑岩脉；11—正长斑岩脉；
12—煌斑岩脉；13—辉绿岩脉；14—地质界线；15—锰矿；16—锰硼矿

从图 2-6、图 2-7 可以看出：锰、硼元素地球化学异常无论是展布形态，还是分布的地理位置，均比较相近，表明其在锰硼矿矿区内相互共生或伴生。锰、硼元素地球化学异常主要分布在下营镇前干涧（称为前干涧异常）和穿芳峪乡东水厂一带（称为东水厂异常）。前干涧异常形态规则，在天津境限内未封闭，向西北和东北方向延伸至北京市平谷区界内，锰、硼元素异常均具有三级浓度分带，异常区内地层主要为长城系高于庄组。东水厂异常以东水厂为中心向北西-南东向延伸呈带状分布，锰元素异常具有二级浓度分带，硼元素异常具有三级浓度分带，浓集中心主要分布在东水厂附近，异常区内地层主要为长城系高于庄组。

锰、硼元素质量分数异常下限分别为 0.09％和 $84×10^{-6}$。在前干涧异常中，锰和硼元素质量分数异常平均值分别为 1.17％和 $202.06×10^{-6}$，质量分数异常最大值分别为 4.29％和 $301×10^{-6}$，异常点数分别为 23 和 16，异常面积分别为 37.64 km² 和 15.50 km²。在东水厂异常中，锰和硼元素质量分数异常平均值分别为 0.25％和 $166.62×10^{-6}$，质量分数异常最大值分别为 1.28％和 $490×10^{-6}$，异常点数分别为 67 和 93，异常面积分别为 102.29km² 和 100.72 km²（见表 2-3）。

表 2 - 3　蓟县地区锰硼矿矿区锰、硼元素地球化学异常外带参数

异常名称	质量分数异常下限	质量分数异常平均值	质量分数异常最大值	异常点数	异常面积/km²
前干涧	0.09/84	1.17/ 202.06	4.29/ 301	23/ 16	37.64/ 15.50
东水厂	0.09/84	0.25/ 166.62	1.28/ 490	67/93	102.29/ 100.72

注：①锰质量分数单位为％，硼质量分数单位为10⁻⁶；②各参数值顺序为锰/硼。

三、区域自然重砂与地球化学找矿效果

自然重砂找矿方法是从矿物学角度来寻找相应矿床的母源，地球化学找矿方法是研究对应或相关元素的富集来寻找矿床，二者从不同侧面来反映揭示地质体在区域上的含矿性。

通过对蓟县地区锰硼矿矿区自然重砂矿物和地球化学测量数据的分析研究可以看出，所圈出的自然重砂异常和地球化学异常能直接指示相应地质体的含矿性；并通过对比研究发现，特定矿物的自然重砂异常和相应元素地球化学异常在某些区域分布上比较吻合，二者均可以发挥它们的找矿指示作用。

从自然重砂矿物异常和地球化学异常来看：①蓟县地区锰硼矿矿区前干涧（前干涧异常）和东水厂—坝尺峪（东水厂异常）一带是寻找锰硼矿的有利区域；②长城系高于庄组是寻找海相沉积型锰硼矿的有利地层，尤其是前干涧和东水厂异常区内高于庄组含锰粉砂质白云岩、含锰粉砂泥质白云岩、含锰粉砂白云质页岩地层；③在现有发现的前干涧锰矿床、东水厂锰硼矿床、坝尺峪锰矿点矿区及其附近就矿找矿，也是寻找锰硼矿床的有利区域。

第三章　铜矿床

第一节　甘肃白银厂铜多金属矿床及其
自然重砂异常特征

该类矿床包括白银厂的折腰山铜矿、火焰山铜矿、石青硐多金属矿及小铁山含铜多金属矿床，其成矿特征相近（图 3-1）。赋矿地层为寒武系黑茨沟组下亚组三岩段，为一套海相火山-沉积岩系，总体走向为北西-南东，倾向南西。岩石组合为细碧石英角斑岩，主要岩性有角斑岩、石英角斑岩及相应的火山碎屑岩、热水沉积岩、正常沉积岩等。

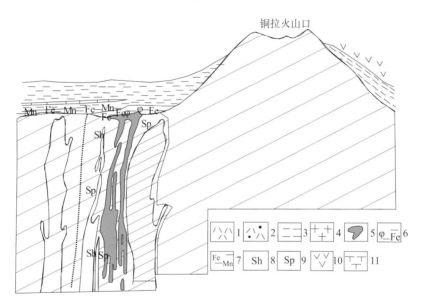

图 3-1　白银厂式小铁山铜多金属矿床成矿模型图

（据西安地质矿产研究所，1994）

1—酸性粗火山碎屑岩；2—酸性细火山碎屑岩；3—凝灰质千枚岩、千枚岩夹灰岩；4—石英钠长斑岩；5—矿体；6—重晶石岩和含铁硅质岩；7—铁锰硅质岩、铁锰结核；8—绿泥石化体；9—绢云母硅化带；10—中性火山岩（角斑岩）；11—钠长斑岩

在酸性火山作用的晚期，随着超浅成次火山岩相石英钠长斑岩的喷出之后，下渗海水被火山喷发后的浅部岩浆房（1700～1900m 深处）的减压作用吸进岩浆房，经加热并与晚期富含成矿物质的岩浆热液流体混合；在高温高压下，与岩浆房中之岩浆岩反应；萃取成矿物质形成成矿热液流体，并被泵送沿着控制火山喷口斜坡的继承性成岩断裂系统向上喷流，再继续萃取喷流系统周围火山岩中的成矿物质；当喷流至喷流口时，随着热流体的降温减压作用，在低氧逸度的碱性或弱碱性还原环境中，水岩界面上沉淀出大量成矿元素形成矿体，同时对周围火山岩的热蚀变作用形成蚀变岩筒。

由于火山喷口斜坡继承性成岩断裂系统喷流热流体的温度、盐度和水岩比值比沿火山喷发通道继承性断裂系统低，因此在小铁山地区形成了 Pb-Zn-Cu 型矿床。

一、成矿背景

该矿区位于白银市，地理坐标为东经：104°00′—104°20′，北纬：36°30′—36°42′。

（一）地质矿产特征

该矿区位于祁连褶皱系北祁连褶皱带内，该区为一复式背斜构造。出露地层为以下古生界海底火山喷发沉积及海相碎屑沉积岩为主。赋矿岩系为寒武纪—奥陶纪细碧角斑岩、碱性玄武岩，局部安山岩建造。局部矿化与次火山岩有关。矿田有加里东期花岗岩、花岗闪长岩侵入。NE、NW向断裂构造发育，围岩蚀变强烈，主要发育有黄铁矿化、绢云母化、硅化、重晶石化。

（二）物探、化探、遥感特征

该矿区处于高 Fe_2O_3、Mn、Na_2O、CaO、SiO_2 的成矿地球化学环境中，发育有成矿元素 Cu、Pb、Zn、Ag 及伴生组合 Cd、As、Sb、Hg、Au、Bi、Mo、U 等异常。就 Ag 异常而言，属于不规则片带状异常，面积达 $200km^2$，峰值为 $798×10^{-9}$。成矿元素 Cu、Pb、Zn、Ag 与伴生组合异常叠合，在赋矿地段伴生组合强度明显增强；赋矿地段均处于异常内带，其规模仅 $50km^2$，而整个矿田晕范围达 $100km^2$ 以上，受火山喷发中心及次火山机构影响，异常元素呈同心环状，Cu、Zn、Pb、Ag 居内带，Cd、Hg 为中带，Au、As 为外带。

二、矿床特征

该矿区由折腰山多金属矿、火焰山多金属矿、小铁山多金属矿、四个多金属矿床及其他矿化点组成。成因类型为中温火山-热液型。矿石矿物有黄铁矿、黄铜矿、方铅矿、闪锌矿，次生矿物主要是辉铜矿、铜蓝、褐铁矿。围岩蚀变为硅化、绢云母化、绿泥石化及重晶石化。

三、自然重砂异常特征

矿区出现自然重砂有益矿物有：白铅矿、白钨矿、孔雀石、褐铁矿、重晶石矿物（图3-2）。重晶石重砂异常在矿田内反映出受海底喷发火山岩中 Ba 物质影响，在整个矿田外形呈环状包围形态。

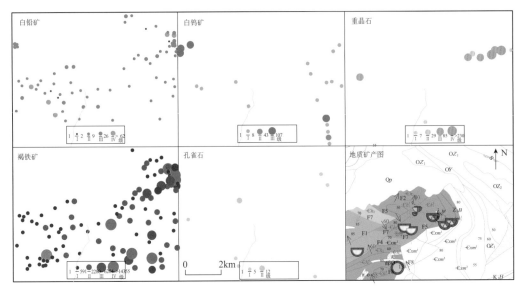

图3-2 白银厂地区自然重砂剖析示意图

该矿区的自然重砂矿物组合为白铅矿-褐铁矿-孔雀石-重晶石。

第二节　河北寿王坟铜矿及其周边自然重砂矿物异常响应

一、区域地质背景及矿床特征

（一）区域地质背景

寿王坟铜矿床位于河北省承德市，其大地构造位置属燕山台褶带兴隆坳陷的中部。该矿床的主要成矿元素为 Cu-Fe-Mo，其铜、铁分别达到中型规模，钼为小型规模，矿床形成受区域性东西向断裂及寿王坟破火山口构造共同控制（图3-3）。

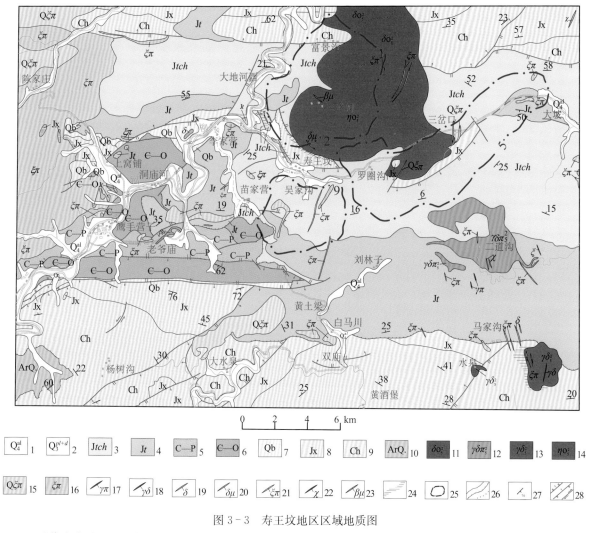

图3-3　寿王坟地区区域地质图

1—现代沙砾石层；2—更新世亚砂土、亚黏土；3—侏罗系土城子组；4—侏罗系髫髻山组；5—石炭系—二叠系；6—寒武系—奥陶系；7—青白口系；8—蓟县系；9—长城系；10—太古宙迁西岩群；11—石英闪长岩；12—花岗闪长斑岩；13—花岗闪长岩；14—石英二长岩；15—石英正长斑岩；16—正长斑岩；17—花岗斑岩；18—花岗闪长岩脉；19—闪长岩脉；20—闪长玢岩脉；21—正长斑岩脉；22—煌斑岩脉；23—辉绿岩脉；24—矽卡岩化；25—自然重砂矿物异常；26—实测/不整合/岩性界线；27—岩层产状；28—正/逆/平移断层寿王坟破火山口由中生代火山岩组成，其平面上呈椭圆形，北北东向延伸，长轴19km，短轴11km，处在东西向断裂与北东向断裂交错切割部位。周围有环状断裂围绕并有放射状断裂产出，在卫星照片上显示为清晰的环形构造。破火山口的围岩由中元古宇、古生界碳酸盐岩及砂页岩组成。其南部岩相带发育齐全，由一套中生代火山-沉积岩系组成，岩层整体向中心倾斜，靠近中心倾角变缓，在15°左右，边缘则在30°上下。断裂构造十分发育，且分布零乱，主要以陡倾斜（70°左右）正断层为主，破碎带一般宽度不大，常见石英正长斑岩、闪长玢岩等岩脉充填。

矿区内发育石英二长岩和石英闪长岩，石英二长岩呈圆筒状侵入于火山口穹窿中部的石英闪长岩中。寿王坟铜矿主要产在石英二长岩与中元古代雾迷山组接触带上。

（二）区域成矿地质条件

寿王坟铜矿区内出露地层主要包括中元古代长城纪高于庄组、蓟县纪雾迷山组、侏罗纪髫髻山组及土城子组等。雾迷山组以燧石条带白云岩夹钙质白云岩、角砾状白云岩为主，呈半环状分布于寿王坟杂岩体南西边缘，厚度大于700m。髫髻山组为一套河湖相碎屑岩建造，主要由砾岩、砂岩、粉砂岩组成，局部夹凝灰质砂岩及泥岩透镜体。土城子组为一套火山-沉积岩系，以粉砂岩、砂岩、砾岩为主，夹有流纹质玻屑凝灰岩、英安质岩屑凝灰岩。

矿区构造主要为区域性东西向断裂与北西向断裂，寿王坟杂岩体位于两者交会部位附近。东西向断裂走向70°～100°，为高角度逆断层，是本区规模最大、切割较深、活动时间最长的一组断裂。北东向断裂走向为20°～40°，为一组切割东西向断裂的逆断层。

矿区内寿王坟岩体西南缘发育环状和辐射状断裂，前者呈弧形围绕岩体展布，为逆断层，断层面倾向南及西南，倾角70°；后者出现在岩体外接触带，为张性断裂，断面平直，倾角大于70°，多为岩脉所充填。

矿区褶皱构造表现为一系列轴向呈北西向的背、向斜，其中以岩体边部的倒转背斜最重要，褶皱轴为向西凸起的弧形，断续延长6km以上。背斜向南倒转，轴面倾角40°，核部出露地层为中元古宇雾迷山组，翼部为侏罗系髫髻山组及土城子组。

矿区侵入岩体为寿王坟杂岩体，是晚侏罗世火山旋回产物。岩体平面呈葫芦形，南北长11km，东西宽6～9km，出露面积约为70km²。整个岩体南北两部分为石英二长岩，中间为石英闪长岩。南部石英二长岩分异较好，相带明显。其中心相为花岗岩，过渡相—边缘相为石英二长岩。自边部到中心，正长石、石英有规律增加，斜长石减少。石英二长岩与岩体中部的石英闪长岩为侵入接触，石英二长岩中可见石英闪长岩的捕虏体。

寿王坟岩体南部的石英二长岩侵入中元古代雾迷山组燧石条带白云岩及侏罗纪髫髻山组和土城子组砂岩、砾岩、凝灰岩。接触面向围岩方向倾斜，倾角在70°以上。岩体与白云岩接触产生矽卡岩化、大理岩化蚀变；与页岩、凝灰岩接触则形成角岩化、次生石英岩化蚀变。

寿王坟岩体的侵入是整个寿王坟破火山口岩浆活动的一个组成部分。寿王坟破火山口的岩浆活动是多阶段、复杂和变化较大的。构成从火山爆发—溢流—次火山活动—中深成岩浆侵入完整的火山旋回，最终形成寿王坟杂岩体。

（三）矿床特征

矿体赋存于寿王坟岩体西南部石英二长岩与蓟县纪雾迷山组燧石条带白云岩接触带及距接触带200m以内的白云岩中。含矿带走向由西向东为北北西—北西—北西西向变化，呈弧形向西南凸出。总体倾向为南西，倾角60°～80°，长约3.5km，宽20～200m。

矿床由40余大小不一，形态各异的铜、钼、铁矿体组成，矿体形态、产状受接触带产状控制，呈透镜状、扁豆状、囊状产出。矿体长度400～600m，厚6～10m，延深可达500m。

铁、铜矿体主要赋存于矽卡岩带内，钼矿体主要赋存于接触带岩体一侧，铅锌矿体则多呈脉状赋存于接触带外侧的燧石条带白云岩中。

矿石主要有用金属矿物有黄铜矿、黄铁矿、磁黄铁矿、辉铜矿、方铅矿、闪锌矿、磁铁矿、赤铁矿、孔雀石、蓝铜矿、褐铁矿等。

矿石主要有用组分中，铜平均品位 1.03%，铁平均品位 33.07%，钼平均品位 0.174%。

二、区域自然重砂矿物及其组合异常特征

（一）区域自然重砂矿物

寿王坟矿区矿体露头剥蚀条件较好，在矿区及其周边区域，自然重砂样品中可以检出金、银、雄黄、辰砂、铋族矿物、辉钼矿、铜族矿物、铅族矿物、黄铁矿、白钨矿、闪锌矿、菱铁矿、黑稀金矿、锆石、曲晶石、钛石等 40 余种矿物。其中，金、银矿物出现率较低，而黄铁矿、白钨矿出现率较高（表 3-1）；铜族矿物、铅族矿物明显呈现出与矿化露头关系密切。

表 3-1　寿王坟矿区及周边区域主要自然重砂矿物含量分级

序号	矿物名称	Ⅰ	Ⅱ	Ⅲ	Ⅳ
1	自然金	1～5 粒	6～10 粒	11～20 粒	>20 粒
2	雄黄	1～5 粒	6～10 粒	11～20 粒	>20 粒
3	辰砂	1～5 粒	6～10 粒	11～20 粒	>20 粒
4	铋族矿物	1～10 粒	11～50 粒	51～100 粒	>100 粒
5	辉钼矿	1～10 粒	11～50 粒	51～100 粒	>100 粒
6	铜族矿物	1～10 粒	11～50 粒	51～100 粒	>100 粒
7	铅族矿物	1～10 粒	11～50 粒	51～100 粒	>100 粒
8	白钨矿	21～50 粒	51～100 粒	>100 粒	
9	黄铁矿	21～50 粒	51～100 粒	>100 粒	

铜族矿物：孔雀石，铜蓝，黄铜矿，斑铜矿。

铅族矿物：自然铅，方铅矿，块辉铅铋银矿，黄铅矿，白铅矿，钼铅矿。

铋族矿物：泡铋矿，碲铋矿。

白钨矿，黄铁矿：含量较高，将大于 100 粒/20kg 划为Ⅲ级。

（二）自然重砂矿物的一般特征

在寿王坟矿区及其周边区域自然重砂样品中，矿物呈现以下主要特征。

自然金：一般与辰砂、铅族矿物、铜族矿物伴生，主要分布在寿王坟杂岩体的外围，多与中低温热液型多金属硫化物矿床有关。

自然银：矿物呈银白色，具延展性。伴生矿物以辰砂和铅族矿物为主，次为黄铁矿、重晶石、白钨矿等。出现样品均为已知多金属硫化物矿点附近。

雄黄和辰砂：两种矿物零星分布，矿物含量多在 1～5 粒之间。

铋族矿物：包括碲铋矿和泡铋矿。多出现在寿王坟杂岩体及其周边、酸性岩脉出露区，与黄铁矿、磷灰石、锆石、铜族矿物、铅族矿物相伴生。

辉钼矿：与铋族矿物伴生，集中出现在矿区西北部的寿王坟杂岩体出露区。

铜族矿物：包括孔雀石、铜蓝、黄铜矿和斑铜矿。伴生矿物为黄铁矿、铅族矿物、辰砂、辉钼矿、泡铋矿等。与已知金属硫化物矿化点关系密切。

铅族矿物：包括自然铅、方铅矿、块辉铅铋银矿、钼铅矿、黄铅矿、白铅矿等。主要与黄铁矿、辰砂、铜族矿物相伴生，其分布空间除铜族矿物出现区域外，亦出现在距离岩体出露较远的区域。

黄铁矿：出现率较高，可达全部样品的 53% 以上。主要与铜、铅族矿物伴生。另外，在石炭纪地层出露区，亦有出现，推测为沉积型黄铁矿。

白钨矿：出现较为普遍，伴生矿物主要有锆石、磷灰石、榍石、金红石、铋族矿物以及铅族矿物、铜族矿物。在不同样品中，白钨矿粒度小而均匀，一般在 0.05~0.2mm 之间，大部分为 0.05~0.15mm，推测主要为中酸性侵入岩的副矿物。

总之，铜族矿物、铅族矿物及部分黄铁矿主要分布在侏罗纪火山盆地边缘及燕山期中酸性侵入体附近；寿王坟杂岩体内部则以白钨矿、磷灰石、铋族矿物为主；辰砂和雄黄矿物零星出现。

（三）自然重砂矿物异常

寿王坟矿区出现有 3 个组合矿物综合异常（据河北省自然重砂研究报告，分别为 2 号、9 号和 5 号），以寿王坟铜矿床为中心，呈品字形分布（图 3-4）。各综合异常表现出不同的矿物组合特征。

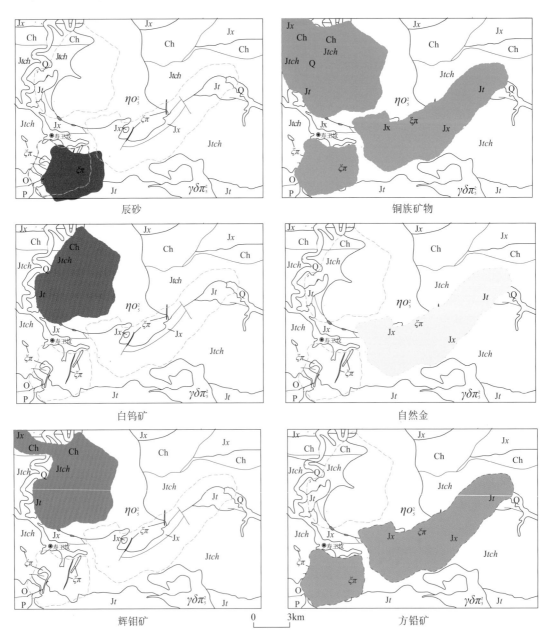

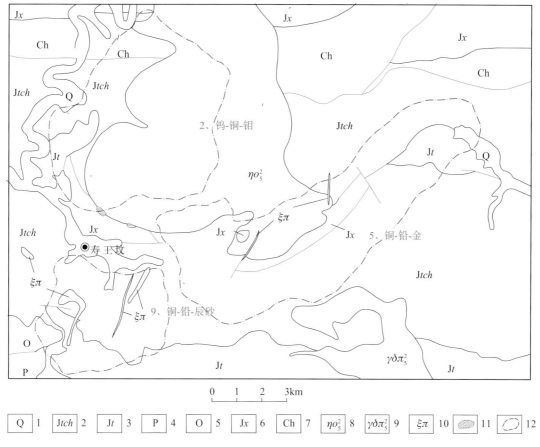

图 3-4 寿王坟自然重砂矿物异常剖析图

1—第四纪堆积；2—侏罗系土城子组；3—侏罗系髫髻山组；4—二叠系；5—奥陶系；6—蓟县系；7—长城系；8—石英
二长岩；9—花岗闪长玢岩；10—正长斑岩；11—铜-钼矿床；12—自然重砂综合异常

1. 钨-铜-钼矿物异常（2号异常）

异常区平面呈不规则圆形，直径约7km，面积在40km²左右。异常区大部分位于寿王坟杂岩体出露区，西部元古宙雾迷山组碳酸盐岩、侏罗纪土城子组火山碎屑岩与岩体构成广泛的接触带。异常主要由白钨矿、泡铋矿、铜族矿物和铅族矿物构成。白钨矿异常样品中，矿物呈乳白色，油脂光泽，不规则粒状，晶面具有细纹，粒径为0.05～0.2mm。有近四分之一的样品中出现泡铋矿，矿物呈灰绿色不规则粒状，松脂光泽，粒径为0.2～0.4mm。

铜族矿物和铅族矿物异常含量多为Ⅰ级，Ⅱ、Ⅲ级少见。铜族矿物以黄铜矿为主，次为孔雀石。铅族矿物除原生方铅矿外，尚可见白铅矿、磷氯铅矿等次生矿物。

辰砂为血红色细粒；辉钼矿呈银白色或黑色鳞片状，强金属光泽，粒径0.2～0.5mm。

矿物在异常区内的出现空间显示：白钨矿的出现以东部为主；西北、西南部的岩体与围岩的接触带附近黄铁矿、铜族、辉钼矿呈弧形分布。

2. 铜-铅-辰砂矿物异常（9号异常）

异常区近似方形，边长约4km，面积在17km²左右。异常区位于寿王坟杂岩体南侧，侏罗纪火山盆地北侧边缘。局部可见奥陶纪灰岩出露，其上不整合覆盖由侏罗纪火山碎屑岩、安山岩及沉积碎屑岩组成的缓倾斜地层。断裂构造发育，岩浆活动后期石英正长斑岩、石英脉充填较多。异常主要由辰砂、铜族矿物和铅族矿物构成。在所有样品中，四分之一的样品见有辰砂，含量皆为Ⅰ级，仅苗家营东沟附近出现19粒/20kg的高含量样品。辰砂呈朱红色，金刚光泽，不规则粒状，硬度低，粒径一般为0.03～0.2mm。

铜族矿物主要为黄铜矿，矿物呈铜黄色，强金属光泽，硬度较低，条痕呈黄色，粒度在0.1～

0.5mm。铅族矿物与黄铁矿、辉钼矿、雄黄、重晶石相伴，分布于异常区。

3. 铜-铅-金矿物异常（5号异常）

异常区呈条带状北东向展布，北东窄而南西宽，长达 16km，面积约 45km²。异常区位于寿王坟杂岩体东南侧，少量出露长城系高于庄组白云岩和蓟县系雾迷山组燧石条带白云岩，大面积覆盖以火山碎屑岩为主的侏罗纪火山沉积地层。异常主要由金矿物、铜族矿物和铅族矿物构成。异常区内大约三分之一重砂的样品中可以见到铜族矿物和铅族矿物。金矿物则在个别样品中出现。

区内主要伴生矿物有白钨矿、黄铁矿、锆石、磷灰石、重晶石及辰砂、雄黄、辉钼矿等。

三、寿王坟铜矿自然重砂异常响应

寿王坟铜矿自然重砂分布与矿化关系密切，反映出良好的时空分布规律和密切的成生关系。

（一）自然重砂的空间分布反映出岩浆热液活动规律

研究表明，3 个异常的产出位置各有差异。钨-铜-钼矿物为主的矿物组合（2 号异常）位于岩体内接触带附近，铜-铅-辰砂矿物组合（9 号异常）产在岩体南侧的外接触带，铜-铅-金矿物组合（5号异常）出现在岩体外接触带附近及较远区域。表明随距岩体距离的增加，矿物的生成温度呈现出由相对高温向中低温的规律性变化，其自然重砂异常矿物组合：钨、铜、钼→铜、铅、辰砂→铜、铅、金的变化规律。这一特点与本矿床的成矿模式研究结果相吻合，在同一岩浆活动引起的成矿作用中，自岩体内部向围岩方向的不同部位依次形成不同的矿种和矿化类型（表 3－2）：

斑岩型 → 矽卡岩型 → 热液脉型

（内带为主）（近接触带）（远接触带）

表 3－2　燕山地区钼、铜、铁、铅、锌、金矿产分带

	矿　床	岩　体	内接触带	外接触带	围　岩
矿床类型	斑岩型	▨	▨		
	接触交代型		▨	▨	▨
	热液型	▨			▨
成矿组分	钼	▨	▨	▨	
	铜	▨	▨	▨	
	铁		▨	▨	
	锌			▨	
	铅锌	▨			▨
	金银			▨	

▨ 重要　　▨ 次要　　▬ 少见

（二）自然重砂异常特征反映矿化特点

寿王坟杂岩体的东侧和南侧的铜、铅锌、金矿，与岩浆热液交代形成矽卡岩型矿化有关，中部的 Cu-Mo 矿化与斑岩型矿化有关。自然重砂异常在杂岩体内及周边不同的部位出现各异的矿物组合，体现出一次岩浆活动在岩体的内接触带、外接触带及其外围不同类型矿化的结果。

（三）自然重砂矿物的空间分布蕴含着成矿潜力信息

寿王坟铜矿区的自然重砂异常特征较好地体现了与岩浆作用有关的成矿信息，结合已有成矿规律研究结果推测，寿王坟岩体的顶部、内外接触带是斑岩型和矽卡岩型成矿有利地段，有利于进一步寻找有关矿床。

第三节　山西刁泉银铜矿自然重砂特征及其成矿意义

一、区域地质背景及矿床特征

（一）区域地质背景

刁泉矿床位于华北地台燕山沉降带和山西台背斜的接壤部位，区域上为一中生代断陷火山盆地。区内出露地层主要为五台群石嘴亚群，是一套中浅变质的碎屑岩、中酸性火山岩建造，其次为长城系高于庄组白云岩以及蓟县系雾迷山组碳酸盐岩，青白口系景儿峪组紫红色铁质燧石角砾岩夹透镜状紫红色含铁质石英砂岩，寒武系碎屑岩、碳酸盐岩等。矿床所在区域由古老变质基底和沉积盖层两个构造层组成，基底构造主要表现为五台群的强烈褶皱，呈 NE—NEE 向，是紧闭不协调状多期多级叠加褶皱；盖层产状平缓，褶皱构造不发育，以不均衡升降活动形成的断裂构造为主。断裂构造主要发育 NE 向和 NW 向两组，呈张性、压性和扭性特征，显示了构造活动的多期性和继承性（周利霞等，1997）。

区内岩浆活动强烈，以五台期和燕山期为主。五台期有广泛而强烈的火山和岩浆侵入活动，形成五台群变质火山岩系和片麻状石英闪长岩、片麻状花岗岩等侵入体。吕梁期岩浆活动较弱，主要为一些沿 NW 向断裂构造带发育的辉绿岩脉。燕山期又有强烈的岩浆活动，受 NE 向和 NW 向断裂控制，形成太白维山、塔地等火山盆地，并伴生强烈的中浅成、超浅成、次火山岩浆侵入活动，形成一系列基性—酸性小岩株、复式小侵入体和脉岩。在太白维山、塔地等一定范围内分布有基性—酸性火山岩及火山碎屑岩层（周利霞和唐耀林，1997）。

（二）矿区地质特征

矿区内出露地层有青白口系景儿峪组紫红色燧石角砾岩和紫红色铁质石英砂岩，夹铁矿透镜体。寒武系的含砾石英砂岩、紫色页岩、薄层粉砂质泥质白云岩、结晶灰岩、厚层鲕状灰岩、竹叶状灰岩、中厚层泥晶灰岩等，分布在矿区北部、东部。奥陶系由泥晶灰岩、竹叶状灰岩、含燧石结核灰岩、薄层泥质白云岩、白云质灰岩等组成，主要分布在矿区西部。中上寒武统泥质白云岩、条带状灰岩和下奥陶统冶里组、亮甲山组泥晶灰岩、细晶白云岩，中奥陶统马家沟组角砾状灰岩，是刁泉复式岩体的围岩，亦是银铜矿体的直接围岩之一。在接触带附近，岩石多大理岩化，部分矽卡岩化。

矿区内，褶皱构造不发育，侏罗纪—白垩纪期间以断裂构造为主，主要有 NE 向和 NW 向两组。这两组断裂大体呈等间距分布，构成网格状构造轮廓。两组断裂构造交会复合处是中生代陆相火山岩活动和银铜多金属矿化的密集区。刁泉复式岩体就受刁泉断裂和小彦-枪头岭断裂的控制。岩体接触带及周边的环状和放射状断裂控制了矿体和后期岩脉的分布（图 3-5）。即刁泉银铜矿床严格受接触带构造控制，矿化产在接触带附近，矿体主要赋存在接触带、破碎带、层间剥离构造等叠加或复合部位。

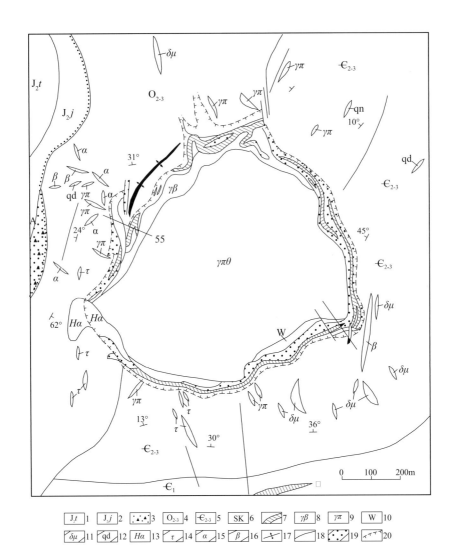

| J_2t 1 | J_2j 2 | ▲▲▲ 3 | O_{2-3} 4 | $\in_{2-3}$ 5 | SK 6 | ⬚ 7 | $\gamma\beta$ 8 | $\gamma\pi$ 9 | W 10 |
| $\delta\mu$ 11 | qd 12 | $H\alpha$ 13 | τ 14 | α 15 | β 16 | ⤬ 17 | ⟋ 18 | ⬚ 19 | ⤳ 20 |

图 3-5　刁泉矿区地质略图

1—中侏罗世凝灰角砾岩夹流纹质熔岩；2—中侏罗世安山质角砾岩及凝灰岩；3—石灰岩质凝灰角砾岩；4—中、上奥陶统大理岩；5—中、上寒武统大理岩；6—矽卡岩；7—矿体及矿化带；8—黑云母石英二长岩；9—花岗斑岩；10—辉长岩；11—闪长玢岩脉；12—石英安山岩；13—角闪安山岩；14—细晶岩脉；15—煌斑岩脉；16—粗粒玄武岩；17—背斜轴；18—断裂；19—破碎带；20—推测岩层边界或环形断裂

　　矿区内岩浆活动强烈，是一个与中酸性岩浆活动有关的多金属成矿远景区。矿区内主要出露刁泉岩体、小彦-枪头岭岩体和凤凰山一带的喷出岩，并有酸性和中基性脉岩发育。刁泉岩体地表出露为圆形，面积约 0.7km²，主体岩相为花岗斑岩和石英斑岩，环绕花岗斑岩有辉长岩和黑云母石英二长岩分布。岩体与围岩接触带内发生强烈矽卡岩化，银铜金矿体赋存于矽卡岩带内（周利霞等，1997；李兆龙等，1995；李晓刚等，2004；赵树沾等，2007；陈文华等，2011）。

（三）矿床特征

1. 矿体特征

　　刁泉银铜矿床主要有 25 号、8 号、3 号 3 个矿体。25 号矿体 Ag 和 Cu 储量分别占矿床 Ag、Cu总储量的 86.3% 和 86%。25 号矿体沿环状接触带分布，长 900m，延伸最长达 350m，厚度一般 1～15m，接触带的形态、产状控制着矿体的形态和空间位置，岩体凹部及分支、围岩层理、破碎带、捕房体常是有利成矿部位。8 号矿体走向延长 45m，延伸 100m，平均厚度 5.2m，呈似层状、透镜状、扁豆状和不规则状产在矽卡岩内，常见分支复合、尖灭再现、膨胀收缩等现象。3 号矿体位于 8 号矿体顶部，与其几近平行，走向延伸约 400m，最大厚度为 14.87m，矿体为似层状（周利霞等，1997；

李兆龙等，1995；李晓刚等，2004；李惠等，2008）。

2. 矿石特征

依据矿石矿物组合将本矿床矿石分为如下7种类型：磁铁矿矿石、黄铜矿-磁铁矿矿石、方铅矿-闪锌矿-黄铜矿银金矿石、辉铜矿-斑铜矿-银矿石、黄铜矿-银金矿石、黄铁矿-黄铜矿矿石、孔雀石矿石。矿床内矿物种类复杂繁多，主要矿石矿物有黄铜矿、黄铁矿、斑铜矿、辉铜矿、闪锌矿、方铅矿、辉银矿、自然银、银金矿、磁铁矿等，其次有磁黄铁矿、毒砂、块辉铅铋银矿、辉钼矿、锑银矿等。脉石矿物有钙铝榴石、钙铁榴石、钙铁辉石、透辉石、符山石、透闪石、阳起石、硅灰石、方解石、白云石、萤石、黑云母、长石、石英、绿帘石、绿泥石等（周利霞和唐耀林，1997；李兆龙和张连营，1995）。

矿石矿物多呈自形—半自形粒状结构、他形粒状结构、交代结构、交代残余结构、乳滴状及格状结构、共结边结构、包含结构、放射状结构和假象结构等。矿石构造有条带状构造、块状构造、浸染状构造、角砾状构造、脉状-网脉状构造、晶簇构造及蜂房状构造等。

二、区域自然重砂矿物及其异常特征

（一）区域自然重砂矿物

刁泉银铜矿矿体在地表出露较好，在矿区及周边区域，利用自然重砂管理系统，在自然重砂样品中检出的矿物有白铅矿、白钨矿、辰砂、赤铁矿、磁铁矿、方铅矿、铅矾、块辉铅铋银矿、褐帘石、黑云母、黄铁矿、黄玉、镜铁矿、绿帘石、磷灰石、钼铅矿、石榴子石、锡石、榍石、萤石、铜族矿物、重晶石、自然金等46种矿物。这些检索出来的重砂矿物与矿床中的主要矿石矿物和脉石矿物基本吻合，也与典型矽卡岩矿床中出现的矿物吻合。

（二）自然重砂异常特征

刁泉银铜矿区附近共出现有5种（组合）矿物异常（据山西省自然重砂研究报告，2013），分别为铜族矿物异常、铅族矿物异常、萤石矿物异常、钼族矿物异常以及金矿物异常，所有异常均呈南北走向分布（图3-6），几乎完全套和在一起，与刁泉银铜矿区吻合程度也非常高。

1. 铜族矿物异常

铜族矿物异常形态呈保龄球型。南宽北窄，面积大约65.7km²。该异常由29个异常点组成，其中三级异常点有18个，二级异常点有11个，引起该异常的主要矿物为孔雀石及少量铜蓝。该异常区三级及其以上的异常点占总异常点数的60%左右，高异常点多集中在异常区的中部地区。

2. 铅族矿物异常

铅族矿物异常形态为不规则的多边形，面积大约36.8 km²。该异常有18个异常点，4级异常点有15个，2级异常点有2个，1级异常点有1个，引起该异常的主要矿物为白铅矿、块辉铅铋银矿。异常点级别较高，高级异常点占多数。

3. 钼族矿物异常

钼族矿物异常形态呈椭圆状，面积大约36 km²。该异常有5个异常点，2级异常点4个，1级异常点1个；引起该异常的主要矿物为钼铅矿。钼铅矿为次要矿石矿物，因此异常点较少，级别较低。

4. 萤石矿物异常

萤石异常形态呈多边形，面积大约21.6 km²。该异常有5个异常点组成，4级异常点有1个，2级异常点有4个。萤石矿物异常点数较少，级别较低。

5. 金矿物异常

该异常形态呈豆状，面积约为2km²。该异常有2个异常点，2级异常点1个，1级异常点1个。该异常位于刁泉岩体的外围北部地区，可能为中低温热液活动引起，与燕山期岩体关系密切。

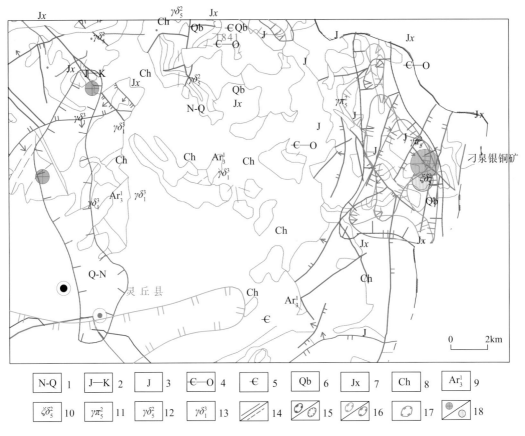

图 3-6　山西省矽卡岩型银铜矿自然重砂异常特征

1—第四系及新近系；2—侏罗系—白垩系；3—侏罗系；4—寒武系—奥陶系；5—寒武系；6—青白口系；7—蓟县系；
8—长城系；9—太古宇石嘴亚群；10—正长闪长岩；11—花岗斑岩；12—花岗闪长（玢）岩；13—变花岗闪长岩、英云
闪长岩；14—实测/推测断裂；15—铜族/金矿物异常；16—铅/钼族矿物异常；17—萤石矿物异常；18—银/铜矿床

在这 5 个（组合）矿物异常范围内出露的地质体主要为古生界寒武、奥陶系的碎屑岩、碳酸盐岩。其上为侏罗系东岭台群，岩性为粗安岩、角砾状熔岩，上部为凝灰质角砾岩、凝灰质砂岩、流纹状角砾岩及石英粗面岩夹凝灰质粉砂岩。侵入岩为燕山期花岗斑岩、石英二长岩、石英正长岩等岩体。自然重砂异常受这些地质体接触带和汇水盆地控制。

三、刁泉银铜矿自然重砂矿物响应

刁泉银铜矿自然重砂分布与矿化关系密切，反映出良好的时空分布规律和密切的成生关系。

（一）自然重砂的空间分布反映出矿化特点

刁泉银铜矿体主要发育在刁泉岩体和碳酸盐岩的接触带上，刁泉岩体在平面上呈近圆形分布。在其周围发育的重砂矿物异常具有一定的套合分带现象。钼族矿物主要为中高温热液的产物，因此其展布主要围绕岩体周围；而铅族矿物和铜族矿物除在矽卡岩接触带上发育外，在岩体外围的中低温成矿过程中也有发育，因此其展布范围比钼族矿物大；在岩体北部出现有金矿物异常，可能为中低温热液作用的产物。自然重砂异常在岩体附近及周边部位出现不同的重砂矿物，体现了岩浆活动在接触带及其外围不同类型矿化的结果。

（二）自然重砂矿物的空间特征体现出成矿潜力信息

刁泉银铜矿矿区的自然重砂异常特征较好地体现了与岩浆作用有关的成矿信息，结合已有成矿规

律研究结果推测，在燕山期中酸性岩体和寒武系—奥陶系碳酸盐岩地层接触带附近出现铜族矿物异常、钼族矿物异常、萤石矿物异常、铅族矿物重砂异常以及金矿物异常，并且异常受岩体和地层接触带以及汇水盆地控制；在接触带上发育有矽卡岩化等，这些特征作为本区矽卡岩型矿床的有利成矿地段，在其外围有可能会出现中低温热液矿床。

第四节 西藏甲玛铜多金属矿及其自然重砂异常响应

一、区域地质背景及矿床特征

矿区位于冈底斯晚燕山期—早喜马拉雅期陆缘岩浆弧中段北部。甲玛铜多金属矿床就产于冈底斯-念青唐古拉地体南缘呈北东向展布的拉抗俄-墨竹工卡-邦浦铜钼铅锌（金）多金属矿化带上。近年的勘查工作已在该北东向矿化带上先后发现甲玛、驱龙、拉抗俄、邦浦、松多雄等多个多金属矿床。

（一）区域成矿背景

1. 地层

区域的地层主要为被动陆缘火山沉积岩系，包括上三叠统麦隆岗组及中、下侏罗统叶巴组，上侏罗统却桑温泉组和多底沟组，下白垩统组林布宗组、楚木龙组、塔龙拉组，并以侏罗系、白垩系为主，矿体赋存于多底沟组与林布宗组之接触部位。此外，区域北部分布少量活动陆缘火山沉积岩系，即古新统典中组，以及少量冈瓦纳陆壳盖层沉积，即石炭系松多岩组和二叠系洛巴堆组。区内出露上侏罗统多底沟组结晶灰岩；下白垩统林布宗组砂板岩，白垩系叶巴组中上段火山角砾岩、流纹岩、流纹质凝灰岩、灰岩、砂板岩。区域北部分布少量碰撞造山形成的磨拉石建造，即渐新统—中新统大竹卡组（图3-7）。

2. 岩浆岩

区域上岩浆岩发育，分布广泛，既有出露面积巨大的深成侵入体，又有巨厚的火山喷发沉积岩层。主要分布在雅江断裂以北，是冈底斯火山-岩浆弧的重要组成部分之一。区内岩岩体呈北东向分布。岩性主要为二长花岗岩、花岗闪长岩、花岗闪长玢岩、安山质次火山岩和玄武质次火山岩等，均是喜马拉雅晚期岩浆活动之产物。

3. 构造

异常区内构造线总体呈北西向，有两条规模较大的北西向断裂通过；有热千松多断层呈北北东向通过。异常区中部甲玛矿床受控于甲玛-卡军果推覆构造系及其伴生的滑覆构造系。甲玛-卡军果推覆构造系，大体由北面墨竹曲一带开始，沿江日阿-金布拱铲式断裂带向南叠缩推覆而成。甲玛矿区位于甲玛-卡军果推覆构造系的中部。前部带发育规模较大的复式斜歪-同斜倒转褶皱带，局部残存推覆引起的高位岩体反向滑覆而成的滑覆构造（唐菊兴等，2009）。

4. 区域化探

区域地球化学特征以Cu、Pb、Zn、Mo、Au、W最为突出，变化系数大于120%；矿区异常元素以Au、Ag、Cu、Pb、Zn、Mo等为主，异常形态简单，强度及规模大，富集趋势明显，与矿床吻合程度好，不同元素套合极好。

5. 矿区化探异常

矿区水系沉积物测量异常分布图圈出的甲玛异常，该异常区面积约100km²，主体呈北西向状展布，异常元素以Au、Ag、Cu、Pb、Zn、Mo等为主，异常形态简单，强度及规模大，富集趋势明显，与矿床吻合程度好，不同元素套合极好。水平分带不明显，Au异常的分布与中酸性岩脉群分布一致，其余元素均具外、中、内浓度分带，含量变化范围大。

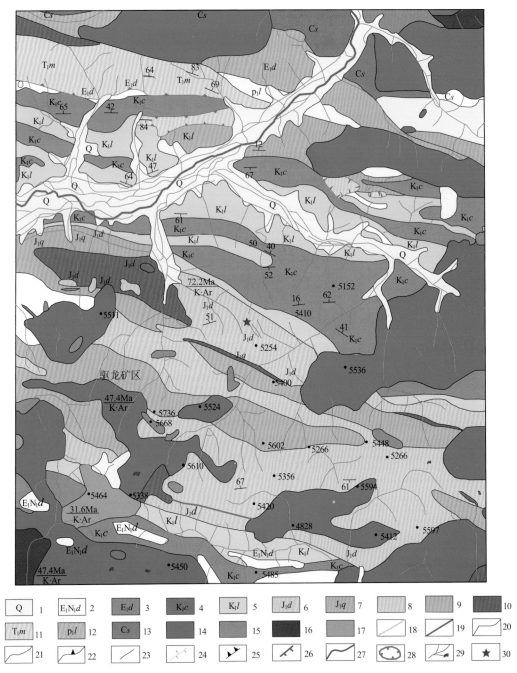

图 3-7 甲玛铜多金属矿区域地质示意图

(据 1:25 万泽当幅地质图)

1—第四系；2—新近系大竹卡组；3—古新统典中组；4—下白垩统楚木龙组；5—下白垩统林布宗组；6—上侏罗统多底沟组；7—侏罗系却桑温泉组；8—侏罗系叶巴组三段；9—侏罗系叶巴组二段；10—侏罗系叶巴组一段；11—三叠系麦隆岗组；12—二叠系洛巴堆组；13—石炭系松多岩组；14—黑云母二长花岗岩；15—辉绿岩；16—片麻状花岗岩；17—花岗闪长岩；18—花岗闪长玢岩脉；19—闪长玢岩脉；20—整合接触地层界线；21—角度不整合地层界线；22—岩体侵入围岩界线（箭头表示接触面倾向）；23—性质不明断层；24—正断层；25—伸展剥离断层；26—逆冲推覆断层；27—大理岩化或矽卡岩化；28—飞来峰；29—水系；30—矿区位置

（二）矿床特征

甲玛铜多金属矿的矿体总体上为隐伏—半隐伏矿体。矿体在平面上呈北西西走向，倾向北北东，整个矿体走向方向长 3400m，沿倾向方向延伸大于 2000m，呈层状、厚板状、似层状、透镜状。地表在 48 线 ZK4804、0 线 ZK003 钻孔附近地段见矿化体出露，其他地表极少见矿化体出露。矿体按其产出形态、产状、规模等，在矿区内共划分出 3 个矿体，分别标为 I-1、I-2、I-3。尤其在 15 勘探线至 56 勘探线之间，沿平面、垂直方向上均连续为一体，I-1 矿体在深部形态上为层状、厚板状矿体。矿区东端，分布于 56—88 线之间的各个小矿体受构造作用影响较大，故矿体多呈透镜体。

矿石矿物黄铜矿、斑铜矿、辉钼矿、黝铜矿、辉铜矿为主，有用元素以铜为主，并伴生银、金、钼、铅锌、钨等。

评估资源储量 1872.16×10^4 t，平均品位：Cu，1.14%；Pb，1.85%；Zn，0.43%；Au，0.48×10^{-6}；Ag，19×10^{-6}。

二、区域自然重砂矿物及其组合异常特征

通过 1：20 万区域重砂资料显示，甲玛铜多金属矿区重砂矿物种类多，组合复杂，异常强度大，套合较好，为矿致异常。

异常区重砂矿物有钛铁矿、铜族矿物（黄铜矿、蓝铜矿、孔雀石）、铅族矿物（方铅矿、白铅矿、砷铅矿、钼铅矿、铅矾）、闪锌矿、菱锌矿、黄金、金红石、白钛矿、黄铁矿、辰砂、褐铁矿、镜铁矿、硬锰矿、白钨矿、锡石、锆石、榍石、毒砂、辉碲铋矿等 25 种。

各矿种重砂异常范围，含量在复合异常内的特点如下：

金异常：分布于奶家、勒勒岗、卡加一带，有 3 个浓度中心，呈北东向展布，面积 66km²。含量为 2～4 粒，粒径为 0.25～1.2mm。

铜族矿物异常：分布最广，几乎占据整个异常区，高含量区分布于则古朗一带。最高含量为 0.05g，一般含量为 0.005～0.03g，粒径最大为 1.2mm，一般为 0.2～0.3mm，最小为 0.1mm。

铅族矿物异常：分布于八一牧场—塔龙浦一带，面积约 70km²，含量 10 粒或 0.105g，粒径为 0.2～1.2mm。

锌族矿物异常：与铅族矿物异常复合，含量为 15～45 粒，粒径 0.3mm。

白钨矿异常：与铅族异常复合，含量为 20 粒～0.06g，

钛铁矿异常：与铅族矿物异常复合，含量为 0.5～1.0g。

此外，其他伴生矿物有：锡石 5～10 粒，辰砂 5～20 粒，辉碲秘矿 5 粒，毒砂 5 粒。该异常经前人已工作确定为中型矽卡岩矿床，并在砂板岩中采光谱样一件，含金品位 30×10^{-6}。

沿塔龙沟采集两件人工重砂分析样，其结果为：花岗闪长岩（原样重 1.03kg）含黄铜矿 0.16g，方铅矿 0.14g，闪锌矿 10 粒，白钨矿 85 粒。主要有用矿物组合为：铜族矿物（黄铜矿、黑铜矿、铜蓝、孔雀石）、铅族矿物（方铅矿、白铅矿、铅矾、砷铜铅矿、硫锑铅矿）、闪锌矿、白钨矿、辉钼矿、泡铋矿。取自石榴子石矽卡岩中的人工重砂样（0.98kg）含黄铜矿 10.6g，方铅矿 50.4g，白钨矿 40 粒。主要有用矿物组合为：铜族矿物（黄铜矿、孔雀石、矽孔雀石、黝铜矿、蓝铜矿）、铅族矿物（方铅矿、白钨矿、铅矾）。异常带发现有矽卡岩化、硅化、黄铁矿化等蚀变现象。

（一）矿石矿物组合与自然重砂一般特征

1. 金属矿物

孔雀石：地表较少见，是氧化铜矿的常见矿物，钻孔中可见。其体积分数一般为 1%～2%，局部高达 5%。主要呈脉状、团块状；放射状、针状生长于褐铁矿的蜂窝洞中，脉状集合体分布于裂隙中。

蓝铜矿：少量，在浅地表的钻孔中可见，是氧化矿石的含铜矿物之一。一般与孔雀石、褐铁矿共生，仅仅在局部富集。蓝铜矿多呈胶状构造。

黄铜矿：多为不规则粒状和粒状集合体，粒径大小不等，以中细粒为主，一般为 0.01～0.12mm。

其次有半自形微粒包于石英中，以斑点或蠕虫状的出溶物包于黝铜矿、斑铜矿、闪锌矿中；与磁黄铁矿、黄铁矿、辉钼矿共生，或与斑铜矿、黝铜矿、方铅矿、闪锌矿、辉钼矿共生，呈团块状、不规则状、星散状产于脉石矿物中。黄铜矿主要与斑铜矿紧密共生，也有单独的脉或细网脉。此外，黄铜矿也交代放射状阳起石、透闪石；与黝铜矿、斑铜矿、方铅矿、闪锌矿等构成连晶。黄铜矿内常有细粒自形-他形辉砷钴矿、硫钴矿包裹体，并溶蚀它们；也见到其内的闪锌矿星状出溶物、辉钼矿小包裹体。有时细小黄铜矿脉穿插辉钼矿鳞片体，闪锌矿内有黄铜矿细小乳滴状分离物。

斑铜矿：与黄铜矿有明显共生关系，主要产于黄铜矿-方铅矿-闪锌矿-辉钼矿矿石中。矿物多为他形，少数较自形，粒度细，粒径一般为 0.01～0.3mm，以细粒和集合体不均匀地分散于岩石中或呈细脉状产出。斑铜矿内常有自然金、碲银矿、辉砷钴矿等的细小包裹体及出溶的辉铜矿细脉，其矿物的微裂隙有时见到自然银和碳酸盐矿物。斑铜矿按颜色可分出两种：一为粉红棕色的主体斑铜矿，另一为前者的出溶斑铜矿，呈浅粉红棕色。出溶斑铜矿在主体斑铜矿内似有定向性，时而消失，其 Bi 品位总体高于主体斑铜矿。其可能是在出溶过程中，Bi 与 Cu 置换的结果。经电子探针分析，斑铜矿中普遍含 Ag，部分含 Au、Zn 和 Co。

黝铜矿：主要见于铜铅锌矿石类型中。矿物粒度一般为 0.01～0.2mm，常呈团块状、脉状及星散粒状不均匀分布于岩石中，有的与黄铜矿、斑铜矿连生，或沿黄铜矿边缘分布，或分布于闪锌矿等矿物边缘形成反应边结构。尽管其分布较为普遍，但是一般仅占金属总量 1%～5%。

铜蓝：少量，多呈他形分布于黄铜矿、斑铜矿等的边缘。

辉铜矿：多呈他形粒状，可分布于黄铜矿边缘或脉石矿物颗粒之间。

蓝辉铜矿：少量，多呈他形分布于黄铜矿、斑铜矿等的边缘，部分与铜蓝共生，可见格状构造。

辉钼矿：与黄铜矿、斑铜矿、黝铜矿、方铅矿、闪锌矿、磁黄铁矿等共生，呈浸染状分布于不同岩性的脉石矿物中。多直接分布在矽卡岩中，或分布于角岩和斑岩的石英脉中，呈片状集合体作星散分布，或呈浸染状分布于角岩的裂隙面上。辉钼矿呈鳞片状、叶片状集合体和单晶，有时也见以放射状、脉状、菊花状产出。矿物片径在 0.01～5mm 之间，石英脉中的片径均较大。在黄铜矿、斑铜矿内有时见辉钼矿的自形包裹体，也见到有黄铜矿细脉穿插辉钼矿板状晶体。

方铅矿：分布普遍，局部地段和地表较富。方铅矿常呈致密块状与少量闪锌矿共生，主要产于黄铜矿-斑铜矿-黝铜矿-方铅矿-闪锌矿矿石中。与闪锌矿、黄铜矿、斑铜矿连生或单独产于脉石矿物内，其粒径为 0.01～3mm，立方体晶形较好，呈集合体的块状、脉状以及散布于岩石矿物粒间，也常见其周围被黝铜矿、铜蓝环绕。方铅矿内常有针状、柱状及不规则状的针硫铋铅矿包裹体。地表方铅矿部分转变为白铅矿和铅矾。经化学简单分析，方铅矿中含：Pb，85.12%～85.69%；Cu，0.38%～0.39%；Zn，0.3%。

闪锌矿：主要与方铅矿共生，粒径变化很大，从细小至 4mm，多呈不均匀分布的粒状不规则状或集合体与方铅矿、黄铜矿、黄铁矿一起浸染于脉石矿物中。较干净闪锌矿中含：Zn，67.03%；Cu，0.17%；Pb，0.00%。而含黄铜矿乳滴闪锌矿透明度低，且含锌偏低：Zn，61.83%；Cu，0.83%；Pb，0.00%。部分闪锌矿中含 Fe 高至 10.09%，可定名为铁闪锌矿。

磁黄铁矿：在近矿的砂板岩和角岩中较常见，多以浸染状顺层产出，或团块状分布于石英脉中，有时可见被黄铁矿微脉穿插。

黄铁矿：主要与黄铜矿、斑铜矿、磁黄铁矿等伴生。矿物多呈自形，粒度为 0.01～1.5mm，以细粒为主散布于矿石中，也常见呈单矿物脉或与其他矿物一起呈脉状，沿岩石裂隙分布。少量含金，部分可达 0.163%。

磁铁矿：极少量，多数呈他形粒状分布于脉石矿物间，部分内部发育裂纹。多与黄铜矿、黄铁矿共生。部分被赤铁矿交代，但保留磁铁矿外形。

金矿物：以微细金为主，偶见自然金、银金矿和产出，呈细小粒状、自形、半自形以及不规则状、圆粒状等，粒径一般为 0.01～0.03mm，大者可达 0.1mm 左右。主要产于黝铜矿及斑铜矿中，有些产于脉石矿物中。Au 在甲玛矿床主矿体中品位普遍较高，一般 (0.1—0.n)×10^{-6}，常见在 1

$\times 10^{-6}$ 以上。自然金和银金矿中均含微量 Cu、Fe、S、Co、Bi、Te。

银矿物：主要以自然银和碲银矿存在，其次在斑铜矿、黝铜矿、辉铋铜矿中也含有银。银与铅、铜有一定正相关性，一般铅高银高，铜高银高。自然银较碲银矿为少，常呈宽为 $0.01 \sim 0.03mm$ 的微脉或微粒，与石英、方解石一起产于斑铜矿、黝铜矿的微裂隙中，粒径多为 $0.01mm$ 左右。碲银矿呈细小板条状、柱状、圆粒及不规则状产于斑铜矿、黝铜矿、黄铜矿、方铅矿中，或与方铅矿连生，常与辉锑铋矿共生。有些块状方铅矿中有密集分布的碲银矿。含较多的微量元素，主要为 Cu、Au、Se、S、Bi、Ni。

硫盐类矿物：甲玛矿床的硫盐类矿物以钴矿物、铋矿物和镍矿物为主。

钴矿物：该矿床中有钴的独立矿物存在，主要有硫钴矿、辉砷钴矿。作为杂质元素或类质同象与 Ni 互换，在硫镍钴矿中也可见。

硫钴矿呈细小正方形、六边形等多种形态的自形-他形粒状包于黄铜矿、斑铜矿、黝铜矿、方铅矿、闪锌矿中，或产于脉石矿物中，常被硫化物溶蚀交代。粒度 $0.05 \sim 0.08mm$，大者可达 $0.15mm$ 左右。不同的硫钴矿中，Fe、Cu、Ni 的含量变化较大。

辉砷钴矿呈细小自形粒状、不规则状产于黄铜矿、方铅矿等硫化物中。矿物粒度 $0.02 \sim 0.06mm$，个别达到 $0.1mm$，有被硫化物溶蚀交代的现象。钴矿物普遍含 Ni、Cu、Fe 和 Te。其中 Cu 的品位变化较大，为 $0.799\% \sim 10.72\%$，与 Ni 品位呈反相关。

铋矿物：主要含于斑铜矿及黝铜矿中呈类质同象代替铜。另外有独立的铋矿物-硫铋铜矿、辉碲铋矿、针硫铋铅矿和针辉铋铅矿。

硫铋铜矿：他形粒状集合体，与辉铜矿、斑铜矿构成连晶，粒径 $0.2 \sim 0.5mm$。

辉碲铋矿：板状、柱状、他形粒状及不规则状产于黄铜矿、斑铜矿、方铅矿中，常与碲银矿、硫铋铜矿一起，粒径 $0.2 \sim 0.3mm$。

针硫铋铅矿：多呈针状、长柱状、不规则状。针状、长柱状细晶在方铅矿内沿一定结晶方位规则分布；不规则状、长柱状与方铅矿连生，并有黄铜矿、斑铜矿、黝铜矿共生。

针辉铋铅矿：他形粒状集合体。

铋矿物存在于硫铋铜矿中，都是部分含微量元素，Ag、Fe、Se、Sb、Zn、Ni 和 Te。辉碲铋矿中除 Bi 和 Te 外，含微量的 S、Fe、Cu 和 Ag。针硫铋铅矿主要含 Pb、Bi、S，其次 Cu。针辉铋铅矿主要含 Pb、Bi 和 S，微量的 Te。

镍矿物：镍和钴一样，主要以独立矿物出现，查明的有碲镍矿、针镍矿、辉砷镍矿、含镍黄铁矿及富钴的硫镍钴矿。

碲镍矿：自形-半自形板状、圆粒状及不规则状；产于黄铜矿、斑铜矿、黝铜矿、方铅矿这或脉石矿物中。粒径 $0.01 \sim 0.5mm$。

针镍矿：不规则、板状及束状产于斑铜矿、黄铜矿中和脉石矿物中。粒径 $0.1 \sim 0.5mm$。

辉砷镍矿：细小自形粒状及脉状、不规则状，产于黝铜矿、黄铜矿中，并有穿插交代它们的现象，亦有环绕黝铜矿分布。不规则状者也见于脉石矿物中。

含镍黄铁矿：穿插交代黄铜矿或产于黄铜矿的微裂隙中，以脉状、不规则状及自形粒状产出，其电子探针分析的含镍可达 10%。

硫镍钴矿：细小自形-半自形粒状，产于各种硫化物及脉石矿物中，粒径 $0.03 \sim 0.08mm$，个别达 $0.3mm$，有被硫化物溶蚀或穿插现象。

镍矿物中除了 Te 和 Ni，仅见微量的 Bi，不含其他微量元素。其他镍矿物中可见含 Fe、Cu 等。

2. 非金属矿物

非金属矿物以矽卡岩矿物为主，其余主要的脉石矿物有长石、石英、黑云母、绢云母、方解石等，其次为绿帘石、绿泥石、阳起石、透闪石、萤石、红柱石、白云母、石膏等。

石榴子石：该矿床中主要的矽卡岩矿物。颜色变化多，以绿色和黄绿色为主，成分以钙铝榴石和钙铁榴石为主。

硅灰石：该矿床中主要的矽卡岩矿物。颜色为白色，多呈纤维状、放射状。可见硅灰石矽卡岩，含硅灰石＞90％以上，与石榴子石、透辉石可共生。

透辉石：甲玛矿床中的透辉石以绿色为主，多呈暗绿色，以柱状为主，集合体呈放射状。

斜长石：常见的脉石矿物。粒度变化大，部分粗粒的呈自形晶，柱状或板状。

钾长石：常见的脉石矿物。粒径变化较大，多呈自形晶，柱状或板状，部分可见环带。蚀变强的可见明显的硅化和绿泥石化等。

石英：常见的脉石矿物。该矿床硅化普遍，石英发育。

方解石：常见的脉石矿物，多呈脉状出现，与石英等共生。属后期碳酸盐阶段的产物。

（二）甲玛地区自然重砂矿物异常特征

通过20万重砂分布情况，甲玛地区圈出了一个综合重砂异常，编号为3号。矿物组合异常特征如下。

铜-钼-铅锌-金-银异常。异常级别Ⅰ级，面积59.12km²，呈不规则透镜形。异常区大地构造位置处于拉达克-南冈底斯-下察隅岩浆弧之拉萨弧北盆地，出露地层有上侏罗统—下白垩统林布宗组上侏罗统多底沟组，见中酸性岩脉侵入。

该重砂综合异常主要为黄铜矿、孔雀石、方铅矿、白铅矿、辉钼矿、自然金异常组成，异常级别均为1级，辉钼矿、铅族、自然金为条形，铜族矿物为不规则形。矿物含量黄铜矿一般在5～300粒之间，辉钼矿含量一般为2～5粒，孔雀石含量一般为5～500粒，大多数在40～300粒之间，方铅矿含量在5～1050粒之间，一般20～300粒为大多数，白铅矿含量为5～1050粒，一般在40～500粒之间，自然金含量2～6粒，一般为2粒为大多数。根据地形水系特点，推断异常由甲玛铜多金属矿床所致（图3-8）。

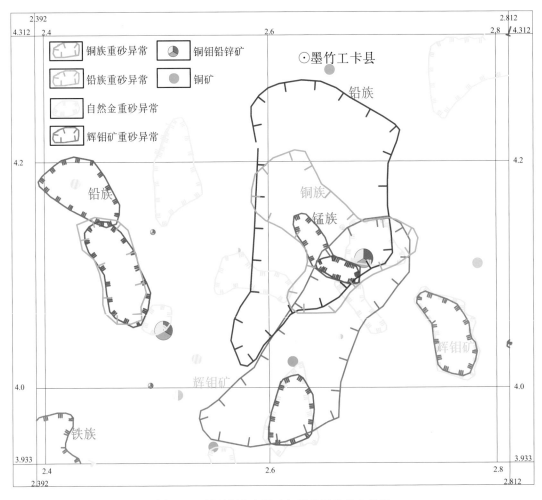

图3-8　甲玛铜多金属矿与重砂异常套合关系

三、甲玛铜多金属矿自然重砂异常响应特征

甲玛铜多金属矿自然重砂分布与矿化关系密切，反映出良好的时空分布规律和密切的成生关系。

（一）自然重砂的空间分布反映出岩浆热液活动规律

研究表明，甲玛综合重砂异常的产出位置各有差异。铜-钼矿物为主的矿物组合位于岩体内接触带附近，铜-铅-自然金矿物组合产在岩体外侧的外接触带，铅-金-银矿物组合出现在岩体外接触带附近及较远区域。表明随距离岩体距离的增加，矿物的生成温度呈现出由相对高温向中低温至低温的规律性变化，其自然重砂异常矿物组合：铜、钼→铜、铅、自然金→铜、铅、银的变化规律。这一特点与本矿床的成矿模式研究结果相吻合，在同一岩浆活动引起的成矿作用中，自岩体内部向围岩方向的不同部位依次形成不同的矿种和矿化类型。

斑岩型（中高温）　→　矽卡岩型（中温低）　→　热液脉型（低温）

（内带铜钼为主）　　（近接触带铜金铅锌）　　（远接触带铅锌银）

（二）自然重砂异常特征反映矿化特点

甲玛铜多金属矿区斑岩体的南侧的层状铜、铅锌、钼矿化，与岩浆热液交代形成矽卡岩型矿化有关，中部中浅部的角岩型筒状钼铜矿化与斑岩型矿化有关（斑岩型成矿热源与碎屑岩接触成矿），深部钼铜矿体与花岗闪长斑岩矿化有关。多种矿物自然重砂异常在矿区同一位置或不同位置出现，且矿物组合复杂，既反映了不同成矿温度晶出的矿物顺序又反映出叠加矿物出现的环境，显示了成矿热液的多期次活动在甲玛矿区富集成矿的结果（图3-8）。

（三）自然重砂矿物的空间分布蕴含着丰实的成矿潜力信息

甲玛铜多金属矿区的自然重砂异常特征较好地体现了与岩浆作用有关的成矿信息，结合已有成矿规律研究结果推测，甲玛矿区岩体的深部、内外接触带是斑岩型和矽卡岩型成矿有利地段，偏中性的花岗闪长斑岩更有利于金矿化的形成，有利于进一步寻找斑岩型的伴生金等多金属矿床。

第五节　云南中甸红山铜多金属矿及其自然重砂异常响应

一、区域地质背景及矿床特征

（一）区域地质背景

红山铜矿大地构造单元属羌塘-三江造山系（Ⅶ），甘孜-理塘弧盆系（Ⅶ-2），义敦-沙鲁里岛弧（Ⅶ-2-2）的普朗火山岩浆弧带（Ⅶ-2-2-2）中东部。成矿区带属三江（造山带）成矿省（Ⅱ2）之香格里拉（陆块）Cu-Pb-Zn-W-Mo-Au成矿带（Ⅲ7），香格里拉（岛弧）Cu-Pb-Zn-W-Mo-Au矿带（Ⅳ18）中部。

红山铜矿区域上处于晚古生代碳酸盐台地环境。二叠纪-早三叠世为特提斯多岛洋的发展演化阶段，在形成甘孜-理塘等多岛小洋格局的同时，伴随强烈的基性火山喷发活动，形成一套碎屑岩-碳酸盐岩-含放射虫硅质岩-基性火山岩建造；中三叠世末一晚三叠世初，随着甘孜-理塘小洋盆向西俯冲消减，并由主动大陆边缘转变为被动大陆边缘环境，以及发生弧-陆碰撞造山作用，在发育曲嘎寺组、图姆沟组、喇嘛垭组砂板岩夹灰岩、安山玄武岩-安山岩、英安岩等一套巨厚的碎屑岩-碳酸盐岩-火

山岩建造的同时，形成了著名的义敦-普朗岛弧带。岩浆弧发展晚期阶段，在火山弧的基础上，于晚三叠世发生较大规模的浅成—超浅成，中—中酸性岩浆侵入活动及形成斑岩型铜矿。

区内总体为一被断裂破坏的红山复式背斜，由一系列北北西向紧密线性褶皱和同向断裂组成。其中北北西向属早期拉张型断裂，控制了印支期钠质中—基性火山岩及同源的基性—中基性侵入岩；而北西向及近东西向断裂控制了印支晚期挤压型钙碱性系列钾质中—酸性火山岩，并有同源的大量中酸性浅成斑岩及次火山岩分布。

在断裂构造中，格咱河断裂最为重要。它属德格-乡城断裂之南延部分，为西侧晚三叠世弧后盆地与东侧格咱岛弧的分界断裂。断裂呈NNW向纵贯全区。格咱河断裂对两侧沉积作用、岩浆活动具有明显的控制作用。断裂东侧为晚三叠世岛弧过渡带的砂泥质碎屑岩、碳酸盐岩夹火山岩、硅质岩建造，以及晚三叠世浅成-超浅成中酸性侵入岩。与晚三叠世闪长玢岩、石英闪长玢岩、（石英）二长闪长玢岩、石英二长斑岩、花岗闪长玢岩、花岗斑岩、花岗闪长斑岩、花岗闪长岩等岩石有关，形成了以普朗、雪鸡坪、红山为代表的研究区最好的斑岩、矽卡岩型铜矿，伴生铅、锌、金、银等多金属矿化；西侧为晚三叠世弧后盆地砂泥质夹碳酸盐及含放射虫硅质岩建造。

（二）区域成矿地质条件

中三叠世—晚三叠世早期，甘孜-理塘小洋盆停止扩张并开始向西俯冲消减，在格咱形成不成熟岛弧，发育了曲嘎寺组以安山玄武岩为主的中基性火山-沉积岩系；晚三叠世中晚期，洋盆继续向西俯冲，使格咱岩浆弧进一步发展为成熟岛弧，发育了图姆沟组以安山岩、英安岩为主的中酸性火山-沉积岩系；晚三叠世晚期，洋盆封闭，在格咱一带发生同熔型中-中酸性岩浆活动，伴随有斑岩型、斑岩-矽卡岩复合型及矽卡岩型等重要的铜金多金属矿化，形成以普朗铜矿床为代表的铜多金属矿床系列。该区有普朗、红山、雪鸡坪等10余个印支期的斑岩型铜矿或斑岩-矽卡岩型铜钼多金属矿。

侏罗纪—白垩纪，为陆内汇聚阶段，晚期发育碰撞型酸性岩浆侵入，伴有铜、钼、钨矿化，在构造活动强烈区伴有较强的变质作用及有关矿化。

喜马拉雅早期，本区表现为陆内汇聚造山及伸展裂陷作用，形成陆内造山后走滑剪切和拉张构造环境，并伴随富碱岩浆侵入活动，发育正长（斑）岩-二长（斑）岩类，伴有斑岩型金、铜矿化。

红山铜多金属矿形成于印支期义敦岛弧构造环境。主要控矿因素为普郎-沙鲁里山外火山岩浆弧带被北北西—北西向断裂控制的中酸性斑（玢）岩体形成与其有关的斑岩-矽卡岩型铜多金属矿床（点）。上三叠统曲嘎寺组、图姆沟组中酸性火山岩、碎屑岩及碳酸盐岩建造是红山斑岩-矽卡岩型铜多金属矿的主要直接围岩，总体为一单斜构造，曲嘎寺组与图姆沟组多以断层接触。

（三）矿床特征

红山矽卡岩型铜多金属矿赋存于上三叠统曲嘎寺组二段矽卡岩与角岩化带，以及隐伏石英二长斑岩-花岗斑岩岩体中。矿区地表大面积角岩化，并沿碳酸盐岩夹层矽卡岩（大理岩）化。矽卡岩和角岩相间排列，与地层产状完全一致；常见矽卡岩和大理岩直接接触，多呈凸镜状或扁豆状夹层出现，常全层矿化，其中局部富集为矿体；矽卡岩体就是铜多金属矿（化）体。呈层分布的大理岩中极少见到矽卡岩化产物，但在矽卡岩中却常有大理岩的残留体。

云南省中甸铜矿红山矿区勘探查明钼矿体1个，圈定5个矽卡岩带，多个大小不等的铜矿体，其中较大的铜矿体15个，探明Cu金属储量23.19万t，并伴生W、Bi、In、Ag、Co等有益组分。

红山矿区找矿潜力巨大，特别是深部与石英二长斑岩有关的铜钼矿，具有大型以上矿床远景。

矿石自然类型为矽卡岩浸染状铜矿石，细脉条带状角岩铜矿石，块状、浸染状和斑块状含铜磁铁矿矿石，细脉浸染状含铜铅锌矿石，石英二长斑岩斑点、斑块状、脉状、细脉浸染状铜钼（钨）矿石。矿石工业类型以硫化矿为主，氧化矿、混合矿零星分布。

矿石金属矿物以黄铜矿、磁黄铁矿、黄铁矿为主，次为辉钼矿、磁铁矿、白钨矿、方铅矿、闪锌矿、孔雀石、辉铜矿、辉铋矿和少量斑铜矿、黝铜矿；脉石矿物为透辉石、钙铁榴石、石英、方解石、白云石、钾长石、绿帘石、阳起石、绢云母、绿泥石等矿物。

二、区域自然重砂矿物及其组合异常特征

（一）区域自然重砂矿物

区域地质调查重砂测量，在浪泥塘—红山一带主要有铜族、铅族等重砂矿物分布。重砂矿物主要有白铅矿、方铅矿、绿铅矿、自然铜、蓝铜矿、白钨矿、自然金、黄铁矿、自然铋、辉铂矿、毒砂、硬锰矿。

在红山铜矿区，重砂矿物有铜族、铅族及白钨矿等。主要重砂矿物为自然铜、黄铜矿、赤铜矿、白钨矿、方铅矿、自然铅、白铅矿、自然金、石榴子石、毒砂、钙铬榴石等。

在亚杂一带，主要有铅族、自然金分布。重砂矿物有白铅矿、方铅矿、绿铅矿、自然金、黄铁矿、自然银、白钨矿等。

（二）自然重砂矿物的一般特征

黄铜矿为黄绿色，一般表面都氧化成褐色、暗紫色，并有五彩晕色；部分氧化后表面被赤铜矿所包围，半滚圆状、碎屑状、金属光泽，粒径为 0.2～0.5mm。白钨矿为无色或淡黄绿色，有的微带褐色，油脂光泽、碎屑状、棱角状，少数为次棱角状，粒径较大，一般在 1mm 左右。

自然金为金黄色，略显白，呈粒状、树枝状，表面凸凹不平，凹坑中有白色粉末状物质充填。粒径 0.05～0.3mm，最高 10～30 粒/30kg、次为 5～10 粒/30kg 及 1～5 粒/30kg 各有 3 件。

（三）自然重砂矿物异常

红山铜矿区有钨族异常、铜族异常和铅族异常。浪都铜矿区有铅族矿物、铜族矿物、钨族异常。普朗铜矿区南部有自然金异常等。雪鸡坪铜矿区附近有铅族矿物等异常。

烂泥塘有铅族矿物、铜族矿物、钨族矿物异常，区内有红山铜矿。出露上三叠统拉纳山组角岩化板岩、砂岩，有喜马拉雅期二长花岗岩体侵入于拉纳山组砂、板岩中，围岩具接触变质、角岩化、斑点板岩化，岩体中西部云英岩化较为普遍，石英脉伴随云英岩化出现。在云英岩化、硅化地段和石英脉中，普遍有黄铁矿-黄铜矿化、辉钼矿化、锡石及白钨矿等矿化。重砂矿物含黄铜矿最高为 0.07g/30kg，其余有 5～100 粒/30kg 不等。含白钨矿最高达 0.15g/30kg，其他从 0.013～0.124g/30kg 不等。黄铜矿呈星点、斑点状浸染分布，局部富集于细小裂隙中。矿物组合为黄铜矿、白钨矿、黄铁矿、辉钼矿、锡石、白铅矿、方铅矿、辉铋矿、毒砂、锐钛矿、重晶石等。从云英岩化石英脉中有黄铜矿、白钨矿，异常由矿化引起。对酸性岩带的找矿具有十分重要的意义。

普朗自然金异常，位于普朗铜矿西南部，异常呈北西向弯角形分布，面积约 8km²。异常北部有印支期石英闪长玢岩体，出露中三叠统曲嘎寺组砂板岩、灰岩。地层中石英脉较为发育，在 10 多米的范围中可同时见 5～8 条石英脉，脉宽 0.05～0.40m 不等，脉长一般达数米，多数石英脉因含褐铁矿而显褐红色、灰褐黑色，并见少量孔雀石及白云母。在普朗庄房东 1km 左右普朗永河边，有大片前人淘砂金之遗址。自然金异常与石英脉有关。重砂矿物组合有黄铁矿、菱铁矿、白钨矿、硬锰矿及少量黄铜矿、绿铅矿等。

三、中甸红山铜多金属矿自然重砂矿物响应

中甸红山铜多金属矿自然重砂异常分布与矿床分布密切相关。自然重砂异常主要分布于亚杂-浪都、烂泥塘-红山两处，亚杂-浪都片区，重砂异常有铜族矿物异常、钨族矿物锡石异常及铅锌族矿物异常，异常内有亚杂铅锌多金属矿、浪都铜矿、沃迪措银多金属矿、卓玛铜铅锌多金属矿、地苏嘎铜

多金属矿、藿迭喀铜铅锌多金属矿等矿床（点）；烂泥塘-红山片区，重砂异常有铜族异常、钨族锡石异常及铅锌族异常，异常内分布有红山铜多金属矿床、烂泥塘铜矿、赤坪铜矿点等；近年来探明的普朗超大型铜矿区，铜族矿物重砂异常不明显，而水系流域内仍然有自然金重砂异常存在。由此可知，重砂异常的分布规律与矿产有密切的成生关系。

（一）区域自然重砂矿物的主要来源与矿化特点

重砂异常区内有喜马拉雅期二长花岗岩体分布，岩体中云英岩化较为普遍，石英脉伴随云英岩化。在石英脉中，有黄铁矿-黄铜矿化、辉钼矿化、锡石及白钨矿等矿化，重砂异常由矿化引起，重砂矿物黄铜矿、白钨矿来自云英岩化石英脉。

普朗自然金异常北部有印支期石英闪长玢岩体，地层中石英脉较为发育，自然金异常也与石英脉有关。

（二）自然重砂矿物的空间分布所蕴含的成矿潜力信息

红山矽卡岩型铜多金属矿赋存于上三叠统曲嘎寺组二段矽卡岩与角岩化带，以及隐伏石英二长斑岩-花岗斑岩岩体中。矿区地表大面积角岩化，并沿碳酸盐岩夹层矽卡岩（大理岩）化。

红山铜矿区内，自然重砂矿物组合为自然铜、黄铜矿、赤铜矿、白钨矿、方铅矿、自然铅、白铅矿、自然金、石榴子石、毒砂、钙铬榴石等，其矿物组合充分体现了矽卡岩型矿床的中酸性侵入岩体与碳酸盐类岩石接触带特点。

第四章　铬铁矿床

第一节　陕西商南松树沟铬矿及其自然重砂异常特征

一、区域地质矿产特征

商南县松树沟铬矿地处陕西省商洛市商南县，位于秦祁昆造山系之秦岭弧盆系内，属商丹蛇绿混杂带。属岩浆型小型铬矿床（图4-1）。

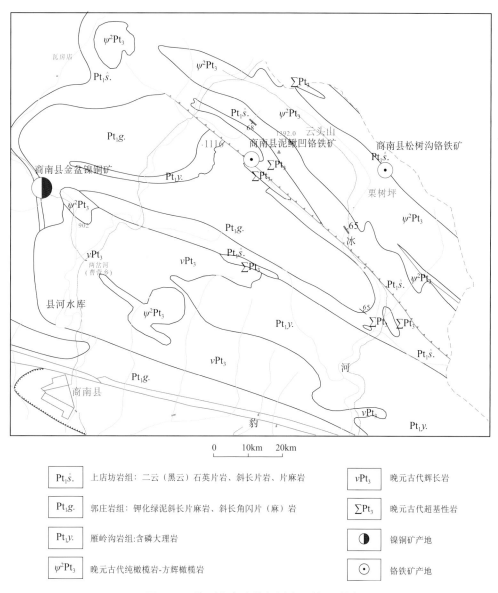

图4-1　陕西省商南县松树沟区域地质图

（一）地层

出露地层主要为太古宇太华群大河组，岩性为斜长角闪片岩，局部有黑云母片麻岩夹透辉石大理岩，松树沟超镁铁岩体的围岩。

（二）构造

原生流层构造在岩体中段最发育，两端较少。其产状与岩体产状基本一致。流线构造在岩体东西两段则明显不同，西段岩浆流动方向自南东向北西；东段岩浆流动方向自北西向南东。这表明岩浆通道在岩体中部大松树沟—中堂沟一带。岩体中原生纵节理最为发育。其走向与流动构造一致，走向北西，倾向南西，倾角60°～70°，在流动构造转折地段，纵节理亦随之转折。其中多被透辉岩脉充填，次为方辉岩脉，铬铁矿脉少见。

（三）岩浆岩

出露岩体主要为新元古代二长花岗岩及早古生代超基性岩、辉长岩、闪长岩、花岗闪长岩、二长花岗岩。

松树沟超镁铁岩体是陕西省出露面积最大的超基性岩体，位于商南县北东约20km处的松树沟一带，呈北西向展布，岩体地表呈扁平透镜状（纺锤状）。岩体走向310°～320°，地表多向南倾，倾角50°～80°，南侧界面转向北倾，地表测量及钻孔资料表明，岩体向深部趋于闭合，呈"向形"产出。主要岩石类型有：纯橄榄岩、方辉橄榄岩、单辉橄榄岩、透辉岩等。在体积上，以纯橄榄岩占绝对优势。

（四）矿体特征

矿化带主要分布于岩体的上、下盘。最长650m，一般30～100m；最宽82m，一般2～10m。形态多为带状。产状与岩体产状基本一致。

铬矿体90%以上出现在外部岩相带中，矿体长度10～140m，厚0.3～2m，最大厚度5.37m。矿体主要成带、成群分布，集中于岩体边部岩相的中粗粒纯橄榄岩和条带状斜方辉橄岩中，在细粒纯橄岩中也有少量矿体。矿体多位于岩体边部及上下盘凹陷处及岩体拐弯、膨大部位，除少数矿体受原生裂隙控制外，主要受原生流动构造制约。矿体形态绝大多数呈脉状、似脉状，少数呈不连续透镜状、扁豆状，极少数呈不规则状及串珠状。

矿石中有用矿物为铬尖晶石，并含有铂族矿物。原生脉石矿物有橄榄石、顽火辉石、透辉石。次要矿物有极少量黄铜矿、黄铁矿、磁黄铁矿、镍黄铁矿等。次生脉石矿物有蛇纹石、铬斜绿泥石、绢石母、透闪石、滑石、蛭石、磁铁矿及菱镁矿等。

二、自然重砂异常特征

选取铬铁矿、橄榄石两种矿物对铬铁矿产进行异常剖析，总结异常与矿产之间的内在联系，建立预测模式。

铬铁矿异常：全区共圈定铬铁矿异常3个，分别为铬铁矿4、铬铁矿5、铬铁矿6，呈北西向带状分布。铬铁矿4规模最大，面积达48.92km²，铬铁矿平均含量15533（标准化值），背景地层为上元古宇中细粒变辉石岩，变超基性岩-透辉岩-透辉橄榄岩。有北西向韧性剪裂带分布，矿床点有商南县松树沟小型铬铁矿床、商南县泥鳅凹铬铁矿点。铬铁矿5出露地层为变超基性岩、中细粒变辉石岩-含长辉石岩，面积2.26km²，铬铁矿平均含量183（标准化值）。

橄榄石异常：采用异常下限5（标准化值），共圈定异常4个，异常总体呈北西向带状展布，与区域构造和超基性—基性岩体展布方向一致。其中橄榄石2号规模最大，面积达29km²，呈北西向带状分布，其内分布有纯橄榄岩-方辉橄榄岩岩体 1 个，变超基性岩体 5 个，有商南县泥鳅凹铬铁矿、商南县松树沟铬铁矿。

铬铁矿异常、橄榄石异常与超基性—基性岩体和铬铁矿产地套合性好，通过两类异常可以提取有关铬铁矿产的预测信息，并能很好地指出下一步找矿方向和靶区。

第二节　新疆托里萨尔托海铬铁矿及其自然重砂异常特征

一、区域地质背景及矿床特征

（一）区域地质背景

托里县萨尔托海铬铁矿位于哈萨克斯坦-准噶尔板块（Ⅱ）准噶尔微板块（Ⅱ₁）之唐巴勒-卡拉麦里古生代复合沟弧带（$Ⅱ_1^5$），在达拉布特一带，南部早奥陶世开始成为哈萨克斯坦-伊犁古陆北侧的大陆边缘，中奥陶世—中志留世为洋壳，晚志留世转入汇聚；北部志留纪开始拉张，泥盆纪出现洋壳，石炭纪转入汇聚，以火山类复理石及碎屑岩建造为主，晚石炭世初固结。固结钾长花岗岩发育。新陆壳形成后的活化期陆内盆岭分化时期形成规模巨大的推覆构造，对部分矿产的形成和富集起控制作用。

区内发育一系列 NE 向大断裂组成，岩浆活动强烈，矿体主要产于达拉布特断裂以北萨尔托海地区的蛇绿岩带内斜辉橄榄岩-纯橄榄岩相带之中。

（二）区域成矿地质条件

萨尔托海岩体位于扎依尔-达拉布特复向斜的南翼近轴部，达拉布特大断裂北西侧约 6km 处，侵位于下石炭统包古图组和上石炭统太勒古拉组中，与绿色火山岩系相伴生。岩体与围岩为断层接触，或为构造侵入接触。

达拉布特岩带是一个相对破坏较轻的洋壳残片。它的底部是一套以斜辉橄榄岩为主的变质橄榄岩系，多以蛇绿混杂岩和单独岩块的形式出露于早石炭世地层中。大的岩块有 11 个，出露总面积 50.35km²，其中以萨尔托海和苏鲁乔克岩块的出露最大，其上是一套以玄武岩和凝灰岩为基质的混杂岩，其中混杂了大量堆晶岩、辉长岩、玄武岩、硅质岩和凝灰质的浊积岩岩块。该带形成时代为泥盆纪—早石炭世。

达拉布特蛇绿岩带底部的变质橄榄岩与下伏石炭系之间存在一个大的推覆构造，该推覆构造将一部分洋壳及上叠的地层一同推覆到准噶尔大陆边缘。在推覆过程中，岩片因受到水平挤压，发生褶皱和逆冲断裂，在木哈塔依—萨尔托海—苏鲁乔克一线产生一个大型的逆冲推覆构造，使底部的变质橄榄岩和蛇绿混杂岩逆冲到浅部，形成西准噶尔最长的蛇绿混杂岩带。

岩体走向北东，呈不规则带状展布。整个岩体长约 31.4km，南北平均宽 800m 左右。岩体总体倾向北北西，倾角陡立，是一复杂的岩墙状岩体。在平面上，岩体东南边界沿两组断裂方向呈波状拐折；北西边界为不规整面，多有岩枝深入围岩，形成港湾状。在剖面上，岩体中段、特别是东段下盘产状有明显的转折构成所谓"主干"与"侧枝"。"主干"产状主要陡倾，延伸大；"侧枝"是岩体南部的产状平缓分支。这种产状上的变化，显示断裂构造对岩体的控制。萨尔托海岩体主要由斜辉橄榄岩和少量的纯橄岩、二辉橄榄岩组成。

（三）矿床组合、分布及产状

在基性-偏基性相带中下部的蚀变超基性岩之上，有一与矿体有着一定关系的含矿岩相构造带

（含矿带）存在，它明显呈带状分布，带的产状与基性相带及所处部位的控制构造和岩体基底形态基本吻合。矿带的规模比矿群的规模大得多，当沿倾向或走向带中的已知矿体群尖灭时，带仍断续延伸。含矿带在空间上分布在岩体北部基底纵梁带北侧的斜坡上，中部基底纵向槽沟的中轴部位，南缘基底横向凹兜内。

带内岩石的岩性、颜色、结构、构造变化繁复，下盘附近常有蚀变超基性岩分布；上盘围岩中橄长岩、辉长岩脉发育，局部片理化强烈，造成暗色块状与浅色片状岩石交替出现。近矿围岩中的矿物晶粒粗大，特别是铬尖晶石和绢石的特征，可作为找矿的标志矿物。

矿体在矿带中成群出现，分段集中，段间距一般 20～45m，少数 80m，个别 200m，在平面上呈雁行状"一"字形、"二"字形、"入"字形排列；在剖面上成叠瓦状斜列（叠瓦间距多在 0.5～7m 间）；并具尖灭现象或尖灭再现的现象。

从岩体纵深上看，各矿带中矿体分 3 个标高段分布：680～550m、525～375m、350～250m；总的趋势是浅部矿体个数多，矿量少，而向深部矿体个数显著减少，但单个矿体的规模变大。

从岩性上看，矿体与纯橄榄岩体分布密切相关：60% 以上的矿体产于纯橄榄岩中；规模大的纯橄榄岩带中主矿体位于中、下部，次要矿体则位于上部的斜辉橄榄岩中；有时规模小的纯橄榄岩中也赋有较大的矿体。

萨尔托海岩体目前共发现矿群 26 个。矿群长度多为 150～500m，个别 90m、740m；延深多为 55～160m，少数 210～350m；矿群水平投影宽度多在 40m 或 80m 左右，个别 20m。已发现的 106 个地表矿体，规模均较小。长度为 1～15m，个别长 40m；宽度 0.5～3m，最宽 5.2m；延伸 1～15m，个别达 35m。在已探明的 418 个盲矿体中，一般规模较小，但每个矿群中总有 1～2 个规模较大的主矿体；最大矿体位于中矿带中段的 26 群，长 190m，延伸 110m，真厚度 30.6m。总的来说，矿体形态复杂多样，以透镜状为主，次为囊状、似脉状、扁豆状等。

多数矿体为陡倾斜，倾角 50°～80°，缓倾斜，倾角 30°～45°，均向北西倾，南东倾者个别。主矿体均向南西侧伏，倾伏角 10°～15°，个别 45°。

二、区域自然重砂矿物及重砂异常特征

（一）区域自然重砂矿物

萨尔托海铬铁矿在矿区及其周边区域，自然重砂样品中可以检出金、锡石、白铅矿、铬铁矿、锆石、重晶石、闪锌矿、黄铁矿、蛇纹石、钍石等 36 余种矿物（表 4-1）。其中，金、白铅矿等矿物出现率较低，而铬铁矿、锆石、重晶石出现率较高；铬铁矿、锆石、重晶石矿物呈现出与矿化露头关系密切。

表 4-1　萨尔托海铬铁矿区自然重砂特征

矿物名称	数量/粒	矿物名称	数量/粒
锆石	31	白钛矿	16
铬铁矿	31	石榴子石	14
重晶石	31	白钨矿	11
钛铁矿	19	自然金	2
闪锌矿	19	白铅矿	1

（二）自然重砂矿物特征

与萨尔托海铬铁矿响应的重砂矿物主要有自然金、铅矿物、铬铁矿、重晶石，重砂矿物呈现以下主要特征。

自然金：颜色为金黄色，具金属光泽，多呈粒状、片状出现，一般与辰砂、铅族、铜族矿物伴生，主要分布在板块活动带的断裂带和较古老的变质岩海相和陆相火山岩区域。多与产于火山岩系与火山热液作用有关的中、低温热液矿床中有关。

铬铁矿：铬矿物普遍分布在构造缝合带或陆内裂谷的蛇绿岩带或蛇绿岩残片上。铬铁矿一般呈块状或粒状的集合体出现，黑色，弱磁性，是岩浆作用的矿物，与橄榄石共生。

重晶石：纯净的重晶石透明无色，一般为白色、浅黄色，玻璃光泽，主要形成于中低温热液条件下。重晶石重砂异常多出现在火山岩区域，与金、多金属成矿活动有关。

铅族矿物：主要是方铅矿及白铅矿，为岩浆期后作用的产物，与黄铁矿、黄铜矿、重晶石伴生。

（三）自然重砂矿物异常特征

重砂异常呈不规则状，主体西南-北东向延伸，主矿物为铬铁矿，伴生有自然金、铅矿物、重晶石、锡石。铬铁矿重砂异常面积大，重砂点分布密集，为Ⅰ级异常；金重砂异常有3个异常，其中北侧的异常里分布6个重砂点，为Ⅰ级异常；锡石重砂异常在矿区南面有1个Ⅲ级异常，面积较大；白铅矿、重晶石在矿区虽没圈出重砂异常，但重砂点分布较多，有一定指示意义（表4-2及图4-2）。

表4-2 托里县萨尔托海铬铁矿重砂异常特征参数表

矿物名称	异常数量	异常级别	矿物含量	异常下限	面积/km²	异常解释推断
自然金	3	Ⅱ	5	1	1.18	异常位于太勒古拉组内的石炭纪蛇绿岩带上，异常靠近东部宝贝金矿床，说明异常内金物质来源与金矿床有关
		Ⅱ	5	1	1.43	异常位于萨尔托海石炭纪蛇绿岩带上，地层为太勒古拉组和包古图组，异常靠近蛇绿岩体，与萨尔托海的金矿床响应，金的物质来源与基性—超级性岩有关
		Ⅰ	5	1	16.52	异常位于萨尔托海蛇绿岩带上的萨尔托海的金矿床区，出露太勒古拉组。异常与金矿床响应
锡石	1	Ⅲ	10.6	2	14.43	异常由16个三级含量样点组成，呈椭圆形，出露地层石炭系太勒古拉组、包古图组和侵入的石炭纪蛇绿岩，发育北东向断层挤压破碎带。异常附近寻找石英脉型锡矿化
白铅矿	1	Ⅲ	32	16	16.85	位于石炭纪钾长花岗岩基中，其北部有1条北东—南西向区域性深大断层穿过异常，重矿物来自岩体本身，有望发现铅锌矿
铬铁矿	1	Ⅰ	159.36	0.77	79	异常呈三角形，长40km，异常与萨尔托海蛇绿岩和铬铁矿体套合。由中—高级含量样点组成密集重叠分布，为矿致异常

从图中看出，铬铁矿、锡石、自然金3个重砂异常套合，自然金异常位于萨尔托海石炭纪蛇绿岩带上，说明金矿物来源与岩体有关，附近是寻找中—低温热液型原生金矿体的有利地段。有一大的铬铁矿重砂异常覆盖整个矿区，铬铁矿普遍分布在蛇绿岩带或蛇绿岩残片上，重砂点呈现集群性分布。白铅矿虽然没圈出重砂异常，但分布了十几个重砂点，位于石炭纪钾长花岗岩基中，其北部有1条北东-南西向区域性深大断层穿过异常，重矿物来自岩体本身，有一定找矿前景。

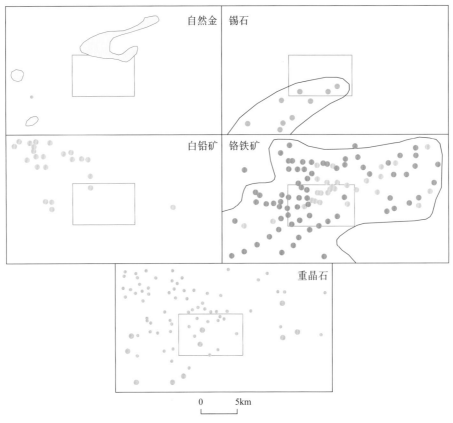

图 4-2 托里县萨尔托海铬铁矿重砂异常剖析图

第三节 甘肃大道尔吉铬铁矿及其自然重砂特征

大道尔吉铬矿床位于肃北蒙古族自治县县城东南 100km 处党河（沙拉果河）北侧，有简易公路相通。矿区行政上属肃北县盐池湾乡管辖。

一、地质背景

矿区地层较为简单，以大片第四系为主，次为古元古界北大河岩群三岩组、下石炭统党河南山组、上侏罗统博罗组及中新统—上新统疏勒河组零星出露。各地层多为角度不整合或断层接触，部分因覆盖关系不清（图 4-3）。

古元古界北大河岩群三岩组以大理岩为主，散布于矿区中北部，东部相对集中，与大道尔吉超基性岩体为侵入、断层关系，局部呈捕房体，是超基性岩体的重要围岩。下石炭统党河南山组下岩段为碎屑岩，主要岩性为砂岩、砾岩夹粉砂质泥岩；上岩段为碳酸盐岩，岩性为结晶灰岩夹碳质页岩。与岩体呈断层关系。

矿区构造较简单，构造线方向北西，以断裂构造为主。断裂主要为逆断层，走向北西，倾向南西；个别走向北东及近南北向。其次为北西向带状岩体构成的单斜构造及被断裂分割的岩块。在矿区东南部，断裂、岩体及地层走向转为近南北，总体呈东南端南折的小弧形。

矿区侵入岩发育，主要为大道尔吉基性—超基性岩，岩体长 8.36km（包括覆盖区），宽 0.6～0.9km，最宽处 1.1km，面积 6.5km²，呈透镜状岩墙，岩体走向 310°，倾向南西，倾角 50°～80°，为北缓南陡的单斜岩体，向深部有变窄趋势。

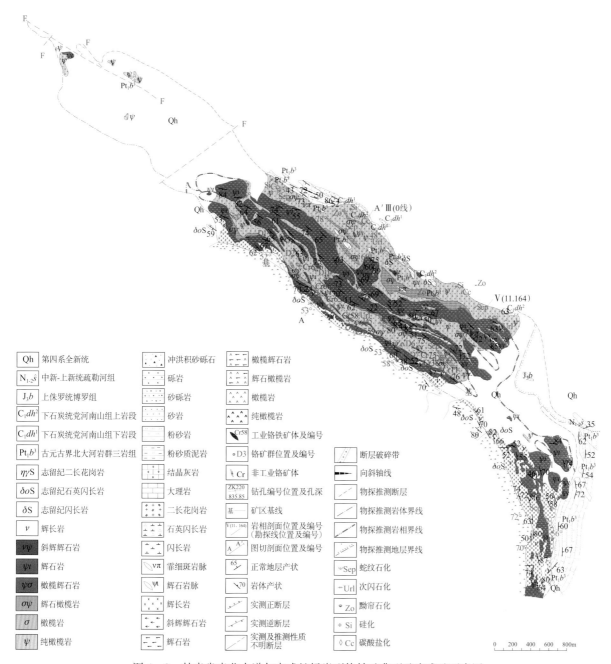

图 4-3　甘肃省肃北大道尔吉式蛇绿岩型铬铁矿典型矿床成矿要素图

二、含矿岩系及其矿化特征

超基性杂岩主要岩性为纯橄岩和单辉辉石岩,次有辉橄岩、斜辉辉石岩、辉长岩、极少量橄榄岩、橄榄辉石岩等。其中,纯橄榄岩具网环结构,块状构造为主。岩石几乎全部蛇纹石化,蚀变矿物以纤维蛇纹石为主,次为胶蛇纹石和少量叶蛇纹石,局部含少量橄榄石残晶,属贵橄榄石、镁贵橄榄石和镁橄榄石。透辉石较常见。附生铬尖晶石呈半自形—他形细粒—微细粒状,含量 1% 左右,局部 3%,属含铁铝铬铁矿及铝铬铁矿类型。

含矿岩性为纯橄岩和含辉纯橄岩。根据铬尖晶石含量,矿石可分为块状铬铁矿和侵染状铬铁矿两种自然类型。

矿石主要具半自形—他形粒状结构,粒径 0.1~5.8mm,以中细粒为主;次有包含结构、显微文象结构、蠕虫结构、熔蚀结构、交代结构、碎裂结构等。矿石构造主要有：致密块状构造、浸染状构造、浸染条带状构造、斑杂状构造，次有网状构造、脉状构造、角砾状构造等。

矿石矿物以铬尖晶石为主，呈等轴粒状或连晶，黑色、棕黑色，具弱磁性，粒径以 0.5～2mm 为主。次有磁铁矿及黄铁矿、黄铜矿、镍黄铁矿、镍铁矿、砷镍矿、针镍矿、方铅矿等。脉石矿物主要为橄榄石，次为辉石，且多蚀变为蛇纹石、绿泥石、次闪石、帘石等，少量水镁石、伊丁石、绢石、滑石，偶见铬石榴子石、符山石、铬透辉石、铬云母等。

此外，矿区蚀变强烈，蛇纹石化发育，已构成蛇纹岩矿。

三、自然重砂特征

重砂矿床出现简单，主要有铬铁矿、钛铁矿。其中重砂采样样品中铬铁矿达 55（IV 级含量），与矿床响应较好，应为找矿标志。钛铁矿物较分散，但含量甚高（均达 IV 级含量以上），可进一步探究（图 4-4）。

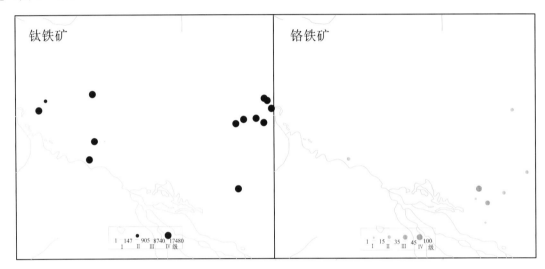

图 4-4　大道尔基预测区自然重砂剖析示意图

该区自然重砂选用的矿物组合为铬铁矿（直接）—钛铁矿（间接）标志。

第五章　钼矿床

第一节　陕西金堆城地区斑岩型钼矿及其自然重砂异常特征

钼矿主要成矿类有斑岩型钼矿、矽卡岩型钼矿、岩浆（花岗岩）等有关的热液型钼矿等。矿石金属矿物有辉钼矿、黄铁矿、方铅矿，个别有黄铜矿出现。非金属矿物有石英、方解石、长石等。通过综合分析，最终确定建模矿物有钼矿物、铅矿物、铜矿物。

一、区域地质背景

华县金堆城钼矿床位于陕西省渭南市华县，产于华北陆块南缘前陆盆地（Pt_{2-3}）内。属斑岩型超大型钼矿床，其中钼、铜、硫圈定了资源量（图5-1）。

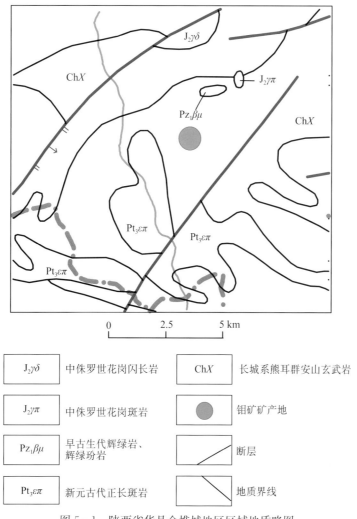

图5-1　陕西省华县金堆城地区区域地质略图

（一）地层

矿区出露的地层主要有熊耳群安山质火山岩（细碧岩）、板岩及凝灰质板岩。安山质火山岩（细碧岩）呈黑绿色、灰绿色，细粒及隐晶质结构、斑状结构。主要矿物成分为中长石、角闪石、黑云母及石英。斑晶主要为斜长石微晶组成。板岩及凝灰质板岩主要由绢云母、黑云母、石英和绿帘石组成。受金堆城花岗岩岩株侵位的影响，发生接触热变质，形成黑云母化和角岩化安山质火山岩（细碧岩）。前者分布于矿区斑岩体的西北部，后者发育于斑岩体的顶部和旁侧，是矿床的直接围岩。熊耳群上不整合覆盖有高山河组石英岩。

（二）构造

矿区内的褶皱构造主要是黄龙铺背斜，背斜轴部为变细碧岩，两翼为板岩、凝灰质板岩和石英岩。它的轴向与区域构造线的近东西向一致。

断裂构造发育，北部的燕门凹张性断裂，走向近东西，有多次活动的特点，形成一张性断裂破碎带；南部为碌碡沟压性断裂，走向近东西，倾向南，倾角70°左右（任海波等，1985）。北西向（330°～335°）断裂倾向南西，倾角75°左右，它控制着金堆城花岗斑岩岩株的侵位和矿区两侧碌碡沟花岗斑岩脉的产出。

（三）岩浆岩

矿区分布侵入岩有老牛山二长花岗岩、金堆城花岗斑岩及花岗斑岩脉和辉绿岩脉。

老牛山二长花岗岩侵入于熊耳群安山质火山岩（细碧岩）中，分布于矿区北部。

金堆城花岗斑岩（与钼矿床关系最密切）岩株，它在地表的出露长度约450m，宽150m，呈330°左右方向延伸，倾向北东，向北西侧伏。岩体普遍蚀变，蚀变类型常见的有绢云母化、云英岩化、泥化、硅化与钾长石化等。围绕花岗斑岩体的围岩热变质强烈，可划分为黑云母化带、角岩化带，岩体边部有许多晚期的伟晶岩脉、石英脉穿切岩体。

二、矿体特征

矿体产于燕山期花岗斑岩内部及其外部的安山质火山岩中，呈巨大的连续扁豆体状，地表出露长约1600m，水平宽一般为600～700m。向南东矿体宽度渐次减小，有收缩之势。矿体的形状、产状较稳定。矿体与围岩为渐变关系。矿体两侧向围岩呈锯齿状分岔尖灭。自矿体中心向下，矿化逐渐减弱，矿体一般埋深400～700m，在此以下尚见有表内外矿石交替的不连续矿化。

主要金属矿物主是辉钼矿、黄铁矿，次要的为磁铁矿、黄铜矿，含微量方铅矿、闪锌矿、锡石、辉铋矿等。脉石矿物有石英、微斜长石、微斜条纹长石、斜长石、绢云母（白云母）、黑云母、绿泥石、绿柱石、萤石、方解石、沸石等。

矿石结构主要为角岩结构与斑状结构，矿石构造呈网脉状、脉状、浸染状构造。

矿石类型分为3种：花岗斑岩型、变安山岩型、板岩-石英岩型。矿石向围岩方向分叉尖灭，矿石钼品位中部富，向两侧及南东端渐次降低，最终过渡为围岩。

三、自然重砂异常特征

矿床金属矿物有辉钼矿、黄铁矿、黄铜矿、方铅矿、闪锌矿、磁铁矿，非金属矿物有长石、石英、绢云母、白云母、黑云母、萤石、绿帘石、方解石、绿泥石等。经综合分析后，确定利用辉钼矿、黄铜矿、方铅矿自然重砂矿物建立成矿模型，其他矿物因无异常显示，所以没有选取（图5-2）。

辉钼矿异常：全区共圈一个异常，呈"心"形展布于燕山期花岗斑岩体与熊耳群接触带附近，与金堆城钼矿床相伴生。区域空间位置套合好。

铅矿物异常：共圈定5个铅矿物异常，其展布方向与北东向青岗坪大断裂方向一致，分布于金堆城钼矿床周边。

铜矿物异常：共圈定3个铜矿物异常，分布于金堆城钼矿床下游，空间位置显示为钼矿床所致。

辉钼矿、铅矿物和铜矿物异常，与金堆城钼矿床空间位置套合较好，据重砂异常分布特征可以预测钼矿床找矿方向。

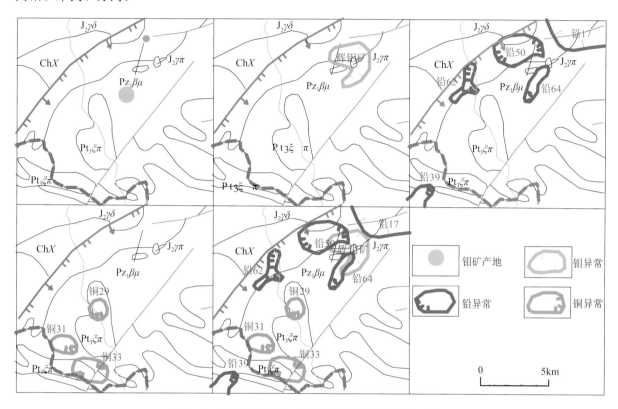

图5-2　陕西金堆城地区钼矿自然重砂异常剖析示意图

第二节　陕西洛南大石沟式钼矿及其自然重砂异常特征

一、地质背景

洛南县大石沟钼矿地处陕西省商洛市洛南县，位于华北陆块南缘前陆盆地（Pt_{2-3}）内。属热液脉型（与碳酸岩有关的）大型钼矿床（图5-3）。

（一）地层

矿区出露地层主要为太古宇、元古宇和下古生界，中生界和新生界零星分布。太古宇太华群为一套中高级变质岩系，岩性主要为角闪黑云斜长片麻岩及混合岩；中元古代熊耳群火山岩系及高山河组浅变质岩构成上构造层，并与基底呈不整合接触。其中熊耳群主要岩性为变细碧岩、绢云母千枚岩、黑云石英片岩夹大理岩透镜体等；高山河组为滨海—浅海相碎屑岩及镁质碳酸盐岩。主要岩性为泥砂质板岩、变石英砂岩和石英岩等。高山河组不整合接触于熊耳群上。矿体主要赋存于熊耳群变细碧岩中，少量存在高山河组。

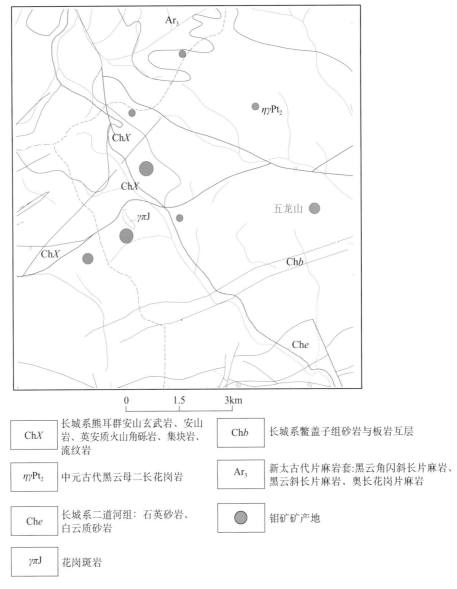

图 5-3　洛南县大石沟式钼矿区域地质略图

图例：

ChX　长城系熊耳群安山玄武岩、安山岩、英安质火山角砾岩、集块岩、流纹岩

Chb　长城系鳖盖子组砂岩与板岩互层

ηγPt₂ 中元古代黑云母二长花岗岩

Ar₃　新太古代片麻岩套:黑云角闪斜长片麻岩、黑云斜长片麻岩、奥长花岗片麻岩

Che　长城系二道河组: 石英砂岩、白云质砂岩

钼矿矿产地

γπJ　花岗斑岩

（二）构造

矿区地质构造复杂，断裂构造具有多期多次叠加的特征，总的格局是由近东西向与北北东向两组构造组成的格子状。近东西向构造受华北地台南缘的边缘构造带控制，形成时代早、活动时间长和呈带状发育。北北东向构造是燕山期叠置在东西向构造带之上的主导构造，在地壳浅部表现为北北东向的断裂近等间距分布，燕山期构造活动对区内中酸性小岩体及钼矿床的形成和分布具有控制意义。

矿化的形成与断裂构造关系密切。矿带或矿床主要受北西向断裂控制，个别呈近东西向展布，含矿脉体则主要沿北东向断裂和其他裂隙产出，北西向者次之。

（三）岩浆岩

岩浆岩主要有元古宙片麻状花岗岩，燕山期老牛山二长花岗岩和石家湾花岗斑岩，以及辉绿岩脉、碳酸岩脉、正长斑岩脉黑云母正长斑岩脉等。老牛山二长花岗岩切割钼矿化碳酸岩脉，应与大石沟式热液脉型钼矿无关。

钼矿化产于方解石石英脉和侵入岩脉大脉体中，以含稀土矿物、稀散元素及铅为特征。含矿脉体主要为方解石石英脉、天青石石英脉、长石石英脉，其次还有正长岩脉、辉绿岩脉等，矿脉长 30～

1036m，厚数米至 20m，薄至 1~15cm，最厚达 44.47m。

二、矿体特征

含矿方解石石英脉、天青石石英脉、长石石英脉，其次还有正长岩脉、辉绿岩脉等，按矿脉走向可分为四组，分别为近南北、北东，近东西向、北西。

矿体由含矿脉体及其近脉围岩组成，主要赋存于熊耳群上亚群中，在高山河组中矿体变小、变贫。矿石类型主要为细碧岩型，次为辉绿岩型、石英岩型及凝灰质板岩型。主要金属矿物为辉钼矿、方铅矿、黄铁矿，其次为磁铁矿、闪锌矿、黄铜矿、赤铁矿；次生矿物为褐铁矿、铁钼矿、白铅矿、菱锌矿、白钛矿。非金属矿物主要有方解石、石英、斜长石、钾长石，其次为钡天青石、白云母、黑云母、绿泥石、角闪石等。矿石具叶片-鳞片结构、聚片（晶）结构、交代晶架状结构、他形粒状结构，脉状、网脉状、浸染状构造。伴生有同类型的铅、硫、铼、稀土矿床，其次有同类型的银、硒、锑等矿床。

三、自然重砂异常特征

矿床类型为大石沟式与碳酸岩有关的热液型钼矿，与二长花岗岩体有关。经综合分析后，选择了辉钼矿、铜矿物、铅自然重砂矿物建立了成矿模式（图 5-4）。

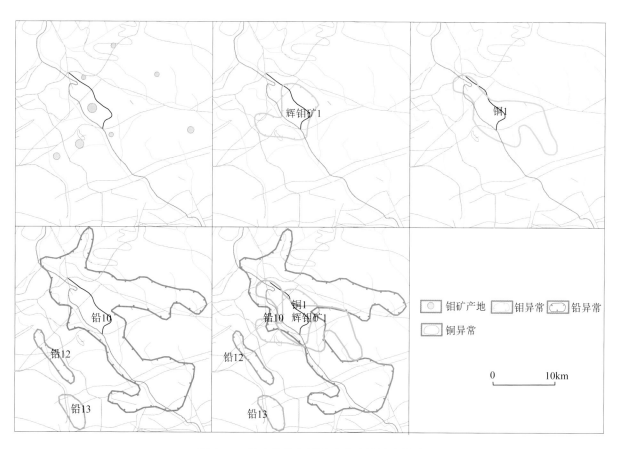

图 5-4　洛南县黄龙铺钼矿重砂剖析示意图

钼矿物异常：圈定自然重砂辉钼矿异常 1 个，面积 4.88km²，其内分布有洛南县黄龙铺钼矿床（大型），出露地层为中元古宇熊耳群，主要岩性为变细碧岩、绢云母千枚岩、黑云石英片岩夹大理岩透镜体等。异常与钼矿产地套合性好。

铜矿物异常：圈定异常 1 处，北西向带状分布，规模较大，面积 7.91km²，其内分布有洛南县黄龙铺钼矿床（大型）、洛南县玉河钼矿（小型），其边部分布有洛南县黄龙铺大石沟钼矿（大型）、洛南县石家湾钼矿（大型）。异常与钼矿产地套合好。

铅矿物异常：圈定铅矿物异常 3 个，分别为铅 10、铅 12、铅 13，异常呈北西向带状展布，其中铅 10 号异常规模最大，沿主河道分布。其内有大型钼矿床 2 处，小型 1 处。异常与钼矿产地套合好，充分反映了钼矿产地的有关信息。

区内圈定的钼矿物、铜矿物、铅矿物异常与钼矿产地套合关系好，其综合异常指明了大石沟式钼矿的找矿方向。

第三节　陕西桂林沟式热液脉型钼矿及其自然重砂异常特征

一、区域地质特征

镇安县桂林沟钼矿地处陕西省商洛市镇安县，位于秦祁昆造山系中南秦岭弧盆系凤县-镇安陆缘斜坡带内。属热液脉型（与花岗岩有关的）小型钼矿床（图 5-5）。

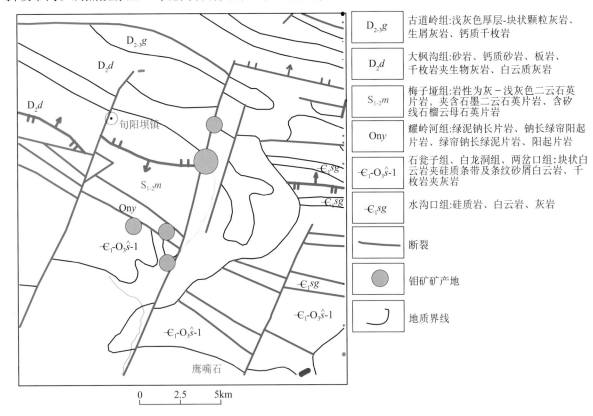

图 5-5　陕西省宁陕县—镇安县钼矿产区域地质图

（一）地层

矿区出露地层为中寒武统—奥陶系结晶灰岩夹泥砂质岩，花岗岩墙呈北西-南东方向侵入，岩墙下部钾化、辉钼矿化强烈。岩墙上下盘围岩（灰岩）矽卡岩化强烈，在矽卡岩中普遍有辉钼矿化。

（二）构造

区内褶皱构造及断裂构造发育，节理很发育。褶皱主要为寒武系-奥陶系构成的一复式背形构造，二者间的韧性断层亦卷入褶皱变形中，其南翼被四海坪岩体所侵吞，北翼被大橡沟垴断裂所破坏。断裂构造主要为走向北东、北西断裂，其次为走向近南北横切地层的走滑断裂、韧性断层。区内节理发育，钼矿（化）脉均沿此充填分布，含矿热液追踪先期形成的节理，迁移、沉淀、富集，形成充填型脉型钼矿床，主要有北东向、北西向、近南北向三组。

（三）岩浆岩

岩浆岩为四海坪岩体的部分，岩体出露面积约 $1.53km^2$，为一舌状形态，舌状体由南而北楔入北部陡岭岩群中，北部出露边界在桂林沟北坡。岩性以似斑状黑云二长花岗为主，中细粒自形结构，块状构造，主要矿物：斜长石，20%～25%；钾长石，40%～50%；石英，35%～40%；黑云母 5% 左右。

脉岩主要有花岗细晶岩脉、钾长岩脉、石英岩脉等，脉体规模一般宽 0.2～1m，长度数十米至数百米不等，在四海坪岩体及地层中均有分布。脉岩的分布与构造节理有关，主要沿三组构造面侵入，以北东向为主、其次为近南北向、北西向。

区内脉岩与钼矿化关系密切，多数脉体本身就是钼矿（化）体。根据区内已发现的钼矿化体，主要为钼矿化石英脉、钼矿化花岗细晶岩脉、钼矿化钾长岩脉；脉岩两侧的蚀变岩亦有钼矿的富集。

二、矿床特征

区域上分布有宁陕月河坪、大西沟及镇安桂林沟钼矿点 3 个，宁陕深潭沟钼矿床 1 个。矿体总体走向呈北东向，各矿体间多呈相互平行排布。矿（化）体追踪浅层次脆性构造分布，与围岩层理大角度相交。矿（化）体产出受断层节理控制，沿断裂、节理充填钼矿化石英脉（含云英岩化石英脉、长石石英脉）、细晶花岗岩脉，构成脉型矿（化）体。矿体形态主要呈脉状、似层状，沿走向及倾向有伸缩现象，矿体分支复合、尖灭再现现象明显。

矿石金属矿物以辉钼矿为主，少量黄铜矿、黄铁矿、磁黄铁矿共生，脉石矿物以钾微斜长石为主，少量白云母、钠长石、石英。Mo 矿石品位：最高 2.534%，最低 0.026%，平均 0.243%。

矿石结构有伟晶结构、叶片状、放射状结构、交代结构与碎裂结构，矿石构造为星点状、浸染状构造、团块状构造、条带状构造。

三、自然重砂异常特征

以自然重砂数据库为基础，以矿床矿石矿物为依据，选择了辉钼矿、黄铁矿、铅矿物、钨矿物提取有关预测信息（图 5－6）。

辉钼矿异常：区内圈定辉钼矿异常 1 个，异常呈椭圆状近东西向展布，其内分布有宁陕县深潭沟钼矿点，其北侧分布有旬阳坝腰竹沟村深潭沟矿点、宁陕县大西沟钼矿点。异常与钼矿产地套合性较好，为矿致异常。

铅矿物异常：圈定铅矿物异常 2 处，主要分布在北西向断裂带上。

钨矿物异常：圈定钨矿物异常 4 个，分别为钨 331、钨 332、钨 333、钨 356，其中钨 333 号仅有部分分布于区内，面积最大。钨矿物异常反映了区内花岗岩体出露特征，指标了控矿岩体分布情况，可以间接地指示该类型钼矿的找矿方向。

黄铁矿异常：圈定了 2 个异常，分别为黄铁矿 89 和黄铁矿 97，主要分布于北西向或北东向断裂带上，指示了黄铁矿化较强的断裂带区段，即寻找钼矿化较强区段。

上述四类重砂矿物异常，区域性套合性较好。结合区域寒武系—奥陶系结晶灰岩地层、钾长花岗岩和控矿断裂带，从较人区域指明了桂林沟式热液脉型钼矿的找矿方向。

图 5-6　宁陕县-镇安县桂林沟式热液脉型钼矿剖析示意图

第四节　海南红门钼钨矿及其自然重砂矿物异常响应

一、区域地质背景及矿床特征

（一）区域地质背景

海南乐东红门钨钼矿矿床位于海南省乐东黎族自治县。

区域出露地层有奥陶系、二叠系、第四系。区域内岩浆岩发育，以花岗岩体为主，主要有二叠纪黑云母二长花岗岩、三叠纪黑云母正长花岗岩、白垩纪花岗斑岩和侏罗纪黑云母正长花岗岩。海西期—印支期中酸性岩浆岩基及燕山期花岗斑岩小岩株为主要赋矿岩体。区域构造不发育，没有明显的褶皱、断层。

（二）区域成矿地质条件

根据岩体的侵入接触关系和岩体同位素年龄的测定，将矿区岩浆岩划分为海西期、印支期、燕山期及多期次侵入。

海西期岩浆岩可划分为早二叠世细粒—中细粒石英闪长岩—闪长岩和晚二叠世细中粒斑状黑云母二长花岗岩；印支期岩浆岩可划分为黑云母正长花岗岩和花岗斑岩；燕山期岩浆岩主要为斑状花岗岩；其他多期次侵入岩脉主要为闪长玢岩脉、石英脉等。

根据区域上无有利成矿地层出露、构造不发育、广泛分布中酸性侵入岩等因素，推断该区域可形成小型斑岩型多金属矿产。

（三）矿床特征

赋矿岩体为海西期—印支期中酸性岩浆岩基及燕山期花岗斑岩小岩株。矿体一般由含钼多金属正长花岗岩、含钼多金属花岗斑岩、含钼多金属石英脉组成，有膨缩、尖灭侧现、小断距错断等现象。

根据详细勘查结果，详查评价的 V_1 矿带宽度达 80m，长达 794m，总体走向北北西 339°，产状比较稳定，倾向北东东，矿体上部倾角较陡（64°～84°），下部变缓（46°～67°）。V_1 矿带内的 20 条矿脉中有 15 条矿脉出露地表，5 条矿脉为隐伏矿体。矿体最大出露标高为 188m，最大延深位于 104 线，标高为－187.6m。

矿石矿物成分较为复杂，共计有矿物 20 种，其中金属矿物 10 种，非金属矿物 13 种。金属矿物主要为辉钼矿、黑钨矿、白钨矿、闪锌矿、辉铋矿、方铅矿，极少量黄铁矿、黄铜矿、毒砂、锡石；脉石矿物主要为钾长石、斜长石、石英、白云母、萤石及少量绢云母、角闪石、黄玉等。

矿石主要有用组分平均品位：Mo，0.2422%；WO_3，0.1713%。储量分别为：Mo，2164.2t；WO_3，1654.8t。

二、自然重砂矿物及其组合异常特征

（一）区域自然重砂矿物

红门岭钨钼矿区矿体露头剥蚀条件较好，在矿区及其周边区域，自然重砂样品中可以检出锆石、钛铁矿、赤铁矿、独居石、磷钇矿、锐钛矿、白钛矿、锡石、电气石、白钨矿、黄铁矿、钼铅矿、自然金、泡铋矿、磷氯铅矿、方铅矿、赤铁矿、硬锰矿、黑钨矿、褐钇铌、褐铁矿、菱铁矿、磷灰石、重晶石、铌钽铁矿、黄玉等 40 余种矿物。其中，自然金、硬锰矿、重晶石出现率较低，而稀土矿物、黄铁矿、白钨矿出现率较高（图 5-7）；钼铅矿明显呈现出与矿化露头关系密切。红门岭钨钼矿区及周边区域主要自然重砂矿物含量分级见表 5-1。

（二）自然重砂矿物的一般特征

红门钼钨矿区及其周边区域自然重砂样品中，矿物呈现以下主要特征。

稀土矿物：出现率达 83%，包括独居石、磷钇矿、褐钇铌，以独居石、磷钇矿为主。

锡石：出现率达 49%，多与独居石、磷钇矿伴生。矿物含量多在 5～45 粒之间。

钨矿物：出现率达 48%，包括白钨矿、黑钨矿，以白钨矿主。矿物含量多在 5～80 粒之间。

自然金：出现率达 5%，矿物呈金黄色，具延展性。矿物零星分布，矿物含量多在 1～2 粒之间。伴生矿物以锡石、独居石、磷钇矿为主，次为白钨矿、黑钨矿、泡铋矿等。

铅矿物：出现率达 6%，包括钼铅矿、磷氯铅矿、方铅矿、白铅矿，以钼铅矿为主。矿物零星分布，矿物含量多在 5～45 粒之间。

钼铅矿：出现率达 6%，伴生矿物主要为独居石、磷钇矿、白钨矿，次要为锡石、磷氯铅矿、泡

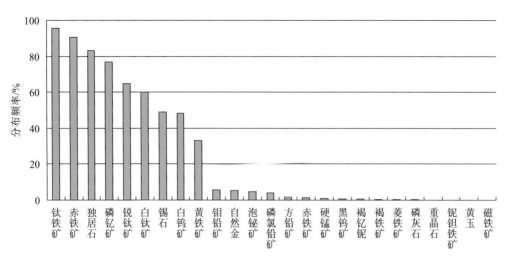

图 5-7 红门岭钨钼矿区重砂矿物分布频率图

表 5-1 红门岭钨钼矿区及周边区域主要自然重砂矿物含量分级

序号	名称	I	II	III	IV	V
1	稀土矿物	1~59 粒	60~604 粒	605~14220 粒	14219~28440 粒	>28439 粒
2	钨族矿物	1~4 粒	5~14 粒	15~55 粒	56~111 粒	>111 粒
3	锡石矿物	1~4 粒	5~44 粒	45~299 粒	300~599 粒	>599 粒
4	自然金	1~2 粒	3 粒	4~9 粒	10~19 粒	>19 粒
5	铅族矿物	出现频率低，出现即为异常，不分级				
6	钼铅矿	出现频率低，出现即为异常，不分级				
7	泡铋矿	出现频率低，出现即为异常，不分级				

铋矿。矿物含量多在 5~45 粒之间。

泡铋矿：出现率达 5%，伴生矿物主要为独居石、磷钇矿、白钨矿，次要为锡石、自然金、方铅矿。矿物含量多在 5~24 粒之间。

（三）红门地区自然重砂异常

红门钼钨矿区出现有 2 个组合矿物综合异常（图 5-8）。各综合异常表现出不同的矿物组合特征。

1. 钼-铅-钨矿物异常（1 号异常）

异常区平面呈不规则形，长轴直径约 12km，面积在 65km² 左右。异常区地质背景主要为二叠纪二长花岗岩，有乐东红门岭钼钨矿响应。异常主要由钼铅矿、白钨矿构成。推测在红门钨钼矿外围，仍有可能发现新的斑岩型钼钨矿脉。

2. 钼-铅矿物异常（2 号异常）

异常区平面呈不规则形，长轴直径约 17km，面积在 100km² 左右。异常区地质背景主要为三叠纪正长花岗岩。有东方所岭多金属矿等有色金属矿床响应。异常主要由钼铅矿构成。推测在异常北部水系上游地区、南部尖峰岭地区，有可能发现取得斑岩型钼铅矿找矿突破。

三、红门钼钨矿自然重砂矿物响应

红门钼钨矿区范围内出现的重要重砂矿物有钼铅矿、白钨矿、黑钨矿、磷氯铅矿、方铅矿、白铅矿等 6 种，其中钼铅矿、白钨矿集中分布，形成红门矿区及周边区域面积最大、强度最高的重矿物异常。

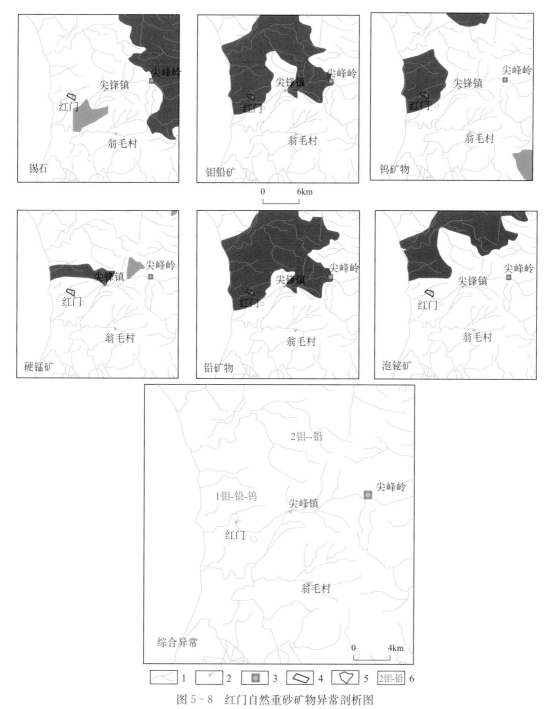

图 5-8　红门自然重砂矿物异常剖析图

1—水系；2—居民点；3—山峰；4—矿区边界；5—自然重砂综合异常边界；6—异常编号及矿物组合

第六章 铅锌矿床

第一节 陕西凤太铅锌矿及其自然重砂异常特征

铅锌矿产主要类型为海底喷流沉积型，其次是岩浆期后热液或火山（次火山）热液型。据不完全统计，矿床主要金属矿物有闪锌矿、方铅矿、黄铁矿、黄铜矿等，非金属矿物有石英、方解石、铁白云石、绢云母等。通过综合分析，铅矿物、锌矿物、黄铁矿异常显示较好且与矿床矿石矿物对应性较好，利用三类重砂矿物信息，建立重砂找矿模式。

一、区域地质矿产特征

凤太铅锌矿田地处陕西省凤县—太白县一带，位于秦祁昆造山系南秦岭弧盆系凤县-镇安陆缘斜坡带，属碳酸盐岩-细碎屑岩型大型铅锌矿床（图6-1）。

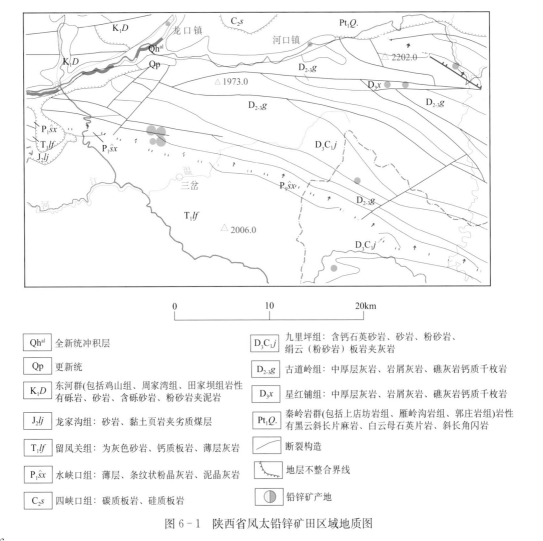

图6-1　陕西省凤太铅锌矿田区域地质图

（一）地层

矿区内出露地层为中泥盆统古道岭组上段和上泥盆统星红铺组下段（D_3x^1）。

古道岭组上段：主要岩性由中厚层微-粉晶灰岩、生物微-粉晶灰岩、生物礁灰岩、硅化铁白云岩、硅质铁白云岩、微晶石英岩（硅质岩）组成，偶夹碳质千枚岩和绿泥石方解石千枚岩。生物礁灰岩主要由层孔虫和珊瑚构成，层孔虫呈椭圆状，直径5～15cm，大者20cm以上，体积分数约15%。珊瑚呈长柱状和枝状，体积分数约40%，并有切穿层理面生长的珊瑚个体。生物微-粉晶灰岩主要生物为珊瑚和介壳碎片，珊瑚大部分顺层排列。

星红铺组下段：其岩性有绢云母千枚岩、铁白云质千枚岩，绿泥绢云千枚岩夹薄层粉晶灰岩及粉砂质千枚岩、碳质绢云千枚岩，铁白云质千枚岩夹绿泥绢云千枚岩和薄层粉晶灰岩，绿泥绢云千枚岩、铁白云质千枚岩、夹薄层微晶灰岩、变质粉砂岩等。

（二）构造

褶皱构造以铅硐山倾伏背斜为主体，其北侧为一受断层破坏的向斜，它们属区域上的三级褶皱，断裂主要有走向（东西向）断裂和斜向（北西向和北东向）断裂。前者规模大，为成矿前断裂，多沿古道岭组和星红铺组界面发育；后者数量较多，为成矿后断裂。背斜鞍部和走向断裂为控（容）矿构造。

（三）矿体特征

铅锌矿化带分别位于铅硐山背斜两翼。北带长1100m以上，宽0～33m，总体走向近东西，北倾，倾角55°～79°；南带长450m以上，宽5～55m，走向290°～303°，南倾，倾角72°～88°。

矿石矿物主要有闪锌矿、方铅矿，次为黄铁矿、黄铜矿、黝铜矿、菱锌矿、白铅矿等；脉石矿物主要有方解石、铁白云石、白云石、石英等。

矿石结构为草莓结构、环状结构、加大边结构、生物假象结构、他形粒状结构、骸晶结构、交代网脉结构、自形粒状结构、共边结构、揉皱结构。

矿石构造为层纹至条带状构造、条带状构造、缝合线构造、浸染状构造、脉状构造、块状构造、皱纹构造。

二、自然重砂异常特征

选择区内自然重砂铅矿物、锌矿物和铜矿物异常完成了凤太铅锌矿田自然重砂异常剖析图（图6-2）。

铅矿物异常：全区共圈定铅矿物异常20个，其中铅180内分布有凤县尖端山铅锌铜矿点；铅211内分布有4个矿床，分别为凤县峰崖铅锌矿（中型）、凤县手搬崖铅锌矿（中型）、凤县铅洞山铅锌矿（中型）、凤县东唐子铅锌矿（小型）；铅201内分布有凤县二里河铅锌矿（小型）；铅207内南侧分布有凤县二里河东部铅锌矿（小型）、凤县银母寺多金属矿（小型）；铅268南侧有凤县银洞梁铅锌矿点分布；铅250南侧有凤县长沟铅锌矿。

锌矿物异常：全区共圈16个异常，锌15和锌13规模最大，其中锌15内分布有凤县峰崖铅锌矿（中型）、凤县手搬崖铅锌矿（中型）、凤县铅洞山铅锌矿（中型）、凤县东唐子铅锌矿（小型）4个铅锌矿床；锌13内分布有6个铅锌或铅锌铜矿床或矿点；锌27北侧分布有凤县银洞梁铅锌矿点。

铜矿物异常：以铜矿物（黄铜矿、孔雀石、蓝铜矿）出现即为异常，全区共圈定9个铜矿物异常，其中铜85号异常规模最大。铜矿物异常呈近东西向带状分布，面积256km²，铜矿物平均含量31（标准化），背景地层为泥盆系古道岭组、星红铺组和九里坪组。

铅矿物、锌矿物及铜矿物异常分布区具有很大的找矿潜力，除已有分布矿床外，其余异常套合较好的区域有很大的找矿潜力。

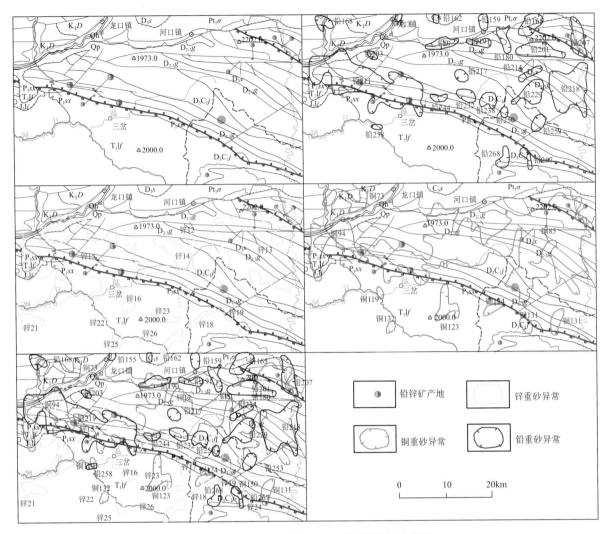

图6-2　陕西凤太铅锌矿田重砂异常剖析示意图

第二节　陕西旬阳蜀河铅锌矿自然重砂异常及其找矿意义

一、区域地质特征

地处陕西省旬阳县，位于秦祁昆造山系南秦岭弧盆系宁陕-旬阳板内陆表海东南部，属细碎屑岩型铅锌矿（图6-3）。

（一）地层

铅锌矿田出露地层主要为中、上志留统水洞沟组和下泥盆统公馆组、西岔河组（图6-3）。

中、上志留统水洞沟组岩性为灰绿-紫红色粉砂质千枚岩、粉砂岩、砂岩和下、中志留统梅子垭组（$S_{1-2}m$）泥质岩、粉砂质泥岩、泥质粉砂岩、砂岩及泥砂质生物碎屑灰岩。属细碎屑岩建造叠加热水沉积建造，以锌矿为主，伴生铅。与上覆下泥盆统公馆组、西岔河组为整合接触。

下泥盆统公馆组、西岔河组上部岩性为结晶白云岩、黏土质白云岩、粉-砂屑白云岩、藻白云岩；下部含燧石砂砾岩、含砾砂岩、砂质粉砂岩、粉砂质绢云千枚岩、紫红色粉砂质千枚岩、石英砂岩局部夹白云岩，与上覆地层呈整合接触。

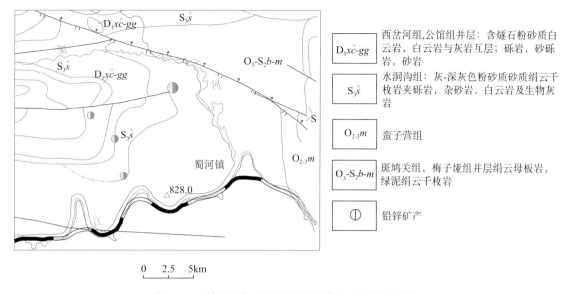

图6-3 陕西省旬阳县蜀河镇铅锌矿田区域地质图

西岔河组,公馆组并层:含燧石粉砂质白云岩,白云岩与灰岩互层;砾岩,砂砾岩,砂岩 $D_1x\hat{c}\text{-}gg$

水洞沟组:灰-深灰色粉砂质砂质绢云千枚岩夹砾岩,杂砂岩,白云岩及生物灰岩 $S_3\hat{s}$

蛮子营组 $O_{2\text{-}3}m$

斑鸠关组,梅子垭组并层绢云母板岩,绿泥绢云千枚岩 $O_3\text{-}S_2b\text{-}m$

铅锌矿产

0 2.5 5km

（二）构造

矿田位于区域性南羊山复向斜东部转折端。断裂构造主要为近东西向顺层断裂,由早期深层次构造形成的劈理经后期构造活动改造而成,断层破碎带一般宽0.5～5m。为矿区的控（容）矿断层。沿断层有铅锌矿体产出,在断层产状变化（由陡变缓）部位矿体厚度增大。劈理属矿区基本构造形迹之一。主要为顺层劈理,劈理发育,与铅锌矿化关系密切。

二、矿床特征

矿体受构造蚀变带控制,即近东西向断层构造带控制矿体分布,矿化标高一般在450～850m之间,矿体呈层状或似层状。矿石矿物主要为闪锌矿,次为方铅矿、黄铁矿,偶见黄铜矿;脉石矿物主要为绢云母、石英,次为长石、绿泥石、方解石。矿石结构主要为他形粒状结构、他形—半自形粒状结构、鳞片变晶结构。矿石构造以块状、条带状构造为主,次为侵染状、细脉状构造。以原生硫化矿石为主要的矿石类型。其中以锌矿石为主,铅锌矿石次之,铅矿石较少。

三、自然重砂异常特征

区内选择了自然重砂铅矿物、锌矿物、铜矿物和黄铁矿异常完成了旬阳县蜀河铅锌矿自然重砂异常剖析图（图6-4）。

铅矿物异常:全区共圈定6个铅矿物异常,其中铅489、铅497、铅512异常规模较大,背景地层为中上志留统水洞沟组,铅489异常内分布有旬阳县南沙沟铅锌矿床（中型）;铅497内有旬阳县关口镇红豆沟铅锌矿床（小型）、旬阳县关子沟铅锌矿床（小型）。

锌矿物异常:圈定锌矿物异常3个,其中锌47内分布有旬阳县南沙沟铅锌矿床（中型）,锌50上游分布有旬阳县泗人沟-南沙沟铅锌矿点、旬阳县关子沟铅锌矿点、旬阳县关口镇红豆沟铅锌矿点。异常充分地反映了铅锌矿产信息。

铜矿物异常:全区共圈定了8个铜矿物异常,其中铜342中分布有旬阳县南沙沟铅锌矿床（中型）,铜348内分布有旬阳县关子沟铅锌矿点,铜394上游分布有关口镇红豆沟铅锌矿点、关子沟铅锌矿点、泗人沟-南沙沟铅锌矿点。

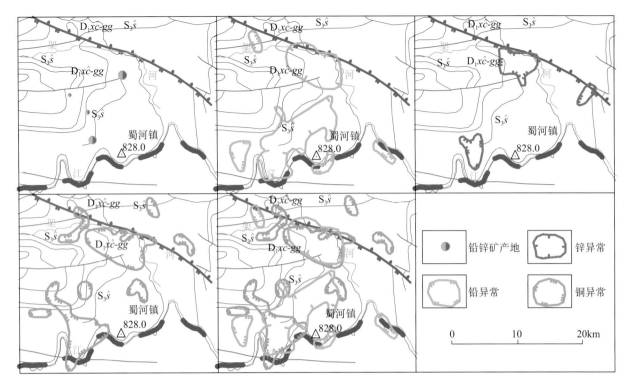

图 6-4 旬阳县蜀河镇铅锌矿重砂异常剖析示意图

黄铁矿异常：以全省重砂数据库标准化值 200 为异常下限，共圈定两个异常，分别为黄铁矿 175 和黄铁矿 179。黄铁矿 175 呈北东向带状分布，面积 212km²，背景地层主要为奥陶系—志留系斑鸠关组、梅子垭组、志留系水沟口组，异常内分布有 3 个铅锌矿产地。

四、自然重砂异常的意义

铅矿物、锌矿物、铜矿物和黄铁矿异常与铅锌矿产地套合性好，能够反映铅锌矿产的分布信息，所以通过提取 4 种重砂矿物异常套合信息，可以预测铅锌矿找矿方向和产出位置。

第三节 甘肃花牛山铅锌矿床及其自然重砂异常

花牛山铅锌矿床行政区划隶属甘肃省柳园镇瓜州县管辖。矿区坐标范围：北纬 41°13′06″—41°14′44″；东经：95°30′29″—：95°34′03″。面积约 13km²。

一、区域地质特征

矿区范围内所出露的地层为奥陶系花牛山群，主要岩石类型有千枚岩、板岩、片岩和大理岩，并夹有少量火山岩。大理岩为主要含矿岩层，常呈宽 100~400m 的条带与千枚岩和板岩等交替出现。

含矿大理岩一般呈厚层状，结晶较为粗大，灰黑—灰白色，硅和锰含量高，局部地段产出有工业矿体，风化后形成铁帽。不含矿大理岩呈细粒—微粒状结构，灰黑色、薄层状构造。侵入岩与大理岩接触部位，常见侵入岩体型化和角岩化。

二、矿床特征

花牛山铅锌矿床由4个矿区组成，分布在一个东西长11km，南北宽约6km，面积约60km²的范围内。其中以一矿区面积最大，金属量最多。本次主要研究对象为一、二矿区。

一矿区面积约3.5km²，共圈定218个矿体，其中二矿带47个、三和四矿带171个（有8个大于1万t的矿体），矿体主要在奥陶系花牛山群结晶灰岩、细碎屑岩夹火山岩地层中产出。

矿体的形态以似层状为主（约占全区金属储量的91.04%），扁豆状矿体次之，囊状矿体偶见，似层状矿体与围岩呈整合产出。矿体走向延长10~380m，个别达500m，厚0.7~9m，最厚16.5m，沿倾斜延伸几米至280m，最深可达350m。矿体走向多为70°，倾向北西、倾角50°~70°，并随围岩的产状变化而变化；扁豆状矿体延长10~80m，厚1~7m，延伸几米至96m。囊状矿体，横切面直径5~10m，延伸不大，产状较陡。此外，还有一些小型的脉状矿体，常与围岩层理斜交。

二矿区面积约0.5km²，共圈定3个矿体，矿体形态呈似层状，产状特征与一矿区相当，向下延深不大。

一矿区二、三矿带地表见扁豆状、透镜状矿体，其规模甚小。长一般10~22m，厚（或宽）1.5~5.5m。囊状或柱状矿体仅见于浅井和老硐中，明显受后期两组断裂裂隙交叉部位所控制，横断面直径一般5~10m。

原生矿石矿物主要有黄铁矿、磁黄铁矿、铁闪锌矿、方铅矿，次有毒砂、磁铁矿、硫锰矿、黄铜矿、白铁矿、黝锡矿、褐铁矿、赤铁矿，微量深红银矿、辉银矿、硫锑铅矿、银锑黝铜矿、银黝铜矿；脉石矿物主要为方解石、锰方解石、铁白云石，次为石英、绢云母、斜长石、透闪石、阳起石、石榴子石、重晶石、绿泥石，偶含白云母、石膏、萤石等。

地表氧化矿物主要为锰矿物（软锰矿、硬锰矿、水锰矿、褐锰矿），次为铁矿物（褐铁矿、赤铁矿、纤铁矿、针铁矿、磁铁矿等），微量黄铁矿、磁黄铁矿、闪锌矿、方铅矿、铅铁矿、钼铅矿、菱锌矿、黄钾铁矾、锌方解石等。

三、自然重砂特征

与矿床响应较好的重矿物有白铅矿、白钨矿、褐铁矿、磷灰石、自然金（图6-5）。其中金矿物仅出现1处，其余矿物出现应为原生矿床的近地表重矿物影响。而磷灰石可能为变质围岩地层中的副矿物。

矿物组合为白铅矿-白钨矿-褐铁矿-磷灰石-自然金。

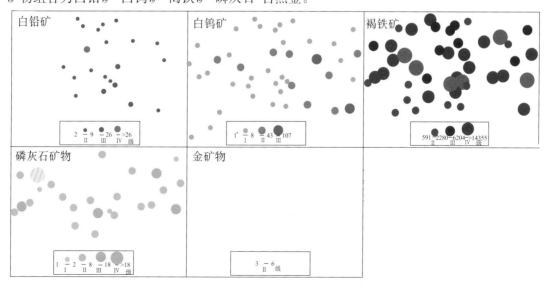

图6-5 花牛山铅锌矿预测区自然重砂剖析示意图

第七章　锡矿床

第一节　云南腾冲小龙河锡矿自然重砂矿物异常响应

一、区域地质背景及矿床特征

（一）区域地质背景

腾冲县小龙河锡矿位于冈底斯弧盆系腾冲岩浆弧带之高黎贡山结晶基底断块西南缘。

区域出露地层有：第四系细砾、砂砾岩、砂；二叠系大东厂组浅灰一深灰色中厚层-块状灰岩，含燧石团块和硅质条带，上部夹白云质灰岩；二叠系空树河组上部为生物结晶灰岩，局部含燧石团块，下部为砂砾岩、含砾不等粒砂岩、岩屑石英砂岩、粉砂岩、页（泥）岩；二叠系邦读组上部为灰、浅灰色粉砂质板岩夹砂质绢云板岩，中部为灰绿色绢云板岩、粉砂质板岩夹石英砂岩，下部为灰紫色泥质粉砂质板岩夹粉砂质绢云板岩；古元古代高黎贡山岩群为云母片岩-斜长片麻岩-变粒岩-大理岩建造，岩性为云母片岩、云母石英片岩、黑云斜长变粒岩-片麻岩、角闪斜长片麻岩-变粒岩局部夹斜长角闪岩、大理岩、钙硅酸盐岩（图 7-1）。

区域有南北和北北西构造：主干断裂为棋盘石-腾冲南北向弧形断裂，其次有班瓦-弯塘断裂-胆扎-苏江断裂等，区域地层受构造控制。区域东部有燕早期花岗岩-闪长岩侵入，西部有古永燕山晚期花岗岩至喜马拉雅山早期花岗岩，即槟榔江花岗岩带。第四纪分布在主干断裂两侧，有橄榄玄武岩、角闪安山岩、火山岩喷发，其分布严格受主断裂制约。在大断裂带内有多级小构造，呈羽状展布，次级构造既是矿液通道亦是容矿空间。

区域内侵入岩主要为花岗岩，属滇西花岗岩察隅-腾冲侵入岩带，即岩基中的腾冲亚带或岩基段；岩基段中部即为燕山晚期古永花岗岩群（同位素年龄为 84.3~70.0Ma），是矿区主要成矿母岩。该岩群区内由青草岭单元、云峰山岩序、小龙河岩序组成。小龙河花岗岩序由猫舔石单元、横河沟单元、水晶宫亚单元、左家寨单元、冻冰河亚单元及云英岩组成。

（二）区域成矿地质条件

腾冲小龙河锡矿属察隅-腾冲岩浆弧带。海西期石炭纪巨厚层沉积形成多层含砾砂岩、杂砂岩。海西晚期至印支期褶皱抬升，生成中、上三叠统浅海相沉积物，此后至燕山期褶皱上升成陆，并伴大规模燕山期构造岩浆活动，造就多期次岩浆活动带。在印支早期形成陇川江大断裂和棋盘石-腾冲大断裂。燕山早期岩浆岩侵入，东侧形成接触交代型滇滩富铁矿及白石岩特大型硅灰石矿，中晚期岩浆不断活动，西侧形成大型锡矿床（多个中型），东侧叠加锡硼铋-多金属-硫化矿床，燕山期至喜马拉雅期构造岩浆岩活动，致使十分丰富的锡多金属矿产及非金属矿产形成。燕山期地壳隆起，西部形成槟榔江大断裂，三大断裂间控制不同时代的岩浆岩侵入有多种矿产分布。

本区构造复杂，岩浆活动频繁，花岗岩分布广泛，花岗岩年代自燕山早期开始，一直延续到喜马拉雅期。岩石成因类型为地壳重熔花岗岩，由于原地壳中含相当数量 Sn、W、Bi、Li、Cs、B、F 等元素，经过重熔及后来岩浆岩长期演化、分异，最后富集成本区各种类型、大小不一的众多的锡、钨

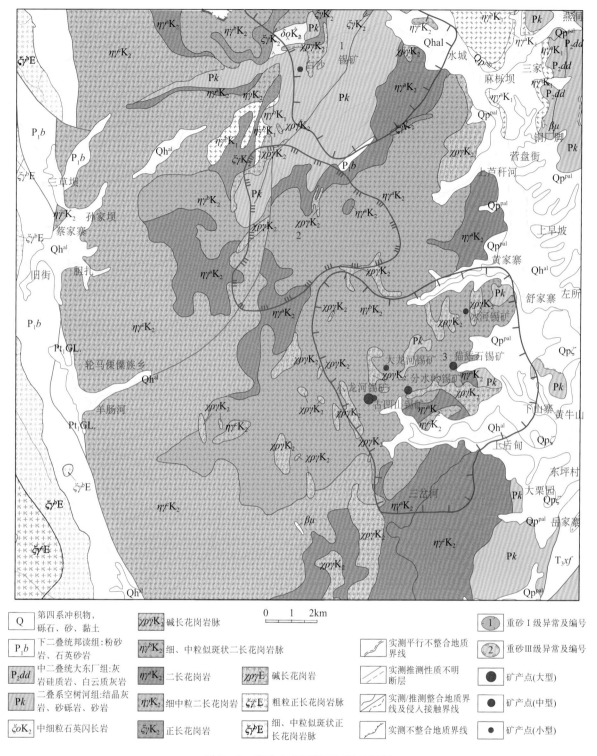

图 7-1 腾冲小龙河锡矿区域地质图

矿床（点）。

（三）矿床特征

小龙河锡矿区位于棋盘石-腾冲大断裂西侧，古永花岗岩群内。区内出露大面积花岗岩，主要为小龙河岩序中的猫舔石单元，其岩性为中粒含斑黑云母花岗岩。局部有左家寨亚单元，为细粒含斑二云碱长花岗岩，呈小岩株侵入。在岩体顶部局部有上石炭统空树河组砂页岩，呈残留顶盖覆于花岗岩之上，在其接触带附近是矿区主要容矿场所之一。花岗岩分异演化良好，普遍具钾化及云英岩化蚀变。南北向小龙河断裂、黄家山断裂是主要导矿构造断裂，北东东组断裂则为主要控矿构造。

北西组断裂区域性发育，是受区域断裂制约，近于平行主干断裂的次级裂隙断裂带，是矿区主要容矿构造。从断裂平面及剖面排列形式看，多为平行带状，或雁行式排列。矿区内含锡云英岩脉绝大多数沿此组裂隙充填交代，形成北北西向延伸的云英岩锡矿脉带。

小龙河矿段西接触带（含矿）构造，总体走向为北北东向，倾向南东，倾角 20°～60°。主要是岩浆冷凝产生的张裂隙与其围岩层间裂隙复合而成，岩浆后期热液沿此构造交代充填，形成矽卡岩型内外接触带及云英岩面型锡矿床。

二、区域自然重砂矿物及其组合异常特征

（一）区域自然重砂矿物

在白沙河-小龙河锡矿带内分布干柴岭、猫舔石锡石-黑钨矿重砂异常，异常区主要出露燕山晚期-喜马拉雅期花岗岩体。自然重砂矿物主要为锡石、黑钨矿、白钨矿、独居石、锆石、钍石及褐钇铌矿。

在古永花岗岩群内，自然重砂矿物组合特点为：主要矿物有独居石、锡石、铋族矿物、黑钨矿、白钨矿、铌钽铁矿等，次要矿物为磁铁矿、钛铁矿、黄铁矿、辉钼矿、楣石、褐帘石、锆石、萤石、黄玉、电气石、磷灰石等。

（二）自然重砂矿物的一般特征

锡石：呈黑、褐、褐红色，不规则棱角状，少数呈正方双锥体，最高含量为 1.11g/kg。

黑钨矿：呈黑、黑褐色，板状颗粒，最高含量 0.096g/kg。其次有白钨矿、独居石、锆石、钍石及褐钇铌矿。

（三）腾冲小龙河地区自然重砂矿物异常

小龙河锡矿区圈定 3 个自然重砂异常，异常位于小龙河锡矿区及其北部，异常区内主要出露古永花岗岩群小龙河岩序横沟单元、猫舔石单元，小团山岩序左家寨单元。花岗岩体是重砂矿物的主要来源。

水城异常（1 号），异常面积 40.50km²，主要出露地层为二叠系空树河组绢云板岩、粉砂质斑点板岩及角岩化石英砂岩。岩浆岩主要为冻冰河单元的细粒二云钠公在免岩及左家寨单元的细粒含斑二云碱长花岗岩，呈岩枝、岩脉产出。北东向断裂发育，对矿体起控制作用，矿体产于花岗岩与碎屑岩的接触带，以矽卡岩型锡矿为主，次为含锡云英岩型锡矿。异常内采样点锡石含量一般在 0.2g～0.5g/30kg，最高达 1g/30kg，矿物组合为锡石、磁铁矿、镜铁矿、褐铁矿、方铅矿、黑钨矿、石榴子石、绿帘石、透闪石、石英、锂云母等，矿区内沉积盖层广泛分布，成矿条件好，有较好的找矿前景。

上芦秆河异常（2 号），异常面积 25.61km²，出露左家寨单元的细粒含斑二云碱长花岗岩，横沟单元的中细粒含斑黑云花岗岩分布较少。二叠系空树河组薄层状绢云碳质石英砂岩、粉砂质黏板岩、角岩化石英砂岩，呈零星盖层分布。

小龙河异常（3 号），异常位于板瓦-弯塘断裂西侧，形态不规则，异常面积 57.29km²，花岗岩出露面积占三分之二以上，出露左家寨单元的细粒含斑二云碱长花岗岩，横沟单元的中细粒含斑黑云花岗岩分布较少。二叠系空树河组薄层状绢云碳质石英砂岩、粉砂质黏板岩、角岩化石英砂岩，呈零星盖层分布。断裂发育为南北向及北北西向张扭性裂隙，在这些裂隙中广布有大量的云英岩脉，花岗岩中云英岩化、黄玉化、钠长石化较发育，接触带附近矽卡岩化发育并产有矽卡岩型锡矿体。异常内各重砂采样点锡石含量大多在 0.1g/30kg 以上，最高可达 10g/30kg，矿物组合主要有锡石、磁铁矿、

镜铁矿、黑钨矿、独居石、铋族矿物及铌钽铁矿等。异常范围内有小龙河原生大型锡矿床、上山寨中型砂锡矿及岩峰河锡矿点。小龙河锡矿以含锡云英岩型矿床为主，次为含锡矽卡岩型锡矿床。

异常表现出矿物组合特征均为锡石、黑钨矿、钼铅矿等矿物组合。

三、小龙河锡矿自然重砂矿物响应

小龙河锡矿自然重砂异常分布与矿化关系密切，反映出良好的时空分布规律和密切的成生关系。

（一）区域自然重砂矿物的主要来源

锡石：主要来源于锡矿体（云英岩型的锡矿脉、矽卡岩型的锡矿体中），其次来源于含锡的花岗岩副矿物（如左家寨单元的细粒含斑二云碱长花岗岩，冻冰河单元二云钠长花岗岩、猫舔石单元的云英岩化中粒含斑黑云花岗岩）。

铅铜矿物：主要来源于铅锌矿体，其次是断裂附近的铜铅锌矿化体。

黄金及辰砂：主要来源于含金石英脉及锡多金属矿体中伴生矿物。

黑钨矿：主要来源于含钨锡云英岩脉、含钨石英脉，少量来源于含铋铁矿体及含铋铅锌的石英脉中。

独居石：主要来源于花岗岩体副矿物。

（二）自然重砂异常空间分布特征与矿化特点

锡石-钨族矿物重砂异常分布于古永花岗岩群分布区，与近南北向及北东向断裂有关。异常区内有已探明大型锡矿床1个，中型锡矿2个及其他小型矿床。锡石异常具有含量高、范围大的特点，黑钨矿异常较锡石异常含量低、范围较小的特点。异常与已知矿床相吻合。

（三）自然重砂矿物的空间分布特征体现的成矿潜力信息

腾冲小龙河锡矿属Ⅲ2腾冲（岩浆弧）成矿带位于怒江断裂及龙陵-瑞丽断裂以西地区，包含槟榔江（Ⅳ2）、棋盘石-小龙河（Ⅳ3）、东河-明光（Ⅳ4）等Ⅳ级矿带。南段西部的槟榔江矿带，南段中部的棋盘石-小龙河矿带，南段东部的东河-明光矿带都是以中元古代中深变质的高黎贡山岩群为褶皱基底，盖层除泥盆—石炭系勐洪群局部出露外，主要由古特提斯上石炭统—二叠系"冈瓦纳"型冰水沉积和中三叠统碳酸盐岩组成，沿断裂带和火山盆地则发育新近系及第四系火山岩、碎屑岩组合，由西向东分布喜山早期槟榔江花岗岩带、燕山晚期古永花岗岩带和燕山早期明光-孟连花岗岩带，成矿以锡、钨、铁、铜多金属为主。自然重砂矿物组合主要有锡石、磁铁矿、镜铁矿、黑钨矿、独居石、铋族矿物及铌钽铁矿等，在小龙河锡矿具有很好的自然重砂异常响应以外，矿带中有腾冲县铁窑山锡矿、腾冲县老平山锡矿、腾冲县上山寨锡矿等均有很好的重砂响应。

第二节　江西会昌岩背锡矿及其自然重砂异常特征

一、区域地质背景及矿床特征

（一）区域地质背景

会昌岩背锡矿床处于武夷山隆断带南段西部武夷山环形构造的南西侧，北北东向光泽-寻乌推（滑）覆断裂带和东西向南雄-周田断裂带的复合部位；矿床产于横向叠加北北东向基底隆起之上的近东西向晚侏罗世火山盆地内，即蜜坑山火山穹窿的东南部（图7-2）。

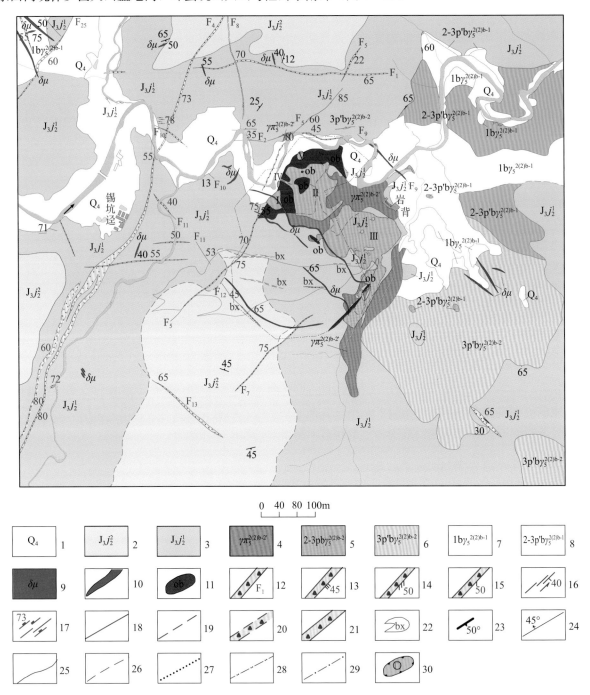

0　40　80　100m

图7-2　江西省会昌岩背地区地质图

1—河床松散层及残坡积层；2—鸡笼嶂组第二岩性段中部；3—鸡笼嶂组第二岩性段下部；4—花岗斑岩；5—中细粒似斑状黑云母花岗岩（过渡相）；6—细粒似斑状黑云母花岗岩（边缘相）；7—中、粗粒黑云母花岗岩（中心相）；8—中细粒似斑状黑云母花岗岩（过渡相）；9—闪长玢岩（脉）；10—闪长玢岩；11—热液期绿泥石绢云母黄玉石英化带内锡矿体；12—断裂破碎带及编号；13—压性断裂破碎带及其产状；14—扭性断裂破碎带及其产状；15—张扭性断裂破碎带及其产状；16—扭性兼张性破裂带及其产状；17—密集节理带及小断裂带；18—宽度小于1m的断裂；19—推测断裂；20—推测成矿前控岩断裂破碎带；21—构造破碎角砾岩；22—复成因断裂岩；23—火山岩流面产状；24—侵入岩接触面产状；25—实测地质界线；26—推测地质界线；27—第四系或废石堆中露头边界线；28—推测矿体露头边界线；29—矿体隐伏边界投影线；30—废石堆圈害线及废石堆编号

　　矿区出露地层为上侏罗统鸡笼嶂组以流纹岩为主的火山岩，其中厚层晶屑凝灰熔岩夹石泡凝灰岩层含锡等成矿元素丰度较高，为主要赋矿层位。岩浆岩为黑云母花岗斑岩，具超浅成、超酸、富钾特

征，与成矿关系密切。岩背锡矿主要受北北东向、东西向以及北西向 3 组断裂与蜜坑山破火山口构造复合控制，各组断裂内均见有各种脉岩和蚀变矿化。

（二）矿床地质特征

矿体产于花岗斑岩的内、外接触带，其中三分之二矿体位于外接触带厚层晶屑凝灰熔岩夹石泡凝灰岩层火山岩中。矿体平面呈椭圆状，纵剖面为扁平透镜状，在横剖面上，矿体东南侧翘起，西侧分支尖灭。整个矿体形态为簸箕状，总体走向北东 17°，倾向北西西，倾角 18°左右。矿体长度 450m，宽度 30～250m，最大厚度约 100m。

主要金属矿物以锡石、黄铜矿、黄铁矿为主，其次为闪锌矿、方铅矿、黑钨矿，此外还有少量的辉银矿、含银辉铋矿、硫铋银矿等。主要围岩蚀变有黄玉石英化、绢云母化、绿泥石化。

二、区域自然重砂矿物及其组合异常特征

（一）锡石单矿物自然重砂异常特征及空间分布

会昌岩背地区共圈定锡石重砂异常共计 9 处。异常区累积总面积为 279.28km²，其中Ⅰ级异常 2 处（清溪凤凰、土仑坑王屋锡石单矿物异常），面积为 90.85 km²，占总面积的 32.53%；Ⅱ级异常 3 处（A004 坑小竹湖、周田、澄江锡石单矿物异常），异常面积为 130.56 km²，占总面积的 46.74%；Ⅲ级异常 4 处（蔡坊黄地九角锡石单矿物异常、高云山根庙锡石单矿物异常、清溪半岭锡石单矿物异常、黄屋锡石单矿物异常），异常面积为 57.87 km²，占总面积的 20.72%。总的来看，会昌岩背地区内锡矿以Ⅱ级异常为主。

在空间分布上，锡石重砂异常主要分布于清溪乡和三标乡一带。

各级单异常呈椭圆状，长轴方向以北西向为主，近东西向次之。异常区面积为 10.81～66.32 km²（表 7-1）。主要异常重矿物为锡石，伴生重矿物有黑钨矿、独居石、金红石、黄铜矿。

表 7-1　江西省会昌岩背地区自然重砂单矿物异常特征一览表

异常编号	重砂异常名称	异常级别	异常面积/km²	衬值	规模
1	蔡坊黄地九角锡石单矿物异常	Ⅲ级	19.18	113.66	2180.21
2	高云山根庙锡石单矿物异常	Ⅲ级	13.49	64.13	864.77
3	A004 坑小竹湖锡石单矿物异常	Ⅱ级	19.84	17.51	347.43
4	清溪凤凰 A004 锡石单矿物异常	Ⅰ级	55.44	88.93	4930.08
5	周田锡石单矿物异常	Ⅱ级	44.40	96.13	4268.55
6	清溪半岭锡石单矿物异常	Ⅲ级	14.39	13.88	199.73
7	澄江锡石单矿物异常	Ⅱ级	66.32	88.56	5873.32
8	土仑坑王屋锡石单矿物异常	Ⅰ级	35.41	95.29	3374.16
9	黄屋锡石单矿物异常	Ⅲ级	10.81	19.58	211.70

（二）锡石-泡铋矿自然重砂组合异常特征及空间分布

会昌岩背地区圈定锡石-泡铋矿自然重砂组合异常 6 处，累积总面积 38.43km²。其中Ⅰ级异常 1 处（凤凰 A004 锡石-泡铋矿组合异常），面积为 4.44 km²，占异常总面积的 11.55%；Ⅱ级异常 2 处（仁里寨、土仑坑锡石-泡铋矿组合异常），面积为 16.77 km²，占异常总面积的 43.64%；Ⅲ级异常 3 处（洞头、九角、黄屋锡石-泡铋矿组合异常），异常面积为 17.22 km²，占异常总面积的 44.81%。

各级组合异常集中分布于两处，分别为清溪乡以北地区和三标乡一带。

锡石-泡铋矿组合异常形态较简单，皆呈长椭圆状，轴向以北东向多见。组合异常面积为2.46～11.18km²（表7-2）。异常重砂矿物组合以锡石-泡铋矿为主，伴生重矿物有黑钨矿、毒砂、闪锌矿、锆石、阳起石、黄铜矿、黄铁矿、石榴子石。

表7-2　江西会昌岩背地区锡石-泡铋矿组合异常特征一览表

异常编号	重砂异常名称	异常级别	异常面积/km²	异常形态	地质矿产概况
3	周田镇凤凰A004锡石-泡铋矿组合异常	Ⅰ级	4.44	异常呈长椭圆状，呈北西走向	区内出露侏罗系鸡笼嶂组火山岩和南华系杨家桥群沙坝黄组变质杂砂岩。并见黑云母花岗岩出露。区内构造发育，异常区域内有会昌县凤凰岽锡矿床1处。异常可能与矿点及岩浆热液有关
4	澄江镇仁里寨锡石-泡铋矿组合异常	Ⅱ级	5.59	异常呈椭圆状，呈北东走向	区内出露南华系杨家桥群沙坝黄组变质杂砂岩。并见黑云母花岗岩出露。区内构造发育，异常区域内有寻乌县秦米寨钨锡矿点1处，异常可能与矿点及岩浆热液有关
5	三标乡土伦坑锡石-泡铋矿组合异常	Ⅱ级	11.18	异常呈长椭圆状，呈北西走向	区内出露南华系杨家桥群坝里组变质杂砂岩。并见黑云母花岗岩出露。区内构造发育，异常区域内有寻乌县长岭砂锡矿点1处，距离异常2.5km处有寻乌县上长岭锡矿点1处，异常可能与矿点及岩浆热液有关
1	蔡坊乡九角锡石-泡铋矿组合异常	Ⅲ级	2.46	异常呈椭圆状，呈北东走向	区内出露侏罗系鸡笼嶂组火山岩。并见黑云母花岗岩出露。异常可能与岩浆热液有关
2	清溪乡洞头锡石-泡铋矿组合异常	Ⅲ级	8.21	异常呈椭圆状，呈北东走向	区内出露黑云母花岗岩，区内构造发育，异常可能与岩浆热液有关
6	寻乌县黄屋锡石-泡铋矿组合异常	Ⅲ级	6.55	异常呈椭圆状，呈北东走向	区内出露侏罗系鸡笼嶂组火山岩。并见黑云二长花岗岩出露。异常可能与岩浆热液有关

（三）锡石-黑钨矿自然重砂组合异常特征及空间分布

会昌岩背地区共圈定锡石-黑钨矿自然重砂组合异常10处，累积总面积79.22km²。其中Ⅰ级异常3处（坑径、凤凰A004、老屋下锡石-黑钨矿组合异常），面积为36.01km²，占异常总面积的45.46%；Ⅱ级异常3处（A004坑乡-A003背、仁里寨、铜坑嶂锡石-黑钨矿组合异常），面积为25.06km²，占异常总面积的31.63%；Ⅲ级异常4处（九角、秀坑、岗脑、新居锡石-黑钨矿组合异常），异常面积为18.15km²，占异常总面积的22.91%。

在空间分布上，各级组合异常集中分布于两处，分别为清溪乡以北和三标乡一带。

锡石-黑钨矿组合异常形态较简单，皆呈现长椭圆状，轴向以北西向为主，北东向和近东西向次之。组合异常面积为2.46～16.94km²（表7-3）。异常重砂矿物组合以锡石-黑钨矿为主，伴生重矿物有独居石、电气石、金红石、黄铁矿、石榴子石、符山石。

（四）自然重砂矿物及其组合异常解释

会昌岩背地区锡石单矿物异常及组合异常的形成与本区特征的地质背景有关。锡石自然重砂异常显著，锡石-泡铋矿、锡石-黑钨矿重砂组合异常空间分布位置基本一致，且套合较好。根据区内锡石单矿物异常、组合异常的空间分布格局、异常特征与已知矿产的关系，结合地质构造特征及已知矿产信息，通过汇水盆地分析和加密采样控制，有望找到新的锡矿产地。

表 7-3　江西会昌岩背地区锡石-黑钨矿组合异常特征一览表

异常编号	重砂异常名称	异常级别	异常面积/km²	异常形态	地质矿产概况
4	清溪乡坑迳锡石-黑钨矿组合异常	I 级	9.82	异常呈椭圆状，呈北东走向	区内出露侏罗系鸡笼嶂组火山岩。并见黑云母花岗岩出露。区内构造发育，异常区域内有会昌县岩背锡矿 1 处，异常可能与矿点及岩浆热液有关
5	周田镇凤凰 A004 锡石-黑钨矿组合异常	I 级	9.25	异常呈长椭圆状，呈北西走向	区内出露侏罗系鸡笼嶂组火山岩和南华纪杨家桥群沙坝黄组变质杂砂岩。并见黑云母花岗岩出露。区内构造发育，异常区域内有会昌县凤凰岽锡矿 1 处，异常可能与矿点及岩浆热液有关
9	三标乡老屋下锡石-黑钨矿组合异常	I 级	16.94	异常呈长椭圆状，呈北西走向	区内出露南华系杨家桥群沙坝黄组变质杂砂岩。并见黑云母花岗岩出露。区内构造发育，异常区域内有寻乌县上长岭锡矿点、寻乌县长岭砂锡矿点，异常可能与矿点及岩浆热液有关
3	A004 坑乡-A003 背锡石-黑钨矿组合异常	II 级	7.99	异常呈长椭圆状，呈北西走向	区内出露黑云母花岗岩，区内构造发育，异常区域内有会昌县高嶂背钨矿点 1 处，异常可能与矿点及岩浆热液有关
7	澄江镇仁里寨锡石-黑钨矿组合异常	II 级	5.59	异常呈椭圆状，呈北东走向	区内出露南华系杨家桥群沙坝黄组变质杂砂岩。并见黑云母花岗岩出露。区内构造发育，异常区域内有寻乌县秦米寨钨锡矿点 1 处，异常可能与矿点及岩浆热液有关
8	澄江镇铜坑嶂锡石-黑钨矿组合异常	II 级	11.48	异常呈长椭圆状，呈北西走向	区内出露南华系杨家桥群沙坝黄组变质杂砂岩。并见黑云母花岗岩出露。区内构造发育，异常可能与岩浆热液有关
1	蔡坊乡九角锡石-黑钨矿组合异常	III 级	2.46	异常呈椭圆状，呈北东走向	区内出露侏罗系鸡笼嶂组火山岩。并见黑云母花岗岩出露。异常可能与岩浆热液有关
2	蔡坊乡秀坑锡石-黑钨矿组合异常	III 级	4.04	异常呈椭圆状，呈北东走向	区内出露黑云母花岗岩。区内构造发育，异常可能与岩浆热液有关
6	周田镇岗脑锡石-黑钨矿组合异常	III 级	5.67	异常呈椭圆状，呈南北走向	区内出露白垩系河口组石英砂岩。异常可能与地层有关
10	寻乌县新居锡石-黑钨矿组合异常	III 级	5.98	异常呈椭圆状，呈东西走向	区内出露南华系杨家桥群沙坝黄组变质杂砂岩。并见黑云母花岗岩出露。区内构造发育，异常可能与岩浆热液有关

三、会昌岩背锡矿发现过程

1970 年 9 月，江西省地质局区域地质矿产调查大队四分队在开展 1：20 万寻乌幅天然重砂测量时，发现了岩背地区凤凰岽黑钨矿、锡石等异常。限于当时对难以识别矿石的认识，对异常未做进一步查证。

1984 年 10 月，物化探大队七〇七分队对岩背 Sn 异常地区进行踏勘检查，岩石拣块样中锡品位为 0.25％～0.61％，平均品位已达工业要求。1985 年 1 月对岩背-锡坑迳异常进行地质、地球化学查评。同年 3—10 月开展锡矿普查，圈定了地表锡矿床，11 月提交了评价报告，获锡工业储量＋远景储量 7327t。

1985 年 9 月，江西省地矿局物化探大队与地质矿产调查研究大队联合组成岩背锡矿分队，对岩背锡矿进行深部验证。1987 年 3 月转入勘探，1988 年 6 月提交《江西省会昌县岩背矿区锡矿地质勘探报告》。全区共探明锡金属储量 10.3 万 t。

自然重砂方法在发现斑岩型锡矿床和化探方法难以识别矿石起了重要作用。由于岩背锡矿床的找矿突破，外围找矿不断有新的发现，成为江西南部重要的锡矿田。

第三节 云南云龙铁厂锡矿及其自然重砂矿物异常响应

一、区域地质背景及矿床特征

（一）区域地质背景

云龙锡矿带系东南亚锡矿带东支-滇泰锡矿带的北延部分。大地构造分区属西藏-三江造山系（Ⅶ）扬子西缘多沟-弧-盆系（Ⅶ-2），兰坪-思茅双向弧后-陆内盆地（Ⅶ-2-6）。成矿时代为燕山晚期。

区内构造活动频繁，经历了多次升降运动并伴随强烈变质活动，出现了强度不等的混合岩化作用。主构造单元均呈北北西向的条带状展布，直接控制了成矿带按北 30°西的方向分布，具彼此间以深断裂为界，形成中间老地层抬升，两侧新地层相对下降的地垒构造；平面上表现为北宽南窄的倒三角形，故北部已知矿（化）点较南部多，目前成型锡（钨）矿床仅知铁厂锡矿和石缸河、岩房锡钨铍矿、志本山锡矿等 4 处，皆为亲石系列的锡石（白钨矿）－石英脉类型。

区内地层由崇山群变质岩系所组成，分上、下两段：上段为一套浅变质砂泥质、长英质片岩、板岩、变砂岩与碳酸盐岩互层，经强烈混合岩化后与矿化关系密切；下段为深变质的眼球状、条纹状混合片麻岩、云母石英片岩等。因岩相变化大，加之后期变质活动的影响，故难建立标志层。其东以澜沧江深大断裂为界，与中生界红色砂、页岩接触；西侧以温泉断裂为界，与古生界微变质—未变质的泥灰岩、页岩接触（图 7-3）。

区域内侵入岩除海西期基性辉长岩脉广泛分布外，花岗岩呈南北向带状分布，北部岩体（志本山岩体）出露面积较大（25km²），南部小而零星，在铁厂则未见出露，而为花岗质类的混合岩体。虽多为小型侵入体，但具多期次活动的特点，时代较新，为印支期-喜马拉雅期。矿化与燕山晚期—喜马拉雅期细粒二云母花岗岩有关，矿体多产在岩体边缘及外接触带的层间剥离带或混合岩体内的构造裂隙中。

（二）区域成矿地质条件

矿床内出露地层为时代暂定的震旦系—寒武系的崇山群变质岩，因混合岩化作用，在矿区中部构造发育部位出现了混合花岗岩。崇山群按岩性组合特征分为上、下两段。其中上段分布于绿阴塘断裂两侧，与矿化有关，为一套浅变质碎屑岩-碳酸岩建造，厚度 403～838m，经后期变质活动影响，在铁厂部分已形成混合岩类。

区内总体为一向斜构造，轴向北 20°西，全长 7km，由北往南依次为李子坪向斜、铁厂河背斜、绿阴塘向斜，空间展布呈右行斜列式，反映了"歹"字形构造体系右行扭动的活动方式。褶皱构造与层间矿关系密切，如李子坪 1 号矿体、绿阴塘 38 号矿体等，均产出在向斜翼部的层间破碎带中。

区内断裂构造极为发育，并具多期活动的特点，严格控制了矿床的形成和矿体的分布，按与矿床形成的时间关系可分为成矿前、成矿期及成矿后三类：成矿前断裂，为区域性的控矿构造，一般规模较大，走向为北 20°～40°西，该组构造所夹持的地段内，区域变质及混合岩化均较强烈，是矿体集中分布的地区，如澜沧江断裂、温泉断裂、绿阴塘断裂即是。成矿期断裂，发生在岩体内部，系骨干构

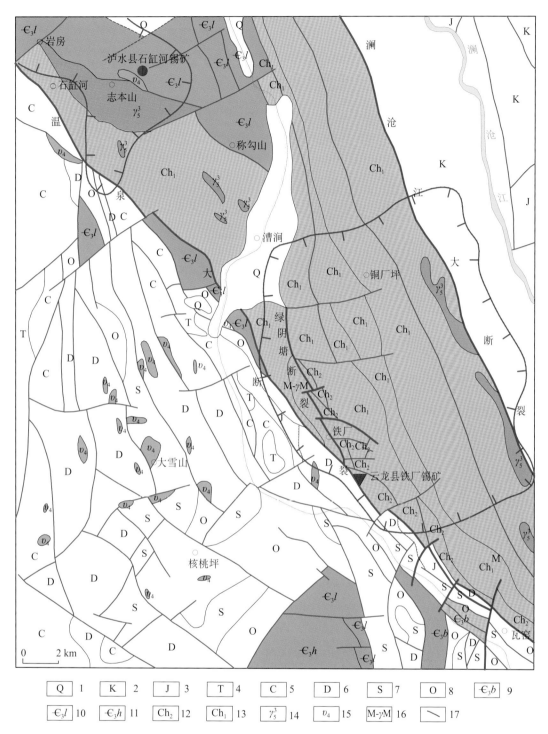

图 7-3 云龙县铁厂锡矿区域地质图

1—第四系；2—白垩系；3—侏罗系；4—三叠系；5—石炭系；6—泥盆系；7—志留系；8—奥陶系；9—上寒武统保山组；10—上寒武统柳水组；11—上寒武系核桃坪组；12—崇山群上段；13—崇山群下段；14—燕山期花岗岩；15—晚古生代辉长辉绿岩；16—花岗质长英质混合岩—混合花岗岩；17—断裂

造（如绿阴塘断裂等）派生的次级羽状裂隙。由于多期构造活动，裂隙亦随之多次拉张，进而形成小规模的断裂系统。该组构造按其产状可分为北北西组（或近南北向组）、北东组、北西组三类。成矿后断裂，规模大小不一，对矿体有所影响的主要是隐伏构造，因具扭张性质，上盘常紧闭，而下盘引张，故出现下盘矿体富厚。上盘较贫薄的现象，反映出成矿时曾已活动，但由于明显错断矿体而表现出成矿后活动的特征。

区内尚未发现正花岗岩，仅见到在矿物成分、化学成分上与之极其相似的混合岩或混合花岗岩。

岩体的空间分布严格受控于主干构造，其产状与区域构造一致。本区混合岩酸度大、碱质高、铝饱和度高、暗色矿物少，与国内外含锡花岗岩类同，但明显贫钙、铁。亦可说明硅、钠、钾等为混合岩化加入的成分。其碎裂混合花岗岩属近矿围岩，是混合岩经强烈动力作用又经矿液交代沿构造裂隙生成，故在剖面上表现为与矿脉产状一致。成分同上，但不含黑云母或暗色矿物含量极微，而含白云母、绢云母等，占 5%～10%。具破裂或糜棱结构，与矿化关系极为密切，当蚀变强烈时，部分岩体已构成工业矿体。

（三）矿床特征

铁厂锡矿床位于云龙锡矿带南段，处于温泉断裂与绿阴塘断裂所夹持的三角形地块内；以锡石-石英、电气石型为主，部分为锡石-石英、硫化物型。以原生锡矿为主，次为"风化壳"型，局部地段有小而零星的坡积砂矿。铁厂锡矿床主要赋存于混合岩体内部。原生矿体多数产于岩体内的构造破碎带中，仅少部分产于变质岩与混合岩的内接触带或变质岩内的层间破碎带中。

主矿体（22 号矿体）规模最大，为锡石-石英、电气石型，局部叠加有锡石-石英、硫化物型。赋存于中部矿化带内的构造破碎带中，沿 F_{77} 压扭及压张性断裂呈板脉状产出。矿体平均品位 2.285%，金属量 24238t，占全区储量的 66.3%。矿体在平面上表现为长条带状，但也存在狭缩膨胀、分支复合及扭曲的现象。当控矿构造呈舒缓波状时，矿体相对稳定，厚度变化不大；当矿体走向由北西转为北东时，厚度随之明显增大；在剖面上，当产状由陡变缓时矿体亦明显富厚，表明构造性质与矿体形态关系密切。

二、区域自然重砂矿物及其组合异常特征

（一）区域自然重砂矿物

区域内自然重砂铜矿物分布广泛，按一定规律富集于西里复背斜与崇山变质带所挟持的北北西向构造带中。锡石主要集中分布于志本山、崇山地区，在崇山变质岩分布区内白钨矿普遍分布。志本山一带白钨矿与锡石呈组合出现。澜沧江以西漕涧一带有独居石、锆石、磷钇矿富集。

泸水-云龙成矿带自然重砂矿物组合分布特征为锡石、白钨矿、黄铁矿、毒砂、铅矿物等矿物组合，区域内自然重砂异常有志本山异常及铁厂异常。

志本山异常分布于志本山-云龙铁厂地区，呈北北西向分布，异常内出露崇山群，燕山期花岗岩侵入其中，岩体边缘内外接触带脉岩发育，蚀变显著。区内重砂锡石含量高，已发现有原生锡矿体。志本山重砂矿物为锡石、白钨矿、黄铁矿、毒砂、铅族矿物，个别见黑钨矿。

铁厂异常内有云龙铁厂锡矿床，异常矿物为白钨矿-锡石矿物组合，白钨矿的出现与区内矽卡岩型铁矿相关。铁厂锡矿自然重砂异常以锡石、白钨矿为主，其次有铅族矿物、泡铋矿、黄铁矿等。

（二）自然重砂矿物的一般特征

锡石颜色多样，呈深褐色、棕色（深棕、红棕）、浅黄、灰白等。多呈双锥柱状，少数为四方锥，时见锥面发育而柱面不明显，或柱面明显而锥面又不发育。与碎裂混合花岗岩破碎带关系密切，系热液成矿作用的产物。常与电气石、石英、黄铁矿等硫化物共生，多数嵌布在电气石脉之间或边缘，个别包裹在电气石或硫化物中或呈不规则状包裹电气石。粗粒锡石粒度为 0.4～1.2mm，其分布一般较均匀；细粒锡石粒度为 0.04～0.34mm，其分布一般较分散。在同一矿脉的矿石中可见到深色和浅色锡石相伴生。

白钨矿的分布以澜沧江为界，澜沧江以东基本上无白钨矿出现，而澜沧江以西的崇山变质岩区域内白钨矿分布普遍，含量较高，同时还有钛铁矿、独居石等矿物。志本山一带白钨矿与锡石呈组合出现。一般含量达到（0.01～1.00）g/30kg。

（三）云龙铁厂锡矿自然重砂矿物异常

1966年，在进行1：20万永平幅地质、重砂测量过程中，在云龙县铁厂、志本山一带首次发现白钨矿、锡石重砂矿物，并圈出钨、锡重砂晕，经过追索发现了冲积砂锡矿。在对铁厂锡晕进行检查，发现了原生锡矿。

矿区地质勘查开展了1：2000重砂测量，点距为30～50m，在矿化地区适当加密，利用重砂异常追索圈定矿化带，指导勘探工程布设，寻找矿体，取得良好效果。

三、云龙铁厂锡矿自然重砂矿物响应

云龙铁厂锡矿自然重砂异常分布与矿化关系密切，具有良好的时空分布规律和密切的成生关系。

（一）区域自然重砂矿物的主要来源

云龙铁厂锡矿矿石矿物中，主要金属矿物为锡石、毒砂、黄铁矿、磁黄铁矿、黄铜矿、辉铋矿等。其中锡石颜色、形状等与自然重砂样鉴定结果特征一致，具有同一来源，主要与碎裂混合花岗岩破碎带关系密切，系热液成矿作用的产物。常与电气石、石英、黄铁矿等硫化物共生，多数嵌布在电气石脉之间或边缘，个别包裹在电气石或硫化物中或呈不规则状包裹电气石。毒砂常与黄铁矿、磁黄铁矿、电气石、石英等组成块状或呈细脉状、浸染状分布，并常与锡石互相包裹或被电气石交代。磁黄铁矿为斜方、六方晶系，青色，常呈致密块状出现，与锡石相伴生。

云龙铁厂锡矿脉石矿物主要为石英、长石（微斜长石、条纹长石、钠长石等），次为云母、电气石、磷灰石、绿泥石、锆石、榍石、金红石等。锡矿化与石英、电气石关系密切。

总之，锡石重砂矿物与矿体矿石矿物具有同一来源，与石英、电气石关系密切，是最直接的找矿标志。

（二）自然重砂异常空间分布特征与矿化特点

本区锡石重砂异常与矿化强度、原生矿品位、矿体规模等均有密切关系，一般在无矿地区采样点中无锡石出现，或含量仅为1～2粒，在矿化地段达到10～100粒，在矿体附近增加到500粒以上。

（三）自然重砂矿物的空间特征体现出成矿模式和成矿潜力信息

云龙铁厂锡矿属于泸水-云龙锡成矿带为保山（陆块）Pb-Zn-Ag-Fe-Au-Cu-Sn-Hg-Sb-As成矿带，主要锡矿有泸水石缸河锡矿、云龙铁厂锡矿。

矿带内自然重砂矿物以白钨矿分布面积最广，与花岗岩、混合岩、变质岩分布区基本一致。在福贡县利沙底挖其都、阿乌朵、鹿马登联黄吐、碧江子楞甲子普等地，形成白钨矿异常带。异常带位于碧罗雪山西坡，崇山群眼球状、变斑状花岗质混合岩与高黎贡山岩群接触的断裂破碎带上。异常区次级南北向构造发育，沿断裂有后期伟晶岩脉呈大小不等的团块状、透镜状、脉状成群和成带定向分布，分布方向与构造方向大体一致。矿物组合为白钨矿、锡石、黄铁矿、毒砂、锆石、锐钛矿、钙铝榴石等。

泸水石缸河-云龙漕涧有锡、钨、铁、稀土矿物异常。石缸河锡石-白钨矿组合异常与含矿电气石石英脉及伟晶岩脉相关，重砂矿物中见少量毒砂、磷钇矿、方铅矿。云龙漕涧锡石-白钨矿异常，常见泡铋矿、黄铁矿、铅族矿物等，异常与原生锡矿床关系密切。

第八章　铁、钨、钼矿床

第一节　四川攀西地区钒钛磁铁矿特征及其自然重砂异常响应

攀枝花钒钛磁铁矿包括攀枝花、红格、白马、太和四大矿区，分布于四川省西南部攀枝花市-西昌市区域内（简称攀西地区），位于康滇地轴中段，呈一南北长约200km、东西宽30～50km的狭长区带——攀西裂谷带。总储量近323亿t（据四川省铁矿资源潜力评价成果报告，2013），为我国最大的岩浆型钒钛磁铁矿矿床分布区。

一、区域地质概况

（一）大地构造

攀西地区位于扬子陆块与松潘-甘孜活动带的西南结合部，西邻"三江"造山带，区域上地质构造极其复杂。区内新构造运动强烈，形成一系列断层和强烈差异升降的断裂带。

（二）地层

各地层在区域内发育较全，从古元古界前震旦系到新生界均有分布，主要沿基底隆起区呈断续块状分布，并经受较复杂的变形、变质和多次的后期岩浆作用改造。

攀西地区的基底分别由块状无序的结晶基底及成层无序的褶皱基底两个构造层组成。前者以康定杂岩为代表，多由中、深变质的岩浆杂岩及少量超镁铁岩组成，混合岩化作用强烈，形成于太古宙-古元古代。后者由变质的碎屑岩、碳酸盐岩等组成，褶皱变形剧烈，形成于中—新元古代。

（三）火山岩

区内岩浆活动频繁，与铁矿成矿作用最为密切的为澄江期和华力西期。岩浆岩具多时代、多岩类、规模大、分布广的特点。火山岩类主要为元古宙中酸性火山岩、震旦纪酸性火山岩及二叠纪基性火山岩。

（四）侵入岩

层状基性—超基性、中酸性和碱性侵入岩分布较广，总体呈南北向带状分布。其中，与钒钛磁铁矿成矿有直接关系的二叠纪基性—超基性岩（镁铁质—超镁铁质侵入岩）以及正长岩、碱性粗面岩-碱流岩-熔结凝灰岩主要分布在安宁河断裂带两侧，构成醒目的攀西裂谷岩浆岩带。

二、自然重砂铁矿物分布特征

通过对攀西地区自然重砂铁矿物的数据清理、统计分析，区内出现的自然重砂铁矿物有：钛铁矿、磁铁矿、钛磁铁矿、铬铁矿、褐铁矿、镜铁矿、菱铁矿等，其含量分级及报出率等统计特征见表8-1。其中钛铁矿、磁铁矿、铬铁矿、褐铁矿报出率较高，而镜铁矿、菱铁矿报出率较低。

表 8-1　攀西地区部分铁矿物自然重砂报出率、含量分级统计表

编号	矿物名称	报出率/%	累频分级（含量）			
			7级	8级	9级	10级
1	钛铁矿	42.6	359106～568040	568880～1224000	1238480～2679680	2745600～79411968
2	磁铁矿	24.5	632808～1011040	1019980～1784800	1811040～3237600	3327670～10367000
3	钛磁铁矿	2	31～130950	133500～600000	600300～855000	864000～911800
4	铬铁矿	25.6	31～75	80～192	234～1792	1818～246400
5	褐铁矿	21.4	3000～10100	10224～25992	27252～49120	50820～481600
6	镜铁矿	0.7	0	0	0	0
7	菱铁矿	1.9	0	0	0	0

（一）钛铁矿分布特征

钛铁矿在区内广泛分布，报出率 42.6%，含量值最高为 79411968，一般为 496～3228160，平均值为 344895.7，最低值为 40。其中，7 级累频点 91 个、8 级累频点 81 个、9 级累频点 38 个、10 级累频点 23 个，累频值 7 级以上的高含量点集中出现在攀枝花北、盐边县西、米易县北及德昌县南 4 个地区，主要分布于南华系会理群、盐边群浅变质岩系、震旦系上统灯影组等地层中，集中出现在攀枝花、白马、红格、新街等层状基性、超基性—基性含矿岩体附近。钛铁矿的大量出现与基性、超基性岩浆岩具极大的相关性，在区内高值分布区多位于已知钒钛磁铁矿矿床（点）附近，充分显示出其与钒钛磁铁矿矿体具极好的相关性（表 8-1）。

（二）磁铁矿分布特征

磁铁矿在区内主要沿攀西裂谷带呈南北向分布，报出率 24.5%，含量值最高为 10367000，一般为 199.8～4735530.2，平均值为 287190.1，最低值为 124。其中，7 级累频点 62 个、8 级累频点 54 个、9 级累频点 21 个、10 级累频点 12 个，累频值 7 级以上的高含量点集中出现在攀枝花北东、米易县北及德昌县南部 3 个地区，另外，在西昌市南西的玉贞观、柏林湾、长林坝一带及盐边县圣明寺、回龙寺、回龙沟一带有磁铁矿高值点呈零星分布。主要分布于南华系会理群及盐边群浅变质岩系、震旦系上统灯影组、新近系昔格达组等地层中，集中出现在白马、红格、太和等含矿岩体附近。磁铁矿高值点的出现与含矿岩体及围岩在区域空间上具极大的相关性。

（三）钛磁铁矿分布特征

钛磁铁矿在该区分布较少，报出率仅为 2%，含量值最高为 911800，平均值为 242177.8，最低值为 31，集中出现在德昌县一带，分布于四方井、石桂坝、慕家庙、向家祠堂、风桐坡等地，与闪长岩、花岗岩、辉绿岩及峨眉山玄武岩等岩体产出关系密切。

三、自然重砂异常特征

区内共圈定钛铁矿自然重砂异常 8 个、磁铁矿自然重砂异常 8 个、钛磁铁矿自然重砂异常 3 个。其中，Ⅰ级异常 6 个，具有矿物含量分级较高的基本特征（异常均值 15669578，最高 79411968），有钒钛磁铁矿矿床（点）响应；Ⅱ级异常 3 个，以 6～8 级含量分级为主（异常均值 8026852，最高 20690944），异常部分地区分布于基性、超基性—基性含矿岩体、灯影组白云质灰岩等成控矿地质体中，异常区的地质条件对成矿有利；Ⅲ级 10 个，矿物含量分级 1～5 级（异常均值 2545383.9，最高 6779200），均分布在非成控矿地质体中，找矿指示意义不强，各异常基本特征见表 8-2。

表 8-2 攀西地区钒钛磁铁矿相关铁单矿物自然重砂异常基本特征

单矿物异常	异常名称	异常级别	极大值	极小值	异常均值	面积/km²	已知矿床（点）响应情况
钛铁矿	巴硐南异常	Ⅰ	1915696	40	320066.7	133	巴硐
	望水垭南异常	Ⅲ	1552320	62	146611.9	32.9	
	白马异常	Ⅰ	3074176	40	731169.7	109.5	白马、棕树湾
	米易县西异常	Ⅱ	1612192	5840	433299.5	38.5	
	红格异常	Ⅰ	12080128	300	2185087.8	118.4	红格、马鞍山、湾子田等10处
	攀枝花异常	Ⅰ	79411968	185870	22984986	37.3	攀枝花
	攀枝花西异常	Ⅱ	20690944	4160	4326664.7	18.1	
	蒋家场异常	Ⅲ	1354240	225	478003.8	17.5	
磁铁矿	文家梁子异常	Ⅱ	1777420	42560	1014769.6	18.7	
	白马异常	Ⅰ	2838080	87600	1150166.3	93.3	白马、棕树湾
	方家山异常	Ⅲ	6779200	232800	2185746.7	3.2	
	红格异常	Ⅰ	10367000	43995	2561746.6	18.1	红格、彭家梁子、德胜村东
	圣明寺异常	Ⅲ	3980400	199980	1496534.7	4.8	
	永兴寺异常	Ⅲ	5343470	1000	1839531.2	9.3	
	肖家沟异常	Ⅲ	3007700	1000	492093	16.5	
	碰花屋基南异常	Ⅲ	911909	6999.3	195694.7	9.5	
钛磁铁矿	凤桐坡异常	Ⅲ	911800	31	533498.7	18.1	
	慕家庙异常	Ⅲ	748800	31	271553.9	29	
	德昌县异常	Ⅲ	864000	31	438413.1	54.1	

对钛铁矿、磁铁矿、钛磁铁矿等3种矿物进行异常叠合，圈定组合异常，全区共圈出组合异常4个，其中Ⅰ级异常2个，Ⅱ级异常1个，Ⅲ级异常1个（图8-1）。异常总体沿攀西裂谷带呈近南北向展布。

（1）白马异常

异常分布在米易县北部的白马地区，位于昔格达深断裂与安宁河深断裂所挟持的康滇古隆起中段，由钛铁矿、磁铁矿异常叠合圈定，为Ⅰ级异常，异常呈不规则似圆形，直径约12.5km，面积114.4km²。该区中铁矿物含量高（钛铁矿18458～3074176、均值735847.3，磁铁矿87600～2838080、均值1085098.6）。异常少量地区分布于南华系会理群、寒武系西王庙组、二道水组围岩等地层中，区内岩浆岩极为发育，计有辉长岩、橄长岩、橄榄辉长岩、花岗岩、正长岩、峨眉山玄武岩等，从南至北包括田家村和夏家坪等矿段，已发现有白马大型钒钛磁铁矿床1处、棕树湾钒钛磁铁矿点1处。区内Fe、V、Ti、Co化探异常浓集中心明显，航磁、地磁异常反映均好，航磁异常M89呈等轴状，地磁（ΔZ）上延异常形态范围、走向、局部异常中心和强度与航磁异常化极异常基本对应。异常区是极为有利的找矿远景区。

（2）红格异常

异常分布在盐边县西部的红格地区，位于昔格达深断裂与安宁河深断裂所挟持的康滇古隆起南段，由钛铁矿、磁铁矿异常叠合圈定，为Ⅰ级异常。异常呈不规则冲积扇形，南北长13.7km，宽2.6～17.4km，面积118.4km²，该区中铁矿物含量高（钛铁矿2660～12080128、均值2320696.4，磁铁矿43995.6～10367000、均值2436183.3）。区内发育多条近南北向断裂构造，出露有少量二叠系、三叠系及古近系，异常区岩浆岩极为发育，计有辉长岩、辉石岩、橄辉岩、橄榄岩等，辉长岩主要分布在异常区的南部和东部且出露面积较大。由南向北包括秀水河、中干沟、湾子田、红格、马鞍山、中梁子、白草等7个矿田区。区内可以清晰地识别出Fe、Ti、V、Co、P、La、Ni、Sr、Zr等

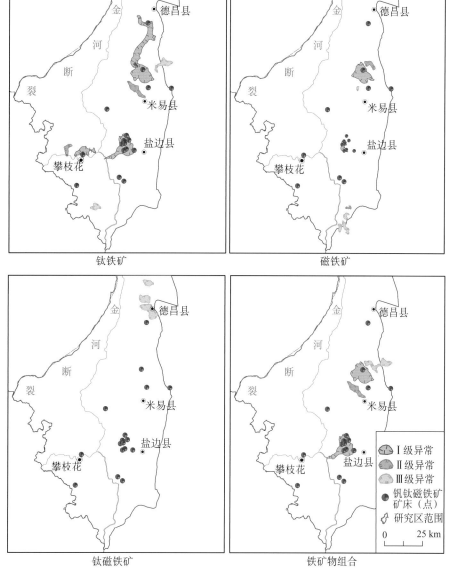

图 8-1 攀西钒钛磁铁矿矿集区铁矿物自然重砂异常剖析图

地化指标的正异常，其中 Fe、Ti、Co、P、Zr 等 5 个指标的异常强度较高，异常位置套合较好；Fe、V、Ti 等指标的异常位置、浓集带均吻合较好。区内涉及 M109 一个航磁异常及北部附近的 M89、M99 两个航磁异常，总体显示为负磁场背景中局部正异常区（伴生负异常），以近似等轴状异常形态为主；地磁异常以多个大片正异常区为特征（周围伴生负异常区）。每个正异常区中出现多个形态（长条状、等轴状、椭圆状等），走向多方向（北东、南北、东西、北西等）局部异常中心。该重砂异常具极好的找矿指示意义，在该区可进一步开展攀枝花式钒钛磁铁矿的找矿工作。

四、自然重砂异常响应

（一）异常找矿指示意义

通过对攀西地区与钒钛磁铁矿成矿具相关性的自然重砂矿物的研究认为，钛铁矿、磁铁矿单矿物及铁组合异常反映好，所圈定的 I 级异常区内都分布有已知的白马、红格、彭家梁子等大、中型钒钛磁铁矿矿床，其可视为矿致异常，具直接的找矿指示意义。在已知钒钛磁铁矿矿床（点）及其外围地区可进一步开展钒钛磁铁矿找矿工作，Ⅱ级异常也具备较高的找矿价值，异常区内均出露有基性、超基性—基性含矿岩体、灯影组白云质灰岩等成控矿地质体，区内可能存在富钒钛磁铁矿地质体，异常区是成矿的有利远景区。

（二）异常与已知矿床（点）响应情况

对区内相关自然重砂矿物异常与已知钒钛磁铁矿矿床（点）响应情况统计分析，在 24 个钒钛磁铁矿矿床（点）中异常响应情况为：钛铁矿 15 个（占 62.5％）；磁铁矿 9 个（占 37.5％）；组合异常 13 个（占54.2％）。钛铁矿、磁铁矿及其组合异常与已知钒钛磁铁矿矿床（点）响应情况较好。可见，自然重砂异常可作为该区钒钛磁铁矿成矿预测的综合信息之一，在该区钒钛磁铁矿找矿预测中具重要的指示意义。

（三）异常与围岩、侵入岩及构造的关系

异常主要分布于震旦系上统灯影组的白云岩、白云质灰岩夹砂页岩、凝灰质岩等围岩中，出现于辉长岩、辉石岩、橄辉岩、橄榄岩、橄榄辉长岩等层状基性、基性-超基性含矿岩体内。区域南北向安宁河、昔格达-元谋深断裂控制了区内岩体的展布及钒钛磁铁矿的形成，是区内的重要控矿构造，所圈定的重砂异常的分布则与岩体展布及区域深断裂走向一致。

（四）异常与化探、最小预测区区域空间关系

在区内地质背景工作的基础上，通过地、物、化、遥等综合信息研究，在该区中进一步圈定了最小预测区，为地质找矿提供了更为确切的信息。通过自然重砂异常与磁法异常、化探综合异常信息及A 类最小预测区的套合（图 8-2），本次所圈定的自然重砂组合异常与物、化探异常套合度极高，自然重砂组合异常在所圈定的白马、红格两个最小 A 类预测区中有极好的显示，反映出铁矿物自然重砂异常对攀枝花式岩浆分异型钒钛磁铁矿具极好的反映，其可作为综合预测因子参与攀枝花式岩浆分异型钒钛磁铁矿成矿预测。

（五）异常与铁矿规划勘查区块的关系

为科学部署该区钒钛磁铁矿地质勘查工作，实现找矿重大突破，促进该区钢铁及钒钛工业的持续、稳定、健康发展，从而编制了攀西钒钛磁铁矿勘查规划。所划定的规划勘查区块主要分布在自然重砂Ⅰ级组合异常区内（图8-3）。在白马组合异常区规划部署了白马详查、棕树湾普查、马槟榔普查等 3 个勘查区块，在红格组合异常区规划部署了安宁村详查、中梁子预查、彭家梁子预查、红格详查、白沙坡预查等 5 个勘查区块。可见，自然重砂异常对该区钒钛磁铁矿勘查区块的科学、合理部署能起到很好地指示作用，其可作为重要的地质综合因素之一，参与该区钒钛磁铁矿规划的编制。

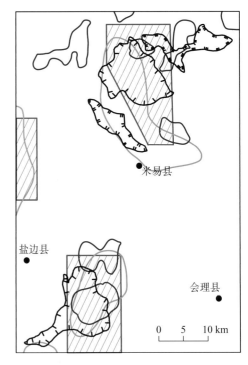

 化探异常 □ 磁法异常 ▨ 预测区 ◯ 自然重砂异常

图 8-2　研究区自然重砂组合异常与化探、磁法异常
及预测区区域空间对应关系
（据贺洋等，2012）

158

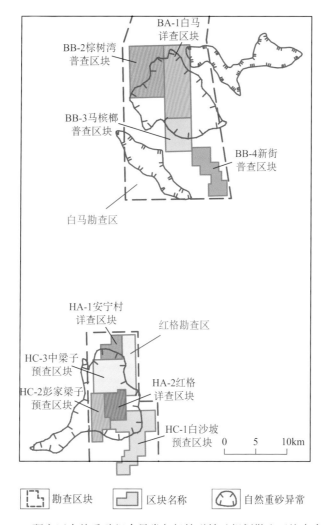

图 8-3　研究区自然重砂组合异常与钒钛磁铁矿规划勘查区块套合情况

第二节　江西大湖塘钨锡钼矿及其自然重砂异常特征

一、区域地质背景及矿床特征

（一）区域地质背景

大湖塘钨矿区是一个岩浆热液型的大型矿床。矿区位于江西省北部。地处下扬子地块东部南缘九岭-鄣公山复式隆起带西部的中北段与武宁-宜丰-莲花北北东向走滑冲断-伸展构造复合区。

矿区主要出露中元古代双桥山群变质岩系组成的区内褶皱基底，基本岩性有变余凝灰质细砂岩、变余凝灰质粉砂岩、千枚岩、板岩组合，夹少量钙质砂岩透镜体及变余细晶灰岩细条带，为一套次深海至浅海相浊流沉积岩系。矿区内断裂构造发育，断裂构造主要有破碎带、硅化带和断层。依其方向可分为东西（北东东）、北东、北北东、北西和南北向五组，前三组为主、后两组居次。矿区岩浆活动强烈，出露的中酸性—酸性岩体有九岭期黑云母花岗闪长岩和燕山期黑云母花岗岩、白云母花岗岩和中—细粒斑状黑云母花岗岩及花岗斑岩（图 8-4）。

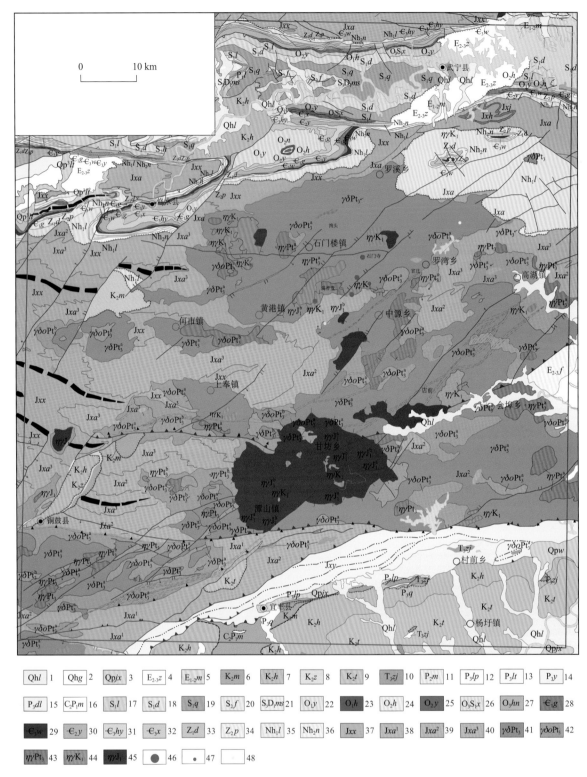

图 8-4　江西省武宁大湖塘地区地质图

1—联圩组；2—赣江组；3—进贤组；4—郑家渡组；5—磨下组；6—茅店组；7—河口组；8—周田组；9—塘边组；10—柴家冲组；11—茅口组；12—乐平组；13—龙潭组；14—永平组；15—大隆组；16—马平组；17—梨树窝组；18—殿背组；19—清水组；20—坟头组；21—茅山组；22—印诸埠组；23—宁国组；24—胡乐组；25—砚瓦山组；26—新开岭组；27—黄泥岗组；28—观音堂组；29—王音铺组；30—杨柳岗组；31—华严寺组；32—西阳山组；33—陡山沱组；34—皮园村组；35—莲沱组；36—南沱组；37—修水组；38—安乐林组；39—安乐林组；40—安乐林组；41—花岗闪长组；42—二长花岗岩；43—二长花岗岩；44—二长花岗岩；45—二长花岗岩；46—大型钨矿床；47—小型钨矿床；

48—小型钼矿床

（二）矿床地质特征

矿床经总结得出 5 个典型特征：① 5 种矿化类型聚合，矿体赋存于成矿花岗岩体（瘤、枝）内外接触带，从内到外大体为蚀变花岗岩型（浸染状）—隐爆角砾岩型（裂隙浸染状）—云英岩型—石英细脉带型—石英大脉型；②成矿花岗岩体附近有隐爆角砾岩或爆破角砾岩出现是规模大矿床的重要特征；③多组裂隙（断裂）矿化蚀变发育是矿化富集的重要因素；④矿物共生组合除黑钨矿外，含较多的锡石以及黄铜矿、辉钼矿、闪锌矿、方铅矿等金属硫化物；⑤具有似环状的矿化蚀变分带和原生、次生地球化学分带。

主要金属矿物以黑钨矿为主，次有白钨矿、辉钼矿、黄铜矿、锡石等。主要围岩蚀变有云英岩化、硅化。

二、区域自然重砂矿物及其组合异常特征

（一）黑钨矿单矿物自然重砂异常特征及空间分布

武宁大湖塘地区发育 7 处黑钨矿异常，累积总面积为 652.75 km²，均为Ⅲ级异常（表 8 - 3）。在空间分布上，黑钨矿异常主要分布在双溪、上富镇一带。黑钨矿单矿物异常多呈现椭圆状，长轴方向以北西向为主，近东西向次之。

表 8 - 3   江西省武宁大湖塘地区黑钨矿单矿物异常特征一览表

异常编号	重砂异常名称	异常分级	异常面积/km²	重砂推断矿种	矿化特征
1	三福塘黑钨矿异常	Ⅲ级	39.31		
3	洲上黑钨矿异常	Ⅲ级	9.44		
5	田溪黑钨矿异常	Ⅲ级	33.91		
4	水晶山黑钨矿异常	Ⅲ级	20.28		
2	双溪黑钨矿异常	Ⅲ级	402.33	钨矿-锡矿	硅化、角岩化、绿泥石化、云英岩化
7	上富镇黑钨矿异常	Ⅲ级	128.84	钨矿-锡矿	
6	田围里黑钨矿异常	Ⅲ级	18.64	钨矿-锡矿	

（二）自然重砂组合异常特征及空间分布

大湖塘地区圈出组合异常面积 698.86km²，白钨矿Ⅱ级重砂异常流长 20～35km，呈东西向椭圆状分布；锡石Ⅰ级异常与黑钨矿、白钨矿套合，呈长条状东西向分布，西部锡石异常与黑钨矿Ⅲ级异常套合。此外，区内还有辉钼矿异常 2 处，异常总面积 69.13km²（表 8 - 4）。根据异常面积强度及组合关系，异常由高温热液型黑钨矿、白钨矿引起。

（三）自然重砂矿物及其组合异常解释

武宁大湖塘地区自然重砂异常与岩体型钨锡钼矿相关性较好。区内异常及其附近分布一中型充填型钨矿床、一小型高温热液型钨矿床和一些高温热液型钨、钼矿化点。异常由已知矿引起，规模大、重叠性高，对在已知矿集区寻找新的钨矿资源具有重要的指示作用。其次，组合异常外围出现的弱小异常，亦具有找矿价值。

表 8 - 4　武宁大湖塘地区重砂组合异常特征一览表

矿物组合	形态及面积	样品数	重砂矿物	级别个数			地质概况
				I	II	III	
白钨矿 黑钨矿 辉钼矿	698.86km² 不规则椭圆状	224	黑钨矿	79		9	区内位于九岭隆起带出露中元古宇双桥山群、晋宁期花岗岩、燕山期二云母花岗岩。北东、东西向断裂发育，具角岩化、硅化、云母岩化等，由大湖塘钨矿田引起
			白钨矿	63	62	4	
			锡石	41	79	5	
			辉钼矿	2	35	3	
			辉铋矿	7			

三、武宁大湖塘钨锡钼矿发现过程

1957 年 12 月，重工业部中南地质局长沙地质勘探公司二二〇普查队五分队在开展 1：20 万修水幅区域天然重砂测量时，发现了大湖塘黑钨矿、白钨矿、锡石等重砂异常。

1958 年底，江西省地质局九江专区地质勘探大队进入矿区开展普查找矿。1962 年提交了《江西省武宁县大湖塘矿钨矿初查报告》，计算三氧化钨储量 6419t。

1979 年 7 月 - 1983 年 7 月，江西省地矿局赣西北大队五〇六分队再次进入矿区开展详查工作。详查期间，采用（40～60）m×（30～40）m 的网度开展岩石地球化学测量。用几何平均法求得异常背景值：W 为 $76×10^{-6}$，Sn 为 $79×10^{-6}$。W、Sn 均用 $200×10^{-6}$ 异常下限值圈定岩石地球化学异常范围。并对异常进行布设钻孔勘探，1984 年 12 月提交《江西省武宁县大湖塘矿区钨矿一号矿带详细普查地质报告》。

自然重砂测量和地球化学测量在大湖塘钨锡钼矿的发现、追踪和储量扩大方面发挥了重要作用。

第三节　福建宁化行洛坑钨钼矿及其自然重砂异常响应

矿床类型为斑岩型钨钼矿。

矿床发现始于 1957 年，当时，重砂发现黑钨矿异常后追踪发现含钨石英脉，并做了普查评价，从 1963 年起进行详勘，历时 3 年，探明行洛坑大型钨矿。

1957 年 5 月，冶金工业部江西有色金属管理局地质勘探公司二〇二地质队在三明、将乐、清流、宁化、长汀、连城、武平、上杭等县开展 1：20 万路线重砂检查，发现宁化行洛坑、北坑、国母洋及将乐新路口等钨矿物重砂异常区。

1957 年 5 月，在路线踏勘时，于河沟中发现含钨石英脉转石，根据这一重要线索，该分队加密重砂测量网度，进一步圈定了钨重砂异常，发现了行洛坑含钨石英大脉矿体。1958 年 5 月提交了《福建省西南部 1：20 万路线检查报告》。1958 年 2 月二〇三队在二二〇队工作的基础上，继续进行普查，于 1958 年 5 月提交了《福建清流行洛坑钨矿地质概查报告》。

1959 年 1 月至 1961 年 12 月省地质五队对行洛坑进行普查至勘探，并从勘探钨矿大脉转向整个岩体，确立了一个大型钨矿的存在。

一、成矿地质背景及矿化特征

（一）成矿地质背景

行洛坑钼矿区位于闽西北隆起带南西部，是燕山期构造岩浆活动的产物。

行洛坑钨（钼）矿是一个产于燕山早期斑状花岗岩体内的低品位大型细网脉状为主的斑岩矿床。区内为一复式背斜，由次一级呈北北东向展布的行洛坑、北坑-国母洋倒转背斜及上地-延祥倒转向斜组成，轴面倾向南东。出露地层有震旦系—下古生界火山-沉积类复理石建造特征的浅变质岩系；上泥盆统滨海相碎屑沉积岩，不整合于其上。矿床近侧出露上震旦统上部变质凝灰岩、变质凝灰质砂岩、变质长石石英砂岩、千枚岩夹硅质岩、大理岩及下寒武统下部千枚岩、变质砂岩夹硅质岩等。

行洛坑岩体为一复式岩体，侵入于行洛坑倒转复背斜倒转翼，主要由南岩体、北岩体和深部隐伏岩体组成，出露面积 $0.128km^2$。

矿区出露震旦系罗峰溪群石英砂岩、粉砂岩及钙质砂岩透镜体，组成单斜构造，附近尚见中、上泥盆统。矿区出露两个含矿花岗（斑）岩体，均侵入于罗峰溪群浅变质岩中。此外，尚有花岗斑岩、安山玢岩、辉绿岩脉等产出。两个含矿岩体间距 3km，其中北岩体面积为 $0.008km^2$，发育浸染状钨矿化；南岩体面积为 $0.128km^2$，其上部呈全岩浸染状钨矿化，因而岩体就是工业矿体。含矿花岗岩体在平面上呈 NE 向的椭圆形，剖面上呈筒状，是燕山早期的产物。南部岩体主要为中细粒似斑状黑云母花岗岩，灰白色，致密块状，不等粒花岗结构，由钾长石、斜长石、石英、黑云母组成。北部岩体主要为含红柱石钠化中粒花岗岩。

（二）矿化特征

整个岩体普遍含有白钨矿，密集分布的含钨、钼石英细脉穿插其中（另有 7 条石英大脉）。石英细脉宽度一般小于 1cm，早期产出者以含白钨矿、辉钼矿为主，晚期石英脉以黑钨矿为主，亦见白钨矿。矿体形态呈似三轴不等的椭球状，总长数百米，厚数米至数百米，延深 600m 以上。矿体中矿石矿物有黑钨矿、白钨矿、辉钼矿、绿柱石、锡石、铁闪锌矿、黄铜矿、辉铋矿、自然铋等，脉石矿物有黑鳞云母、磷灰石、锆石、长石、萤石、方解石、石英、白云母和蒙脱石。次生矿物有褐铁矿、赤铁矿、硬锰矿、软锰矿、钨华、钼华、泡铋矿、蓝铜矿、孔雀石、方解石、石膏、滑石、高岭石、绿泥石等。整个矿体的工业品位虽然较低但分布较均匀，具有明显的"低品位大吨位"特征。其中，黑钨矿与白钨矿的含量比例大约是 1：1，黑钨矿、白钨矿主要富集在上部，辉钼矿则往深部有变富的趋势。

二、区域自然重砂矿物及其组合异常特征

（一）区域自然重砂矿物

在矿区近处自然重砂样品中可以检出：黑钨矿、白钨矿、锡石、锆石、辉铋矿、辉钼矿、钼铅矿、黄铜矿、毒砂、砷华、泡铋矿、磷氯铅矿、方铅矿；在电磁性部分中黑钨矿可达 90％，在重矿物部分中白钨矿可达 65％，锡石 20％，锆石 15％，其他矿物含量为少数至几颗不等。

在远离矿区下游 6～7km 处，重砂矿物组合为：黑钨矿、白钨矿、锡石、锆石、辰砂、黄铜矿、辉钼矿、泡铋矿，在电磁性部分中黑钨矿可达 25％，在重矿物部分中白钨矿可达 20％；锡石少数，锆石 60％～90％。说明随着迁移距离加大，黑钨矿、白钨矿、锡石含量降低，而锆石却急剧增加，这可能与锆石在表生环境下极其稳定的特征有关；辉铋矿、毒砂、钼铅矿、磷氯铅矿、方铅矿等矿物基本消失。

（二）自然重砂矿物及其分布特征

矿区近处：黑钨矿呈厚板状及尖棱角颗粒，常见与石英连生体，$d＝0.1～1.5mm$；白钨矿呈尖棱角粒状，$d＝0.1～0.8mm$；锡石呈不规则粒状、碎屑状及次棱角粒状，偶见正方短柱双锥体，颜色以黑色为主，次为浅棕黄色及淡黄色，$d＝0.1～1.5mm$；锆石呈正方卵柱状，棕色；辉铋矿呈次圆柱状、柱状，铅灰色，长为 $0.2～0.6mm$，宽 $0.1～0.25mm$；辉钼矿呈厚片状，$d＝0.2～0.4mm$；钼铅矿呈板状，黄色，$d＝0.2～0.25mm$；黄铜矿呈不规则粒状，铜黄色，$d＝0.1～0.2mm$；毒砂呈不规则粒状，银白色，$d＝0.1～0.35mm$；砷华呈板状，淡黄绿色，$d＝0.1～0.2mm$；泡铋矿呈次圆

柱状及不规则粒状，灰黑色，$d=0.2\sim0.8$mm；磷氯铅矿呈粒状，淡绿灰色；方铅矿呈次磨圆的立方体、粒状，$d=0.1\sim0.2$mm。

矿区下游：黑钨矿呈板状、不规则的颗粒状，褐黑色，$d=0.1\sim1.2$mm；白钨矿呈白色、乳白色，颗粒状，$d=0.1\sim0.5$mm；锡石呈颗粒状，棕至黄色，$d=0.1\sim1.2$mm；锆石呈褐玫瑰色，卵柱状；辰砂，$d=0.1$mm；黄铜矿呈黄钢色，低硬度，$d=0.2\sim0.5$mm；辉钼矿呈锡白色，片状；泡铋矿呈黄灰色、灰黑色，$d=0.2\sim0.4$mm。

（三）行洛坑地区自然重砂矿物异常

处于松溪-上杭黑钨矿、白钨矿、锡石、铋族矿物重砂异常带中段。

异常以黑钨矿、白钨矿、锡石为主，异常吻合度较好，异常值较高，总体呈北西向展布。黑钨矿含量为少数颗至 1.88g/kg，最高 $5.29\sim37.2$g/kg；锡石少数颗至 2.34g/kg。在重矿物中白钨矿含量可达到65%，另外见辉铋矿、辉钼矿个别至几颗，在异常区重砂矿物中内可见较多的锆石。

三、行洛坑钨钼矿自然重砂矿物响应

钨-锡-铋-钼-锆石反映岩浆活动，铅-铜-砷反映后期热液活动的叠加作用，自然重砂异常在矿区及周边不同的距离上出现不同的矿物组合，近距离矿物组合较复杂，可出现钨-锡-铋-钼-锆石-铅-铜-砷，但以钨-锡-铋-钼组合为主，远距离矿物组合则以钨-锆石为主。

从重砂异常分布情况看，矿区的东南方向重砂异常反映较好，有一定的找矿远景（图8-5）。

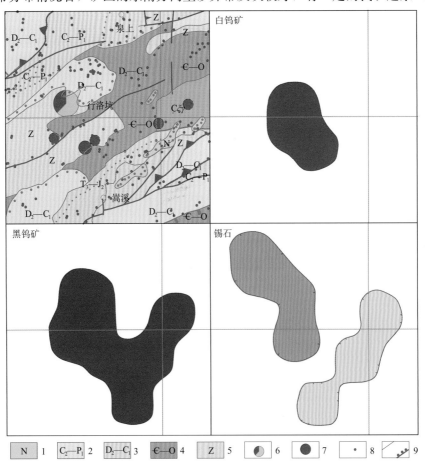

图8-5 宁化行洛坑钨矿重砂异常剖析图

1—新近纪；2—晚石炭世—早二叠世地层；3—中泥盆世—早石炭世地层；4—寒武纪—奥陶纪地层；5—震旦纪地层；

6—钨钼矿矿；7—钼矿；8—自然重砂采样点；9—断层

第四节　湖南平滩钨矿及其自然重砂矿物异常响应

平滩钨矿系湖南省地质调查院在承担城步县幅、白毛坪幅、岩寨幅、五团幅1：5万区域地质矿产调查项目时，于2008年以重砂、化探异常为依托，进行异常查证时新发现的矿产地。2009—2010年完成了"湖南省城步县平滩地区钨多金属矿预查"，2011年转入普查，获得333＋334资源量5.4万t，达大型以上。

一、区域地质背景及矿床特征

（一）区域地质背景

平滩矿区位于湖南省城步苗族自治县与新宁两县交界处，隶属于城步县与新宁县管辖。工作区地理坐标：N26°24′15″—26°26′45″，E110°28′45″—110°30′00″，面积9.7km²。

工作区地处雪峰山弧形构造带南西端，狗子田-猫儿界背斜北西翼，即苗儿山复式岩体北西接触带上（图8-6）。区内地层及地质构造发育，岩浆活动频繁，区域地质十分复杂。在岩体内外接触带上，出现W-Sn-Mo-Bi-Au-As-Pb-Zn-Cu-Ag水系沉积物异常及W-Sn-Mo-Bi-Cu-Pb-Au矿物自然重砂异常，各异常具水平分带特征。区内分布较多W、Cu、Mn等已知矿床（点）。各特征表明本区成矿条件十分优越。

1. 地层

出露的地层有新元古界高涧群、南华系、震旦系、寒武系及泥盆系，另有极少量第四系冲积物零星分布。高涧群至寒武系为一套陆源碎屑复理石夹硅质、碳质、泥质沉积，岩石均已浅变质，个别层位夹碳酸盐岩；泥盆系为滨浅海碎屑岩-台地相碳酸盐岩沉积。高涧群分布于狗子田-猫儿界背斜核部，其核部被苗儿山岩体侵入破坏。震旦系、寒武系、泥盆系分布于背斜两边形成背斜西翼。

2. 构造

位于桃江-城步深大断裂带西段偏南东侧，苗儿山-四明山北东向隆起带西南端、苗儿山隆起上的狗子田-猫儿界背斜北西翼地区。经历有雪峰期、加里东期—燕山期构造发展阶段，不同期次断裂的形成与叠加及花岗岩的侵入使本区构造十分复杂，有北东向、北北东向、南北向及东西向构造和接触构造。

区内褶皱主要表现为狗子田-猫儿山复式背斜，背斜核部为高涧群，背斜的北西翼地层出露较完整，地层依次为震旦系、寒武系及泥盆系，而核部及南东翼被苗儿山岩体侵入破坏。

区内断裂主要表现为北东向的断裂，规模较大的主要有马脑壳-平滩断裂、谭家坳-兰蓉断裂，断裂走向北北东—南北，倾向南东。

3. 岩浆岩

区内岩浆岩较发育，规模较大的岩体有苗儿山岩体、兰蓉岩体、谭家坳岩体。其中苗儿山岩体呈岩基产出，其他呈小岩株或岩脉产出，侵入于前寒武纪各地层中。主要岩性为花岗岩类，极少量为闪长辉长岩类。

苗儿山岩体属加里东期花岗岩，主要岩性为黑云母二长花岗岩。其次在兰蓉、谭家坳一带分布有十多个呈岩株、岩脉侵入于高涧群中，主要是雪峰期花岗岩，在兰蓉有少量加里东期花岗岩。主要岩性为片麻状二长花岗岩，少量为花岗闪长岩类。区内燕山期花岗岩出露较少，规模一般较小，呈小岩体或岩豆产出。花岗岩与围岩接触形成大量的角岩、硅质岩、大理岩等。

（二）区域成矿地质条件

矿区位于苗儿山岩体北西部接触带，地层简单，主要为高涧群黄狮洞组，构造主要有北东向、近

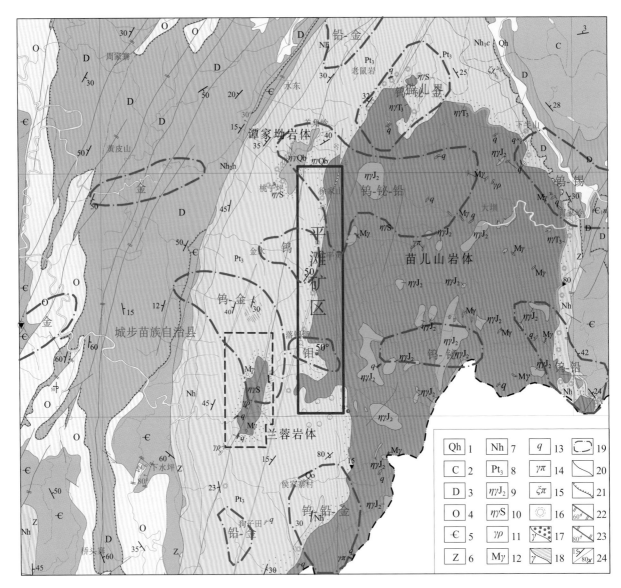

图 8-6 平滩地区区域地质图

1—第四系；2—石炭系；3—泥盆系；4—奥陶系；5—寒武系（牛蹄塘组、污泥塘组、探溪组）；6—震旦系；7—南华系；8—高涧群（黄狮洞组、砖墙湾组、架视田组、岩门寨组）；9—中侏罗世二长花岗岩；10—志留纪二长花岗岩；11—花岗伟晶岩脉；12—细粒花岗岩脉；13—石英脉；14—花岗斑岩脉；15—云煌岩脉；16—硅化；17—角岩化；18—大理岩化；19—自然重砂矿物异常；20—实测地质界线；21—不整合地质界线；22—正断层；23—逆断层；24—岩层产状、倒转岩层产状

南北向断层，岩浆岩为苗儿山岩体的一部分，主要为志留纪二长花岗岩，其次为细粒花岗岩，与围岩接触普遍形成角岩、硅质岩、片麻岩等蚀变岩。

1. 地层

矿区内地层出露较简单，均为新元古界高涧群黄狮洞组。主要岩性为灰褐色、黄褐色、深灰色长英质角岩、角岩化板岩等。分布苗儿山岩体以西地区，总体走向北东，倾向北西，倾角45°左右。冲沟及山坡有少量第四纪残坡积层覆盖，多为灰褐色砂质黏土及含基岩碎块砂质黏土。

2. 构造

矿区内构造主要以断裂为主，根据断层总体走向大致分为北北东向断层（F_2、F_3）及近南北向（F_1）断层，基本上平行排列。其中近南北向的断层是区内主要控矿构造，分布于矿区的中部，产于志留纪中粗粒斑状黑云母二长花岗岩中。断层南从花竹山，北至邹家团，延长3500余m，断层走向北北东（0°~20°），倾向西（270°~290°），倾角50°~65°。破碎带宽一般6~10m，最宽处达30多m左右，破碎带主要为蚀变碎裂花岗岩，局部石英细脉发育，成群成带产出，单脉厚一般1~10cm，最厚达 90cm，石英脉走向与断层基本一致。破碎带中碎裂花岗岩有硅化、绿泥石化、绢云母化、云英岩化等蚀变，并伴白钨矿化、黄铁矿化。有的地段形成工业钨矿体。

3. 岩浆岩

矿区位于苗儿山岩体北西部边缘，区内岩浆岩发育，岩浆岩具多期次、多阶段侵入的特点，从加里东期至燕山期均有岩浆侵入活动。区内主要出露有青白口纪花岗岩、志留纪花岗岩（志留纪第二次花岗岩、第三次花岗岩），其次是侏罗纪花岗岩，以岩珠、岩脉出现。

志留纪早期二长花岗闪长岩，主要岩性为浅灰色粗中粒斑状黑云母二长花岗岩，是矿区内主要的成矿母岩，白钨矿就赋存在其中。该期次侵入花岗岩整体较破碎，断层裂隙发育，有钨矿化产于断层破碎带中，为矿区主要赋矿围岩。

区内细粒花岗岩呈岩脉产出，分布广泛，出露面积小，一般沿构造薄弱地带侵入早期斑状二长花岗岩之中。在断层破碎带中及其附近有较强的硅化、云英岩化，并伴有钨矿化和黄铁矿化。

4. 围岩蚀变

受岩浆热力及构造应力的影响，区内沉积岩石变质十分强烈，主要有角岩、绢云母板岩等。受挤压破碎的影响，花岗岩内蚀变普遍。常见有硅化、绢云母化、绿泥石化及云英岩化，并伴有白钨矿化、黄铁矿化等。

（三）矿床特征

经过野外地质调查、槽探和深部钻探揭露等工作手段，区内发现了 3 条矿脉，分别为Ⅰ、Ⅱ、Ⅲ号。其中Ⅰ号矿脉分布于围岩和花岗岩接触带，受 F_1 断层控制，矿体产于岩体内接触构造蚀变碎裂花岗岩中，规模较大，矿化较好，为矿区内主要的工业矿体，属蚀变花岗岩型白钨矿。经深部钻孔施工已控制矿体走向长 3500m，宽 5~80m，倾向 270°~290°，倾角为 65°~75°。矿化带沿走向宽度变化较大，中间宽，南北两端窄，且矿化不均匀。白钨矿呈细粒、微细粒浸染状不均匀地分布于碎裂蚀变花岗岩中，部分沿小裂面或石英脉特别富集，局部可形成 1~3mm 的白钨矿细脉。经深部钻探，单工程见矿厚度 1.00~26.32m，WO_3 品位 0.115%~1.010%，矿体平均厚度 8.73m，WO_3 平均品位 0.279%。

矿体呈似层状、厚板状、透镜状产出，矿石中主要有用矿物为白钨矿，次为辉钼矿、锡石，含少量的黄铁矿、黄铜矿、褐铁矿、毒砂等；非金属矿物主要长石、石英为主，少量黑云母、电气石、绿帘石、锆石、绿泥石、白云母、绢云母等。

新发现的Ⅱ、Ⅲ号矿脉分别受 F_3、F_4 断层控制，分布于花岗岩中，严格受断层构造控制，规模一般较小。地表蚀变明显，并见钨矿化。长 500~700m，现有地表工程控制，其中Ⅱ号矿脉控制宽 6.0m 左右，倾向 270°~290°，倾角为 55°~70°，目估 WO_3 品位 0.015%~0.150%。Ⅲ号矿脉控制宽 5m 左右，倾向 290°，倾角为 80°，WO_3 品位 0.001%~0.004%。

二、区域自然重砂矿物及其组合异常特征

（一）区域自然重砂矿物

平滩矿区及其周边区域，1∶20 万自然重砂样品中检出钨（白钨矿、黑钨矿）、锡石、铋（泡铋矿）、钼（辉钼矿）、铜（黄铜矿）、铅（方铅矿、磷氯铅矿、钼铅矿、铅矾）、金、银（辉银矿）、砷（辰砂、毒砂）、黄铁矿、稀土（独居石、磷钇矿）等 30 余种重要矿物。其中，以白钨矿和独居石矿物出现率最高，次为黑钨矿、锡石和铌钽矿物，钼矿物、铁矿物和锰矿物出现率最低（图 8-7）。

区内重砂矿物的分布主要在苗儿山岩体内及内外接触带，且呈明显的水平分带特征。在岩体内及内接触带主要分布钨、铋、锡石、独居石、铌钽等高温组合矿物；在岩体接触带主要分布铜、铅等中温矿物组合，金、辰砂、黄铁矿等低温组合矿物则分布于岩体外接触带或远离岩体分布（图 8-8）。

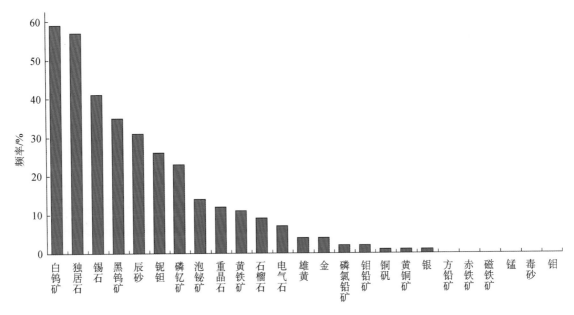

图 8-7　平滩地区自然重砂矿物分布频率图

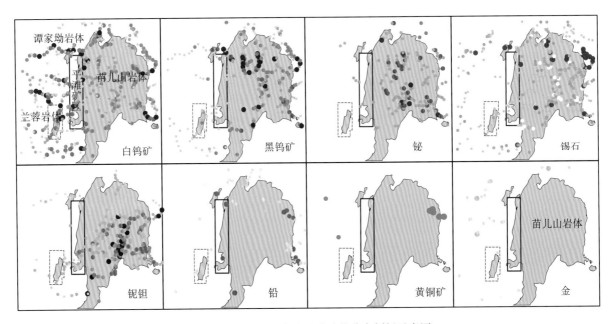

图 8-8　平滩地区自然重砂矿物分布剖析示意图

(二) 自然重砂矿物的一般特征

平滩矿区及其周边区域自然重砂矿物，从岩体由内向外，依次出现钨-铋-锡-稀有-稀土-铜-铅-金-辰砂-黄铁矿矿物组合，其主要重矿物特征如下：

白钨矿：主要分布于岩体内、接触带以及新元古界高涧群中，分布广泛，含量亦高。矿物呈乳白色、淡黄色，粒状、不规则粒状，粒径较小，一般 0.1～0.5mm，最大 1.0mm。主要伴生矿物黑钨矿、锡石、泡铋矿、独居石、铌钽矿物。

黑钨矿、锡石：主要分布于岩体内及岩体内、外接触带。

铋矿物：为氧化后的次生矿物泡铋矿，呈黄绿色、土块状、壳状，粒径一般 0.1～0.5mm。主要分布于岩体内，少部分见于岩体接触带。

铌钽矿物：主要为褐钇铌矿和铌钇矿，呈棕褐色，板柱状、锥状，颗粒大小不一，一般 0.3mm

168

×0.5mm～0.5mm×1mm。高含量较集中分布于岩体内部。

铅矿物：主要为氧化后的次生矿物钼铅矿、磷氯铅矿和铅矾，呈浅黄色、绿色、白色等，半滚圆状，粒径一般 1～0.6mm。主要分布于岩体内、外接触带。

铜矿物：出现率不高，仅见黄铜矿，呈铜黄色，表面有锈色，碎块，硬度小，形状不规则状，粒径 0.1～0.6mm。与铅矿物伴生。

金：远离岩体分布于新元古界高涧群、南华系、震旦系、寒武系及泥盆系沉积地层中。呈金黄色，片状，粒径一般 0.1～1.0mm。

平滩矿区及其周边区域重矿物含量分级见表 8-5。

表 8-5　平滩矿区及周边区域主要自然重砂矿物含量分级

单位：颗

序号	矿物名称	报出数	报出率/%	含量分级（单位：颗）				
				I 级	II 级	III 级	IV 级	V 级
1	白钨矿	714	59.00	1～23	23～75	75～200	200～500	≥500
2	黑钨矿	423	34.96	1～23	23～100	100～400	400～800	≥800
3	铋矿物	168	13.88	1～3	3～5	5～10	10～23	≥23
4	锡石	500	41.32	1～40	40～300	300～800	800～1700	≥1700
5	辉钼矿	2	0.16	3				
6	黄铜矿	11	0.58	1～10				
7	铅矿物	77	6.36	1～3	3～10	10～23	23～75	≥75
8	金	43	3.55	1～1	1～2	2～3	3～4	≥4
9	银矿物	7	0.58	1～2				
10	辰砂	381	31.49	1～3	3～6	6～8	8～12	≥12
11	独居石	690	57.02	1～200	200～1075	1075～2100	2100～3500	≥3500
12	铌钽矿物	316	26.12	1～10	10～75	75～200	200～303	≥303
13	黄铁矿	138	11.41	1～10	10～40	40～75	75～300	≥300

（三）平滩地区自然重砂矿物异常

平滩矿区及周边自然重砂异常主要分布于苗儿山岩体接触带上，沿接触带呈北北东向展布。出现的重砂矿物异常主要为钨、铋和独居石异常，其次为锡、铅和钼矿物异常。其异常分布具水平分带特征，由岩体内向外依次为黑钨矿-铋矿物-白钨矿-锡石-铅-金矿物异常。其中以白钨矿异常强度高，范围大，最大一处达 129km²，异常级别 II 级，最高含量 3800，平均含量 166，异常中心位于平滩钨矿区，与矿区完全吻合。其次为黑钨矿、铋矿物、锡石、钼矿物、铅矿物异常，一般范围不大，强度不高，多为 III 级异常（图 8-9）。

根据 1∶20 万水系沉积物测量成果，区内有面积较大的 W、Sn、Mo、Bi、Cu、Pb、Zn 等高中温元素异常，分布于苗儿山岩体及内外接触带，其中又以 W 元素异常面积最大、强度最高。另外，区内土壤剖面测量有 W、Sn、Mo 等化探元素组合异常，以 W 元素异常较明显，且峰值高。一般峰值高的地方，与已发现矿化蚀变带相吻合；而 Sn、Mo 元素异常不明显，且峰值也较低。

以上说明自然重砂矿物异常与化探异常在区内反映基本一致，所出现的异常组合均与岩体有关，与矿化有着密切的关系，对找矿具有良好的指示意义。区内出露的地层主要为新元古代高涧群黄狮洞组及苗儿山岩体，细粒花岗岩脉和北北东向断层发育，岩石蚀变破碎强烈，成矿条件十分有利。

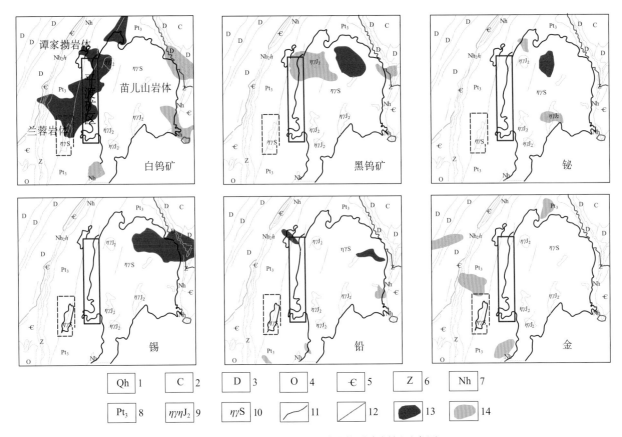

图 8-9 平滩地区自然重砂矿物异常剖析示意图

1—第四系；2—石炭系；3—泥盆系；4—奥陶系；5—寒武系；6—震旦系；7—南华系；8—新元古界高涧群；9—中侏罗世二长花岗岩；10—志留纪二长花岗岩；11—地质界线；12—断层；13—Ⅰ级异常；14—Ⅱ级异常

三、平滩钨矿区自然重砂矿物响应

平滩矿区范围内出现的重要重砂矿物有白钨矿、黑钨矿、锡石、泡铋矿、钼矿物、铅矿物、金、辰砂、独居石、磷钇矿、铌钽矿物等11种，其中以白钨矿出现多，含量高，区内高含量基本集中分布在此范围内。

矿区范围内出现的白钨矿重砂异常为平滩矿区及周边区域面积最大，强度最高的重矿物异常，另各有一处弱小的黑钨矿异常和铅矿物异常延伸入矿区内。经异常检查发现白钨矿矿化赋存于断层破碎带中，局部偶见泡铋矿、辉钼矿、锡石。围岩蚀变有硅化、大理岩化、矽卡岩化、绢云母化等。

研究表明，该处白钨矿异常严格受岩体及北北东向断裂控制，在岩体接触带，尤其是断层破碎带和岩石蚀变破碎强烈的地段应注重寻找与岩浆热液有关的钨多金属矿床，特别是白钨矿床的寻找。

第五节 甘肃肃南小柳沟式矽卡岩-石英脉型钨矿床及其自然重砂异常特征

矿区出露地层有第四系、白垩系、青白口系大柳沟群、蓟县系镜铁山群、长城系朱龙关群。与成矿有关的地层为长城系朱龙关群（图8-10）。

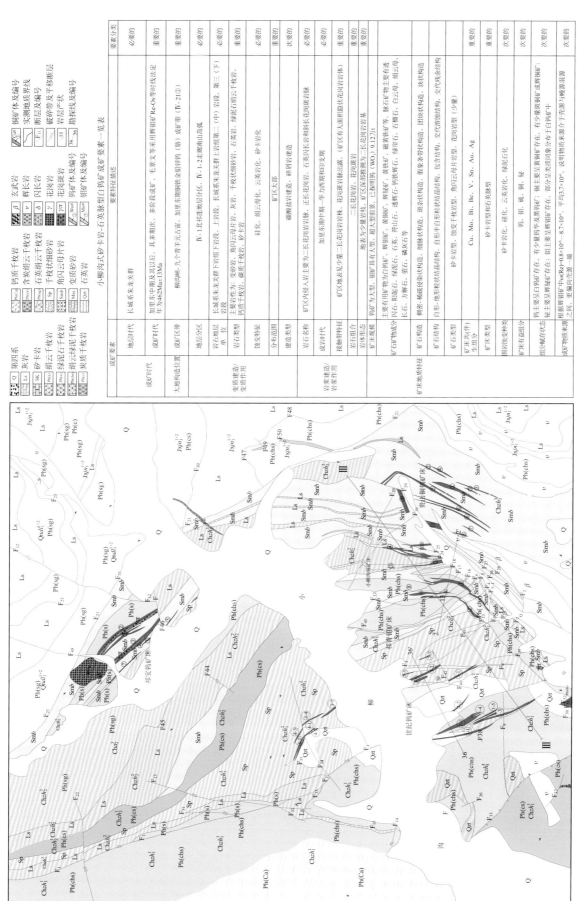

图 8 - 10 甘肃省小柳沟式矽卡岩-石英脉型白钨矿矿床地质图

图例

Q 第四系	β 玄武岩	PhCa 钙质千枚岩	铜矿体及编号
Ls 灰岩	ν 辉长岩	Ph(sg) 含装绢云千枚岩	实测地质界线
SK 砂卡岩	γ 闪长岩	Sp 石英绢云千枚岩	F₁ 断层及编号
Ph(s) 绢云千枚岩	γπ 花岗岩	Smb 角闪云母片岩	破碎带及平移断层
Ph(c) 绿云绿泥石千枚岩	Wo/Mo 钨矿体及编号	Mo 钼矿体及编号	岩层产状
		Qzt 变质砂岩	勘探线及编号
			36 石英岩

小柳沟式矽卡岩-石英脉型白钨矿成矿要素一览表

成矿要素		要素特征描述	要素分类
成矿时代	地层时代	长城系关关群	必要的
	成矿时代	加里东中期及其以后，多阶段成矿，具多期次。毛家文字采用辉钼矿Re-Os等时线法定年为462Ma±13Ma	重要的
	成矿区带	柳沟峡－九个青羊沟山，加里东期铜钨金铅锌矿（铬）成矿带（IV-21①）	重要的
大地构造位置		IV-1北祁连地层分区，IV-1-2走廊南山岛弧	必要的
变质建造 变质作用	岩石地层单位	长城系关关群下岩组上岩段，上岩组第二（中）岩段、第三（下）岩段	必要的
	岩石类型	变质岩：变粒岩、角闪云母片岩、灰岩、千枚状细粒岩、石英岩、绿泥斜长角云母千枚岩、碳质千枚岩、砂卡岩	重要的
	蚀变特征	硅化、绢云母化、云英岩化、砂卡岩化	必要的
	分布范围	矿区大部	重要的
	建造类型	碳酸盐岩建造、碎屑岩建造	次要的
岩浆建造 岩浆作用	岩石名称	矿区内侵入岩主要为一长花岗岩岩脉、正长花岗岩脉、石英闪长岩和斜长花岗斑岩脉	必要的
	成矿时代	加里东期中期－华力西期阳和的支期	重要的
	接触带特征	矿区地表见少量一长花岗岩体、花岗斑岩脉出露。（矿区有大面积隐伏花岗岩岩体）	重要的
	岩石组合	二长花岗岩、花岗斑岩	重要的
	岩体形态	地表为少量岩枝、矿区深部推测为一长花岗岩岩基	次要的
矿床地质特征	矿石矿物	钨矿物为白钨矿，钼矿具有大型。已探明储量（WO₃）9.12万t	必要的
	矿石有用物质组分	主要有用物为白钨矿，辉钼矿，黄铜矿等。脉石矿物主要有透闪石、阳起石、绿帘石、石英、方解石、蛋石等	重要的
	矿石结构	自形－他形粒状或他形晶结构，细晶结构，包含结构。自形半自形粒状结晶结构	重要的
	矿石构造	稠密－稀疏浸染状构造，块状构造，假条带状构造，团块状构造，交代溶蚀结构、块状结构	重要的
	矿床类型	砂卡岩型、蚀变石英岩型、角闪云母片岩型，花岗岩型（少量）	重要的
	矿床共(伴)生组分	Cu、Mo、Bi、Be、V、Sn、Au、Ag	重要的
	矿床类型	砂卡岩型和石英脉型	次要的
	围岩蚀变种类	砂卡岩化、硅化、云英岩化、绿泥石化	次要的
组分矿床存状态		钨主要呈白钨矿，有少量黑钨矿，铜主要呈黄铜矿存在，部分呈辉钼矿存在，钼主要呈辉钼矿存在。钼元素呈类质同象分布于白钨矿中	次要的
成矿物质来源		根据物质地幔δ³⁴S钼矿物中δ³⁴S(Re)=0.8×10⁻⁶～8.7×10⁻⁶，平均3.7×10⁻⁶，说明物质来源介于壳源与幔源混源之间，更偏向亏源一端	次要的

朱龙关群下岩组：该组分布于矿区西南部，可分为上、下两个岩性段。长城系朱龙关群下岩组下岩段整体呈近南北向带状分布于矿区西南部，为一套碎屑岩硅铁碳酸盐岩建造。主要岩性为含碳质绢云千枚岩、钙质千枚岩、绿泥绢云千枚岩夹石英岩、灰岩条带。该岩段目前未见白钨矿化，但朱龙关铁矿产于其中；长城系朱龙关群下岩组上岩段，整体呈近南北向带状分布于矿区中南部，为一套硅铁碎屑岩、碳酸盐岩建造。世纪铜钨矿床产于其中。

朱龙关群上岩组：分布于矿区中东部，可分为5个岩性段，矿区仅见其第一、第二、第三岩性段出露，与上覆蓟县系镜铁山群及青白口系大柳沟群呈断层接触。第一岩性段为一套碎屑岩建造，下部为层状、厚层状含炭绢云千枚岩，小柳沟钨矿床1号、2号、6号矿体赋存于其中；第二岩性段为一套碳酸盐岩建造，在小柳沟以北为厚层状灰岩，在小柳沟以南为层状灰岩、变砂岩。小柳沟钨矿床3号矿体群钨矿体、铜矿体赋存于其中矽卡岩化灰岩中；第三岩性段为一套碎屑岩夹碳酸盐岩建造，在小柳沟以南出露厚度大，下部为层状、厚层状角闪云母片岩夹条带状灰岩，上部为变砂岩。祁宝铜钨矿床、小柳沟钨矿床4号、8号、9号、11号矿体赋存于其下部，贵山铜钨矿床赋存于其上部。

伴生有用组分有铜、锡、金、银、铋等。围岩蚀变硅化、矽卡岩化、云英岩化、绿泥石化、绿帘石化、黄铁矿化、大理岩化、碳酸盐化、绢云母化、高岭土化。

采样样品中铋族矿物出现6处，最高含量达55，为Ⅱ级异常含量，区内有肃南县小柳沟铜矿化点、小柳沟钼矿、小柳沟肃南县下白土湾铁矿点等。矿物组合有：黄铜矿-斑铜矿-铋矿物-白钨矿。异常区内同时存在1处白钨矿重砂异常，为矿致异常，作为找矿标志。

第九章 汞、汞锑矿床

第一节 青海苦海汞矿床自然重砂异常特征

1983年，青海省化勘队对玛多-玛积雪山幅实施1∶20万地球化学扫面，按设计实行水系沉积物与重砂测量同步采样。5—8月，在苦海湖岸南东侧河段砂样淘洗时，沙盘中发现浓缩灰沙中有很多朱红色矿物，初步认为是辰砂。项目组将有类似特征样点的砂样和水系沉积物样品作为"急样"送队部实验室分析鉴定，同时对相应河段加密采样。8月末，分队集中后，根据部分样品测试鉴定结果，与大队检查组一起对此辰砂异常实施了进一步追索检查，发现了一些含辰砂富矿转石和1处疑似矿体露头。

从1983年测试异常发现到异常追踪致局部汞矿化体发现，以及1984—1985年相继展开的地物化汞矿普查和详查，确认苦海汞矿为大型矿床。重砂异常的引导作用还表现于，在有1～2m黄土覆盖条件下，1∶1万深层土壤地球化学和残破积重砂测量中，残破积重砂样品现场双目镜下简项矿物鉴定结果，适时指导了用于矿化体追踪和槽探工程布置。苦海汞矿的发现将河南-同德汞锑成矿带向西延长了100多千米，构成最新划定的苦海-柞木沟印支期汞、锑、钨、金成矿亚带（IV$_{19}$）。

一、区域地质背景及矿床特征

（一）区域地质背景

矿区地处同德-泽库早印支造山亚带（II$_1^1$）南部西端，苦海-柞木沟印支期汞、锑、钨、金成矿亚带（IV$_{19}$）最西端。

矿区西部出露地层有古元古界变质岩推覆体、下二叠统布青山群变砂岩夹板岩及透镜状灰岩；矿区东部为下三叠统隆务河群砂岩夹板岩及砾岩层。区内褶皱发育，可分为北西向、北东向及近东西向3组及苦海弧形构造，其中北西向断裂及褶皱构成本区构造的基本格局。矿床南侧出露有脉状超基性岩及酸性岩脉，但与成矿似无明显关系。

1. 地层

矿区内除西北角出露石炭系中吾农山群浅绿色绢云母石英片岩外，均为下二叠统a岩组及第四系。矿区在下二叠统a岩组7个岩性段中，仅见4、5两个岩性段。矿区内的汞含矿体及矿体赋存层位是第5岩性段中4个岩性层：第一岩性层主要为深灰—灰白色中粒石英砂岩，部分地段夹少量钙质岩屑砂砾岩、钙质石英砂岩、千枚状板岩，厚120m，向东变薄。第二岩性层为灰—深灰色含碳质千枚状板岩夹薄层中—细粒石英砂岩，顶部为厚层亮晶—微晶生物砂屑、砾屑灰岩，厚342m，本层的灰岩在I矿带为主要含矿体容矿岩石。第三岩性层为千枚状板岩夹石英砂岩，顶部为不稳定的微晶粒屑灰岩，灰质砾岩，厚148m，构成I矿带的含矿层，顶部灰岩只在I矿带是含矿体容矿岩石。本层具较强硅化、褐铁矿化。第四岩性层为紫红色千枚状板岩夹细粒石英砂岩，局部夹微晶粒屑灰岩、生物碎屑灰岩透镜体，未见顶，厚度大于110m。本层灰岩中硅化、褐铁矿化、碳酸盐化较强烈，个别灰岩透镜体中有汞矿体产出。

2. 构造

区内构造较复杂，以褶皱为主、断裂次之。岩层中节理裂隙亦较发育。褶皱由一系列小型短轴复式背向斜组成，自东向西由呢呵向斜、东沟背斜、中沟向斜、西沟背斜及西沟向斜组成。汞含矿体、矿体主要赋存在中沟向斜及西沟向斜中。断裂大致可分为北东东、北东及南北向3组；矿区内较大的断层为 F_1、F_2、F_3、F_8、F_9，多为逆断层；其中 F_9 断裂的破碎带宽 2～10m，带内具辰砂矿化，局部构成工业矿体。节理裂隙较发育，特别是在褶皱转折端及断层附近的岩石中更为密集。在矿化部位的灰岩和砂岩中，节理裂隙面上常伴有辰砂矿化及方解石石英脉充填。灰岩中以产状 225°∠56°、175°∠38° 两组裂隙发育较好；石英砂岩中以 217°∠64°、95°∠85° 两组较发育。

3. 围岩蚀变

蚀变种类单纯，分布广泛，主要有硅化、碳酸盐化，其次为褐铁矿化。与矿化最密切的蚀变为硅化，硅化强度与矿化成正比，若再伴以褐铁矿化，则汞含量一般可达工业品位。

（二）区域成矿地质条件

苦海汞矿主要形成于早二叠世一套滨海-浅海环境，为富含有机质的碳酸盐岩（石英砂岩）建造，具有较为明显的层控性。该地层表现为岩石孔隙度较高、渗透性较好，而且化学性质较为活泼容易与热液发生反应；常有互层产出且岩层岩性差异较大、构造作用下出现的剥离空间大，有利于矿液的聚集和沉淀，是良好的容矿层。

东昆南断裂及其旁侧派生之近东西向、北东向断裂的深大断裂、韧性剪切带，为导矿构造。它为地下水循环以及深部物质运移提供了通道。区内次级断裂与褶皱发育，分布广泛，为能量与物质的交换提供了场所属于配矿构造。小型断裂、节理、裂缝、层间滑动带等为成矿的有利地段即储矿构造。各级构造形成了一定的体系，提供了矿体形成的空间，控制了矿体的形态与产状。

（三）矿床特征

1. 矿体特征

根据矿体的发育程度、空间分布规律，将其划分为3个矿化带，由西向东依次为Ⅱ、Ⅰ、Ⅲ矿化带，各矿化带规模不一，一般延伸 30～100m，个别 600m；宽一般 4～19m，最宽 27.85m，最窄为 1m。其中，Ⅰ矿化带圈定 6 个矿体，主要赋存于灰岩中；Ⅱ矿带圈定 4 个矿体，平行产出于板岩所夹的砂岩透镜体中；Ⅲ矿带因工作程度低，目前仅圈定 1 个小矿体，产在断裂破碎带中。

矿体均受褶皱、断裂构造控制，且沿一定地层层位分布，一般产在褶皱构造的轴部和翼部的层间剥离间隙、裂隙及节理中，或者产于褶皱翼部的断裂破碎带内；产状与地层产状基本一致，多呈透镜状、似层状平行产出，品位变化大。矿体规模与构造产状、应力强弱有关，一般断裂构造控制矿体倾角较陡、应力较松弛处矿体较厚，延伸也较长，矿体一般长 30～150m，最长 600m，视厚度 0.5～4m，平均品位 $(0.101～0.539)×10^{-2}$，最高 $0.651×10^{-2}$。

2. 矿石特征

矿石组成较简单，矿石矿物主要为辰砂，次为辉锑矿、黄铁矿，偶见黄铜矿、硫锑汞矿、毒砂、自然汞及次生矿物橙红石、褐铁矿等；脉石矿物主要为石英、方解石、白云石等，另见少量绢云母、绿泥石及石膏等；矿石主要结构有他形粒状结构、自形-半自形晶粒结构、"双晶"结构等，矿石构造主要为浸染状构造、条带状构造，另有脉状、网脉状、流动构造、梳状构造等次之，偶见团块状构造；围岩蚀变主要有硅化、碳酸盐化等；按矿化与围岩的关系、矿石矿物组合等，可分为砾屑灰岩辰砂矿石、硅化灰岩辰砂矿石、钙质石英砂岩辰砂矿石、石英脉辰砂矿石、钙质石英砂岩辉锑矿矿石。其中以灰岩辰砂矿石和钙质石英砂岩辰砂矿石为主，前者主要分布在Ⅰ矿带中，后者则分布在Ⅱ矿带；石英脉辰砂矿石见于各矿带，属次要矿石类型。

二、区域自然重砂矿物及其组合异常特征

（一）区域自然重砂矿物

根据青海省资源潜力评价重砂课题的研究成果，该地区主要的重砂矿物为以下几种（表9-1）：①辰砂；②砷族有雄黄、雌黄、毒砂、砷铅矿；③锰族矿物有硬锰矿、软锰矿。

表9-1 苦海矿区及周边区域自然重砂矿物含量分级　　　单位：粒

矿物名称	异常下限	样点的矿物异常含量分级				
		1级	2级	3级	4级	5级
辰砂	2	2～8	8～40	40～100	>100	—
锰族	5	5～20	20～50	50～150	>150	>150
砷族	1	1～10	10～40	40～120	120～240	>240

（二）自然重砂矿物的一般特征

辰砂：主要呈他形粒状，少数为自形—半自形块状集合体，粒径0.05～0.30mm，大者可达0.40mm；连晶粒度大者达1～2mm，小者0.05～1mm。大部分呈浸染状，少数呈细脉状或马尾丝状分布于岩石碎裂隙以及较早期方解石脉的碎裂隙中，或呈条带状、似层状分布于石英脉、方解石脉、石英方解石脉中。在辰砂中局部可见黄铁矿、石英包裹体，以及乳滴状的硫锑汞矿包裹体。有的辰砂已被橙红石交代。

辉锑矿：较为常见，多呈他形—半自形晶针柱状或粒状集合体、不规则粒状产出，少数呈他形或小叶片状微粒（0.03～0.10mm），呈星散状和马尾丝状细脉与辰砂矿化共生；有时也呈微粒状出现在辰砂颗粒中。仅在个别样品中含量较高，并构成辉锑矿石（分布于向呢呵区段）。

黄铁矿：矿石中含量较少，除个别样品中可达10％外，一般均不足1％。多呈他形-半自形结构，有时可见立方体晶形；其粒度变化大，一般0.05～0.10mm，小者0.005mm，大者1mm，呈分散状和脉状、星散状产出，常呈微粒分散在辰砂颗粒中，有时粒度极细（0.001～0.005mm），但颗粒数极多，呈似乳滴状分布。

黄铜矿：微量，呈浑圆-椭圆微粒（0.01～0.02mm），出现在辰砂颗粒中或者与辰砂呈连晶产出，为主矿化阶段与辰砂同时生成。

硫锑汞矿：少量出现，主要以交代辰砂的方式产出，在辰砂中偶见乳滴状硫锑汞矿包裹体。

毒砂：少量出现，呈自形-他形粒状结构，以自形晶为主，具棱柱形晶形。粒径0.01mm左右，常呈集合体出现，有时呈细脉状产出。

橙红石：系辰砂的氧化产物，较少见，无一定晶形，主要以交代辰砂的方式出现；多呈橙红色、粉红色、橘红色的粉末状、星散状浸染于岩石中。

褐铁矿：属黄铁矿的氧化产物，区内较为发育。

（三）苦海矿区自然重砂矿物异常

苦海汞矿床在以辰砂为主的苦海南 QZ_1^{379} 辰砂、锰族、砷族矿物异常之内（图9-1），重砂异常相应苦海 $AS_嘧^{270}$ Hg-Ag-As-Bi-Cu-Sb地球化学异常的南西端，矿致异常反映良好。

包罗矿床的矿物学和地球化学异常位于二叠系——石炭系中务农山群，地层岩性组合为砾岩、砂岩、灰岩夹安山岩、板岩。矿床产于灰岩裂隙中，与后期安山岩热液活动有密切关系。

辰砂异常面积28.1km²，均值26.1粒，最大值80粒，强度高。矿物组合和元素组合显示浅成中低温矿床点的特征（表9-2、图9-1）。

表 9 - 2　苦海自然重砂 QZ_1^{379} 辰砂、锰族、砷族综合异常参数表

矿物	异常下限值/粒	样品个数/粒	最大值/粒	最小值/粒	平均值/粒	衬值/粒	面积/km²	规模/km²	相对规模/%
辰砂	2	11	80.00	2.00	26.10	13.05	28.10	366.77	96.85
锰族	5	4	5	5	5.00	1.00	7.28	7.28	1.92
砷族	1	2.00	5.00	1.00	3.00	3.00	1.55	4.64	1.23

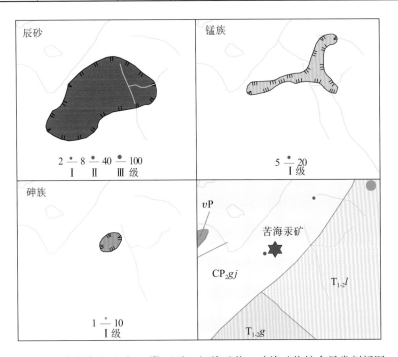

图 9 - 1　苦海自然重砂 QZ_1^{379} 辰砂、锰族矿物、砷族矿物综合异常剖析图

三、自然重砂矿物的空间特征体现出成矿潜力信息

苦海矿物组合可以看出属于浅成低温矿床，反映出该区剥蚀程度低，矿床保存条件好，有利于在其下部及外围寻找相关矿床。

区域地层包含多层含碳质岩性地层单元，这些含碳质碳酸盐岩、砂岩建造在构造旋回中于滨海—浅海相环境沉积，富集 Au、Hg、Sb、As、Sn 等成矿元素并表现出很高背景值，为后期成矿作用打下了可靠物质基础。

苦海汞矿作为浅成矿床的出现，无论是从造山型金矿成矿的纵向连续成矿规律上看还是从该区成矿分带特征上看，在该区寻找大场金锑矿床式造山型金多金属矿床是大有希望的。

综上所述，该区剥蚀程度较低，地质构造复杂，这有利于热液系统的持续广泛循环淋滤地层中的矿质。从地层、构造环境，以及成矿元素所显示出来的高背景等信息，反映该区有扩大找矿的潜力。

第二节　陕西青铜沟汞锑矿床自然重砂异常特征

一、区域地质矿产特征

青铜沟汞锑矿地处陕西省安康市旬阳县，位于秦祁昆造山系南秦岭弧盆系宁陕-旬阳板内陆表海。属碳酸盐地层中热液型中型锑矿床（图 9 - 2）。

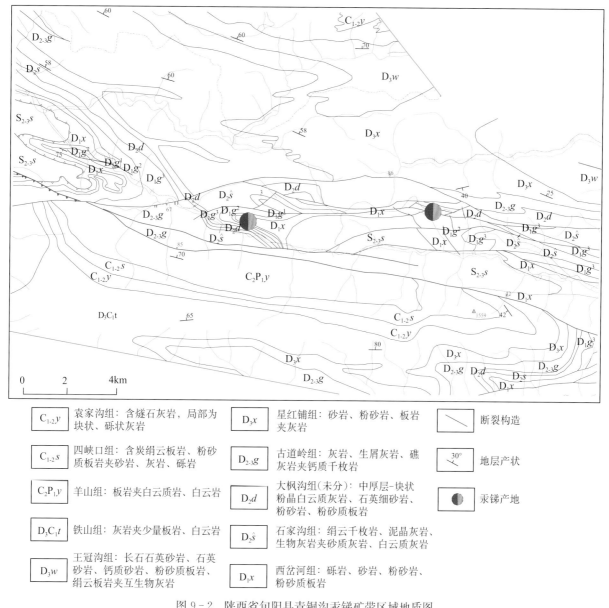

图9-2 陕西省旬阳县青铜沟汞锑矿带区域地质图

图例:

$C_{1-2}y$	袁家沟组:含燧石灰岩,局部为块状、砾状灰岩	D_3x 星红铺组:砂岩、粉砂岩、板岩夹灰岩
$C_{1-2}s$	四峡口组:含炭绢云板岩、粉砂质板岩夹砂岩、灰岩、砾岩	$D_{2-3}g$ 古道岭组:灰岩、生屑灰岩、礁灰岩夹钙质千枚岩
C_2P_1y	羊山组:板岩夹白云质岩、白云岩	D_2d 大枫沟组(未分):中厚层-块状粉晶白云质灰岩、石英细砂岩、粉砂岩、粉砂质板岩
D_3C_1t	铁山组:灰岩夹少量板岩、白云岩	$D_2\hat{s}$ 石家沟组:绢云千枚岩、泥晶灰岩、生物灰岩夹砂质灰岩、白云质灰岩
D_3w	王冠沟组:长石石英砂岩、石英砂岩、钙质砂岩、粉砂质板岩、绢云板岩夹互生物灰岩	D_1x 西岔河组:砾岩、砂岩、粉砂岩、粉砂质板岩

断裂构造

$30°$ 地层产状

汞锑产地

(一) 地层

出露地层从老到新为:中、上志留统浅海相千枚岩夹砂岩;下泥盆统砂岩、砂砾岩、白云岩、灰岩夹千枚岩;中泥盆统泥质灰岩、白云质灰岩、生物灰岩,夹钙质砂岩;下石炭统燧石条带灰岩;中石炭统黑色页岩、灰岩、砂岩;上石炭统黑灰色灰岩。赋矿围岩主要为下泥盆统公馆组白云岩,其次是中泥盆统石家沟组灰岩。

下泥盆统公馆组下段岩性主要为灰白色厚-块状藻屑白云岩、白云岩,其次为灰质白云岩、黏土质白云岩夹白云质千枚岩,赋存汞锑矿矿体;中段为黏土质白云岩、(含燧石)黏土质白云岩等;上段以灰质白云岩、白云质灰岩、白云质千枚岩、粉砂质千枚岩为主,目前未发现矿(化)体,地层走向总体近东西,产状相对较陡。

(二) 构造

矿区褶皱、断裂构造发育。以公馆-回龙复背斜和南羊山断层、罗-柳断层为主构成了基本构造格架。本区位于区域性公馆-白河断裂北侧,公馆-双河复背斜中段之次级褶皱青铜沟背斜北翼及东部倾

177

没端。

断裂构造以东西向断层为主，在其两侧次级斜、横向及同组断层颇为发育。矿床除受地层、岩性因素的制约外，主要受断层两侧次级斜、横向及同组断裂控制。褶皱、断裂卷入和受影响的地层有中志留统双河镇组-上泥盆统南羊山组，主要为中、下泥盆统各组。

（三）矿床特征

矿体直接产在断裂破碎蚀变带内，呈连续或断续的脉状、透镜状、豆荚状等形态产出，产状与控矿断裂产状一致，与硅化关系最为密切。矿石自然类型为单一原生矿石，偶含有微量的黑辰砂、红锑矿、锑华等氧化矿物或氢氧化物。根据矿床矿石中有用矿物组合类型大致可分为单汞矿石、汞锑矿石和单锑矿石三种。

矿石主要有用矿物以辰砂为主，次为辉锑矿。脉石矿物以石英为主，其次白云石、重晶石、方解石，局部含少量发荧光的白云石。另外，微量矿物有黄铁矿、磁黄铁矿，偶尔见有黑辰砂、闪锌矿、方铅矿、黄铜矿、铜蓝、银黝铜矿及褐铁矿、红锑矿、锑华等。矿石结构类型有他形晶结构、半自形-自形晶结构、包含结构、交代结构（包括交代净边结构）和穿插交代结构。矿石构造类型有浸染状构造（包括稀疏浸染状构造、细脉浸染状构造）、脉状构造、条带状构造、块状构造、星（点）散状构造、角砾状构造等。

二、自然重砂异常特征

锑矿产成因以中低温热液型为主，其次为变质热液。成矿时代为印支期—燕山期。代表性矿床旬阳县青铜沟汞锑矿。通过综合分析后，最终确定提取辉锑矿、辰砂矿物异常信息（图 9-3），建立自然重砂成矿模型。

辉锑矿异常：区内共圈定 2 个异常，分别为锑 6、锑 7 号异常，呈串珠状沿东西向区域断裂分布。锑 6 异常内分布有旬阳县青铜沟汞锑矿（大型）床，锑 7 内分布有旬阳县公馆汞锑矿（大型）床，异常与汞锑矿床套合较好，指明了汞锑矿产的找矿方向。

辰砂异常：区内圈定异常 1 处，分布范围大，面积达 173km²，呈近东西向沿区域断裂带分布，其内分布有 2 处大型汞锑矿床。异常与区域控矿断裂和矿产地套合好，能充分反映汞锑矿的区域分布信息。

辉锑矿、辰砂异常分布特征指明了汞锑矿产的产出范围，为寻找该类矿产指明了靶区。

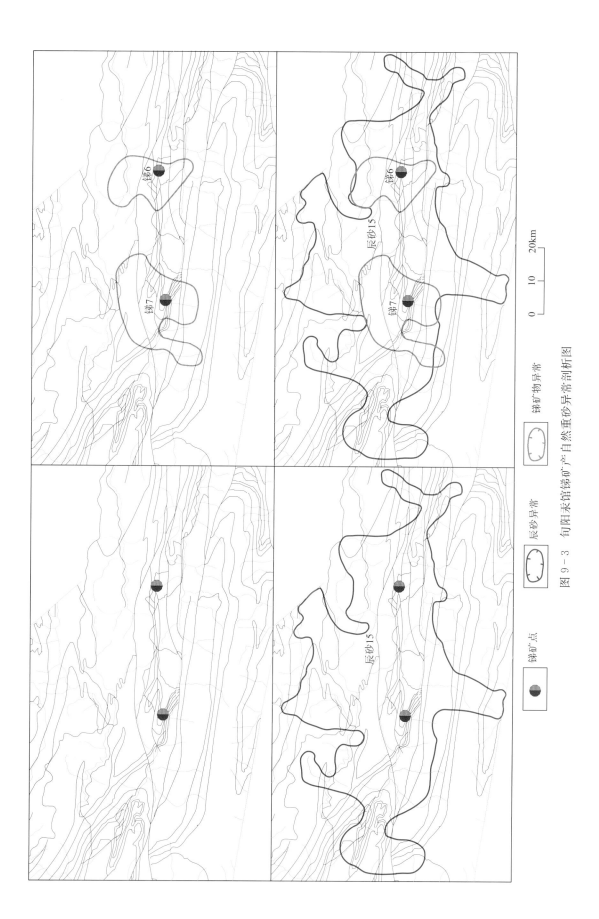

图 9 - 3 旬阳汞馆锑矿产自然重砂异常常剖析图

锑矿点　　锑矿物异常　　辰砂异常　　锑矿产自然重砂异常剖析图

0　10　20km

第十章　萤石矿床

第一节　浙江诸暨西山萤石矿及其自然重砂异常响应

一、区域地质背景及成矿地质条件

（一）区域地质背景

浙江省诸暨西山萤石矿位于江山-绍兴深断裂带北东端南东侧，芙蓉山破火山活动区，帚状构造东缘。芙蓉山地区地质构造的格架是以中生代火山构造为主体，其周边出露前震旦纪变质岩，西北边则为江绍断裂带通过。区内出露地层简单，自老到新依次为：中元古界陈蔡群、上三叠统乌灶组、上侏罗统磨石山群。区内断裂构造十分发育，大致可分为3组：近南北向断裂为成矿前形成，属芙蓉山帚状构造东缘的弧形断裂；北东东—东西向断裂为成矿期及成矿后继续活动之断裂带，明显地切割南北向断裂及斑岩贯入体；北西向断裂分布于矿区西部，地表仅为硅化蚀变带。区内出露脉岩类的霏细岩，分布全矿区，以中部岩脉规模为最大，其余相对较小（图10-1）。

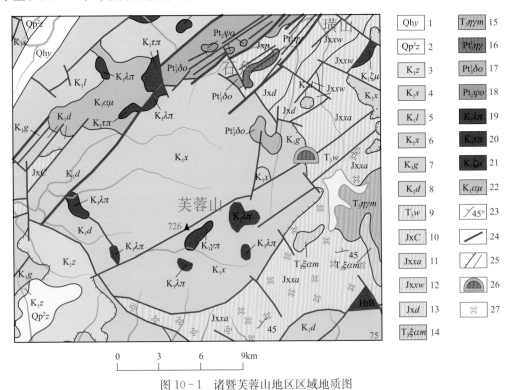

图10-1　诸暨芙蓉山地区区域地质图

1—第四系鄞江桥组；2—第四系之江组；3—白垩系祝村组；4—白垩系寿昌组；5—白垩系劳村组；6—白垩系西山头组；7—白垩系高坞组；8—白垩系大爽组；9—三叠系乌灶组；10—陈蔡群未分；11—陈蔡群徐岸组；12—陈蔡群下河图组；13—陈蔡群捣白湾组；14—早白垩世流纹斑岩、流纹岩；15—早白垩世霏细斑岩；16—早白垩世英安玢岩、英安岩；17—早白垩世安山玢岩、安山岩；18—晚三叠世混合石英正长岩；19—晚三叠世混合二长花岗岩；20—新元古代二长花岗岩；21—新元古代石英闪长岩；22—中元古代辉石角闪石岩、角闪辉石岩；23—片麻理倾向及倾角；24—断层；25—不整合界线、岩层界线；26—诸暨西山萤石矿（中型）；27—硅化

（二）成矿地质条件

上侏罗统磨石山群西山头组和中元古宇陈蔡群徐岸组是为成矿提供矿质来源的主要地质体。西山头组以火山碎屑岩类为主间夹火山碎屑沉积岩；徐岸组为含石榴石斜长变粒岩、黑云斜长变粒岩、混合岩化黑云斜长变粒岩、片麻岩，原岩为泥砂质岩和中酸性火山碎屑岩构成的类复理石沉积建造。

近矿围岩蚀变主要是硅化、绢云母化，次为黏土化、黄铁矿化。硅化蚀变带一般沿矿脉两侧发育，与成矿关系密切，可作为找矿标志。

矿区岩浆岩主要是浅成脉岩类的花岗斑岩-霏细斑岩。此类酸性脉岩为早白垩世火山喷发活动后期的产物，含氟量较高。该类脉岩的侵入有利于萤石矿的形成。

西山萤石矿受区域断裂构造带和破火山边缘环状断裂构造控制明显。矿化发育于北东向区域断裂构造破碎带与芙蓉山破火边缘环状断裂构造带的交汇处。各类断裂构造在成矿中发挥了不同的控矿作用。北东向区域断裂是成矿前断裂构造，该方向断裂在萤石成矿中往往起到导矿作用。近南北向断裂构造是芙蓉山破火山构造东缘的环状弧形断裂，属成矿前形成。破火山放射状断裂主要发育于芙蓉山破火边缘，矿区内放射状断裂主要表现为北东东及近东西向断裂带。该断裂构造具成矿期及成矿后继续活动之特征，明显地切割南北向断裂及斑岩贯入体，既是本区容矿构造，也是晚期破坏构造，按空间位置属环状断裂的侧翼裂隙。

二、矿床特征

矿区共有 3 条萤石矿（化）带，编号为一号、二号、三号。一号矿化带长约 450m，宽 1～5m，矿体呈不规则的脉状，走向北东 75°，倾向南东，倾角中段约 80°，是区内最大的工业矿体，整个矿体以富矿为主。二号矿化带断续长 550m，宽 2～5m，矿体形态较复杂，矿体总体走向 70°，倾向南东，倾角近 80°。三号矿化带长约 290m，宽 1～2.5m，成矿受构造裂隙控制，以充填为主，矿体与围岩界线较清楚规则。

矿石矿物为萤石。脉石矿物以石英为主，少量方解石、钾长石、高岭石、黄铁矿等。矿石构造主要为角砾状、环带状构造，其次为块状和条带状构造。矿石的自然类型以萤石型、石英-萤石型为主，次为萤石-石英型。

三、区域自然重砂特征

（一）区域自然重砂矿物及其异常特征

矿区属低山丘陵地貌，总体地势中部高，东、西两侧较低，且两侧各有一条小溪流过。在矿区及其周边区域，自然重砂样品中检出含量较高的重矿物有萤石、重晶石、金族、铅族、闪锌矿、铜族等 6 种（表 10-1）。

表 10-1　西山萤石矿区区域主要自然重砂矿物含量分级　　单位：粒

矿物名称	1 级含量	2 级含量	3 级含量	4 级含量	5 级含量
萤石	1～15	16～80	81～180	181～700	＞700
重晶石	1～4	5～8	9～15	16～24	＞24
金族	1～4	5～9	10～15	16～24	＞25
铅族	1～14	15～35	36～67	68～120	＞120
闪锌矿	1～5	6～20	21～80	81～160	＞160
铜族	1～5	6～15	16～25	26～44	＞45

铅族矿物：方铅矿、白铅矿、自然铅。

铜族矿物：辉铜矿、赤铜矿、黄铜矿、孔雀石、自然铜。

（二）矿区自然重砂异常及其矿物特征

诸暨西山萤石矿所在区域出现有3个重砂综合异常（图10-2）。异常位于芙蓉山破火山东北侧，沿破火山发育。西山中型萤石矿位于3号综合异常内。

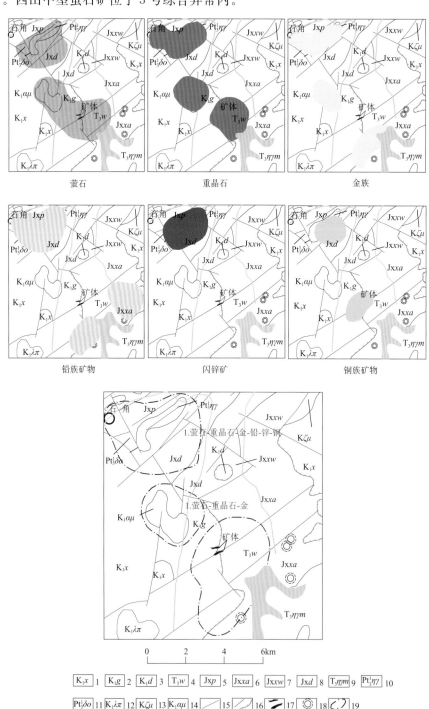

图 10-2 西山萤石矿区域自然重砂矿物异常剖析图

1—白垩系西山头组；2—白垩系高坞组；3—白垩系大爽组；4—三叠系乌灶组；5—双溪坞群平水组；6—陈蔡群徐岸组；7—陈蔡群下河图组；8—陈蔡群捣白湾组；9—晚三叠世混合二长花岗岩；10—新元古代二长花岗岩；11—新元古代石英闪长岩；12—早白垩世流纹斑岩、流纹岩；13—早白垩世英安玢岩、英安岩；14—早白垩世安山玢岩、安山岩；15—断层；16—岩层界线、不整合界线；17—西山萤石矿体；18—自然重砂综合异常

1. 萤石‐重晶石‐金‐铅‐锌‐铜综合异常（1号异常）

异常呈不规则矩形，长约 4.87km，宽约 3.52km，面积约 16.11km²。

异常区内出露：新元古代陈蔡群捣臼湾组二云母片麻岩、花岗片麻岩、黑云母片麻岩；双溪坞群平水组片理化的中基性—酸性火山熔岩和凝灰岩，夹砂岩、砂砾岩、泥岩及灰岩透镜体。出露的岩体主要为新元古代二长花岗岩，且区内发育一系列北东向断裂。

异常区内重砂样品共 39 个，主要由萤石、重晶石、金族、铅族、闪锌矿、铜族等矿物组成。各矿物检出率及含量特征见表 10‐2。

表 10‐2　各矿物检出率及含量特征　　　　　　　　　　　单位：粒

矿物名称	检出率/%	含量特征/（个）				
		1级	2级	3级	4级	5级
萤石	43.59	11	1	0	2	3
重晶石	38.46	4	3	5	3	0
金族	20.51	6	2	0	0	0
铅族	71.79	12	5	0	6	5
闪锌矿	56.41	5	4	5	1	7
铜族	30.77	6	3	2	0	1

在萤石样品中，矿物以浅绿色为主，灰白色次之，紫红色少量，多为半自形粒状结构，粒径多小于 0.2mm。重晶石多与萤石伴生。

金族矿物含量多为 1、2 级，粒径一般为 0.1～0.15mm。多数与重晶石、铅族矿物伴生。

铅族矿物多数为方铅矿，矿物呈铅灰色，立方集合体，粒径一般在 0.1～0.25mm 之间。闪锌矿常与铅族、铜族矿物伴生，粒径多数为 0.15～0.3mm。铜族矿物多数为黄铜矿，粒径在 0.1～0.2mm 之间。

异常区内萤石、重晶石矿物多出现在二长花岗岩岩体东南侧接触带以及附近的捣臼湾组中。金族矿物沿二长花岗岩岩体与围岩的东侧接触带分布。铅族、锌族、铜族矿物分布范围与金矿大致重合，仅异常点较为密集。

2. 萤石‐重晶石‐金综合异常（2号异常）

异常呈不规则圆形，直径约 3.17km，面积约 7.38km²。

异常区主要围绕早白垩世安山玢岩、安山岩岩体分布，同时小部分区域出露有白垩系高坞组。该地层为英安质晶屑熔结凝灰岩建造，由流纹质晶屑玻屑熔结凝灰岩、英安质晶屑熔结凝灰岩、流纹质晶屑熔结凝灰岩、英安质玻屑晶屑熔结凝灰岩组成。

异常区内重砂样品共 24 个，主要由萤石、重晶石、金族等矿物组成。各矿物检出率及含量特征见表 10‐3。

表 10‐3　各矿物检出率及含量特征　　　　　　　　　　　单位：粒

矿物名称	检出率/%	含量特征				
		1级	2级	3级	4级	5级
萤石	25.00	2	1	1	1	1
重晶石	25.00	2	1	1	2	0
金族	8.33	2	0	0	0	0

在萤石样品中，矿物粒径多在 0.1～0.3mm 之间。

金族矿物检出较少，且含量很低。黄金矿物粒径为 0.1～0.2mm。

异常区内 3 种矿物的空间位置较一致，多分布在早白垩世安山玢岩、安山岩岩体北侧接触带以及该区域的一条南北向断裂附近。

3. 萤石‐重晶石‐金‐铅‐铜综合异常（3号异常）

异常呈不规则椭圆形，长轴约 6.05km，短轴约 3.81km，面积约 17.14km²。

异常区位于芙蓉山破火山东侧内位接触带上，火山内侧出露白垩系高坞组、西山头组；外侧出露三叠系乌灶组、陈蔡群徐岸组。内外层呈不整合接触。区内断层主要有NEE向芙蓉山-丁凉山断裂和NE向半丘-下山头断裂，两断裂均为主要控矿断层构造。

异常区内重砂样品共79个，主要由萤石、重晶石、金族、铅族、铜族等矿物组成。各矿物检出率及含量特征见表10-4。

表 10-4　各矿物检出率及含量特征　　　　　　　　　　　　　单位：粒

矿物名称	检出率/%	含 量 特 征				
		1级	2级	3级	4级	5级
萤石	35.44	8	7	2	3	8
重晶石	11.39	5	3	1	0	0
金族	3.80	3	0	0	0	0
铅族	26.58	17	4	0	0	0
铜族	5.06	3	0	0	1	0

在萤石样品中，矿物以浅绿色为主，灰白色次之，紫红色少量，多为半自形粒状结构，粒径0.1~0.3mm。

金族矿物检出较少，含量偏低，矿物呈黄金色，树枝状、片状、圆粒状，具展性。粒径一般为0.1~0.15mm。

铅族矿物多数为铅的氧化物，粒径0.1~0.25mm。

铜族矿物检出为铜条与铜屑，分布位置在西山萤石矿周围，推测该异常系人为因素造成。

异常区内萤石矿物多数沿芙蓉山-丁凉山断裂两侧分布，空间位置与西山萤石矿床一致，推测为已知矿床引起。重晶石矿物多沿半丘-下山头断裂两侧分布，此处还有部分萤石矿物出现。在西山头组与徐岸组不整合接触带上，金族、铅族矿物分布较密集。

四、自然重砂异常响应

诸暨西山萤石矿区域自然重砂异常分布情况与矿化关系密切，反映出良好的时空分布规律和密切的成矿关系。

（一）1号异常

1号异常内，二长花岗岩岩体与围岩的东侧接触带上发育有金矿、铅锌矿，矿床与重砂异常空间位置分布一致，推测该区域的金族、铅族、锌族、铜族矿物异常由已知矿床（点）引起。但是在岩体东南外接触带及北东向断裂附近萤石、重晶石矿物异常反映情况较好，推测此区域北东向断裂附近可能存在不同程度的萤石矿化。

（二）2号异常

2号异常位于西山萤石矿下游，异常内地质体成矿条件欠佳，推测该异常是由上游的已知矿床所引起。

（三）3号异常

在芙蓉山-丁凉山断裂附近发育有诸暨西山中型萤石矿，火山岩与变质岩不整合外接触带上中发育有变质型金矿（化）点。3号异常内，萤石与重晶石矿物多分布在北东向断裂附近，而黄金矿物多分布在火山岩与变质岩不整合外接触带上。由此可以看出，异常区内自然重砂矿物对各类型矿（床）点均有很好的响应。

第二节 甘肃高台七坝泉式热液充填型萤石矿床
及其自然重砂异常特征

一、位置

甘肃省高台县七坝泉式复合内生型萤石矿床位于高台县。行政区隶属高台县管辖。矿区位于高台县城北 25km，矿区至高台县城有简易公路，由高台县城至兰新铁路高台站 12km，交通较为方便。

二、区域地质特征

附近出露地层为下震旦统变质岩，由变粒岩、变质砂岩夹云母石英片岩及片麻岩组成，变质程度由北东向南西逐渐减弱（图 10-3）。

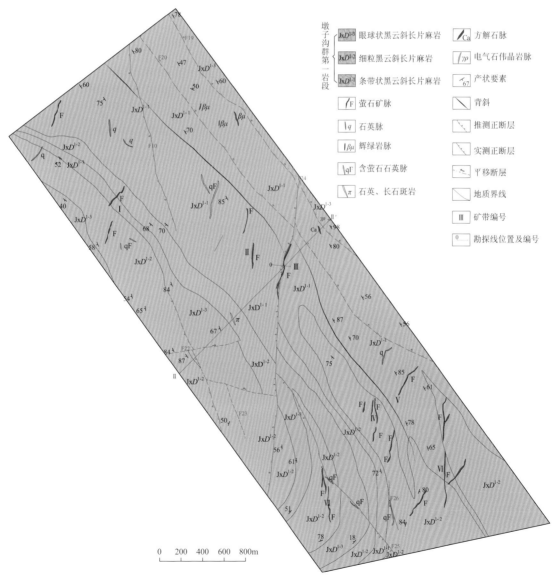

图 10-3 甘肃省高台县七坝泉式复合内生型萤石矿地质图

侵入岩为华力西中期二长花岗岩、花岗闪长岩及晚期钾长花岗岩，均侵入于下震旦统变质岩层中。二长花岗岩为萤石矿成矿母岩，分布在土圪河中部，面积约 6km² ，呈岩株产出。

脉岩有辉绿岩脉、伟晶岩脉及石英脉、方解石脉等。除石英脉遍布全区外，其他岩脉出露不多。前两种走向北西，分布零星；后两种走向南北或北北东，往往成群出现于萤石脉群部位。

三、矿床及矿化特征

矿石的矿物成分主要为萤石，脉石矿物为石髓、石英，少量褐铁矿及蚀变围岩角砾，地表普遍有次生石膏充填于矿体裂隙中。脉石矿物分布于矿体两侧近脉壁部位，矿体中部质纯。由于含脉石矿物不同可分为：①萤石-石髓矿石；②萤石矿石。蚀变围岩角砾仅在较大、较厚矿脉的顶底板附近出现，次生的褐铁矿和石膏沿成矿后裂隙充填。

近矿围岩蚀变有硅化、高岭土化、绢云母化几种。其中以高岭土化较为强烈，分布普遍，为萤石矿的找矿标志。

矿石可分为块状、角砾状和细脉状几种，以前两种为主。角砾状矿石的胶结物为细粒萤石。矿石矿物为萤石，局部伴有少量的硬锰矿、软锰矿和褐铁矿。脉石矿物为石英及燧石。镜下观察，在块状萤石中尚见有石英细脉及长英质细脉沿裂隙贯入，并有交代萤石特征，萤石主要沿破裂带伴随石英脉及燧石脉产出。

四、自然重砂及其与成矿的关系

采样样品中萤石矿物出现 2 处，达 II 级含量，与矿床关系密切，为标志性重砂矿物。此外出现磁铁矿、曲晶石、重晶石、磷灰石矿物。其中曲晶石的高含量聚集区应进一步探究。

参考文献

陈实识，张成江，张兴润，等．2012．四川康滇地轴地区钒钛磁铁矿区域成矿规律探讨［J］．四川地质学报，32（1）：58-60．

陈文华，韩丽娟，张冬梅．2011．灵丘县刁泉铜银矿矿床成因与岩浆岩关系研究［J］．华北国土资源，（2）：1-3．

陈一笠．1991．试论天津蓟县盘山岩体的侵入时代［J］．天津地质学会，9（1）：22-26．

陈一笠．1993．津北阴之气盘山岩体侵位时的大地构造环境［J］．天津地质学会志，11（2）20-25．

杜建国．1992．安徽晓天中生代火山岩盆地金矿成矿地质条件［J］．贵金属地质，4：207-213

范德廉，叶杰，杨培基等．1994．中国锰矿床地质地球化学研究［M］．气象出版社，33-45．

冯亚民，孙忠实．1999．吉林夹皮沟金矿带控矿构造特征及演化模式［J］．黄金地质，20（11）：4-8．

何文武，陆建培，孙建和，等．1995．东峰顶金矿某些成矿特征及其找矿意义［J］．地球科学，（2）：215-220．

贺洋，徐韬，文辉，等．2011．四川省铁矿物自然重砂异常圈定及其指示意义［J］．四川地质学报，31（4）：424-427．

侯建斌，吕福清．2000．山西省塔儿山—二峰山地区破碎带型金矿地质特征及找矿标志［J］．矿产与地质，（6）：375-379．

贾景斌，包继忠．1998．东峰顶金矿田的地质特征和找矿方向［J］．黄金，（12）：13-14．

李惠，张国义，李德亮，等．2008．山西灵丘刁泉矽卡岩型银铜矿床构造叠加晕模型［J］．物探与化探，（5）：529-533．

李景超，董国臣，王季顺．2010．自然重砂资料应用技术要求［M］．北京：地质出版社，1-92．

李晓刚，葛民荣，刘邦涛等．2004．刁泉铜银矿床综合找矿模式．太原理工大学学报，（6）：703-706．

李兆龙，张连营．1999．山西省刁泉银铜矿床地质特征及成因机制．矿床地质．，（1）：14-24．

綦远江，王翠娟，赵琪．2001．吉林夹皮沟金矿集中区矿床深部的变化规律．黄金地质，7（3）：37-41．

孙忠实，冯亚民．1997．吉林夹皮沟金矿床主成矿时代的确定及找矿方向［J］．地球学报，18（4）：367-372．

王启亮，员孟超，潘红斌，等．2009．山西襄汾东峰顶金矿床成因［J］．矿产与地质，（5）：418-425．

文辉．2008．自然重砂数据库系统用户使用手册［M］．ZSAPS 2.0版．北京：中国地质调查局发展研究中心，3．

武斌，曹俊兴，唐玉强，等．2012．红格地区钒钛磁铁矿地质特征及地球物理找矿的探讨［J］．地质与勘探，48（1）：140-147．

肖成东，张静，张宝华，等．2007．天津蓟县锰方硼石矿床［J］．地质调查与研究，30（3）：186-191．

肖荣阁，大井隆夫，侯万荣，等．2002．天津蓟县硼矿床锰方硼石矿物硼同位素研究［J］．现代地质，16（3）：270-275．

徐树桐，江来利，刘贻灿，等．1992．大别山区（安徽部分）的构造演化过程［J］．地质学报，66（1）：1-14．

徐兆文，杨荣勇，任启江．1993．安徽晓天—磨子潭火山岩盆地脉状金矿床特征及成因［J］．南京大学学报，29（4）：658-669．

鄢志武，曾键年，王亚伟．1996．晋南东峰顶金矿控矿条件的遥感地质研究［J］．华北地质矿产杂志，（3）：120-124．

姚培慧．1995．中国锰矿志［M］．北京冶金工业出版社，174-178．

曾键年．1991．山西东峰顶金矿床地质特征及成矿模式探讨［J］．地质与勘探，（4）：19-25．

曾键年，鄢志武，马宪．1995．山西塔儿山地区金成矿的构造控制因素［J］．黄金，（5）：2-6．

曾键年，左大华，马宪．1997．山西塔儿山地区燕山期岩浆演化及其对金属成矿的控制作用［J］．华北地质矿产杂志．（1）：35-45．

赵青友．2012．江苏省南京市江宁区汤山金矿地质特征及找矿前景分析［J］．矿产与地质，26（1）：52-61．

赵树沾，张俊峰，王涛．2007．山西省刁泉银铜矿床地质特征［J］．华北国土资源，（3）：9-10．

《中国矿床发现史·河南卷》编委会．1996．中国矿床发现史（河南卷）［M］．北京：地质出版社，99-100．

周利霞，唐耀林．1997．山西刁泉银铜矿地质特征及矿床成因．华北地质矿产杂志，（2）：21-23．